D. T. E. Marjoram

Aufgaben zur
modernen Mathematik

D. T. E. Marjoram

Aufgaben zur modernen Mathematik

Mit 116 Bildern

Friedr. Vieweg + Sohn Braunschweig

Titel der englischen Originalausgabe
Exercises in Modern Mathematics
Verlag Pergamon Press Ltd. Oxford
Copyright © Pergamon Press Ltd.

Übersetzung: Fritz Hauschild

ISBN-13: 978-3-528-08311-3   e-ISBN-13: 978-3-322-84103-2
DOI: 10.1007/978-3-322-84103-2

1972

Satz: Friedr. Vieweg + Sohn, Braunschweig

Umschlaggestaltung: Peter Kohlhase, Lübeck

Vorwort des Verlags

Der gute Anklang, den Marjoram mit seinen "Exercises" in Großbritannien fand, hat den Verlag bewogen, eine deutsche Übersetzung der zahlreichen Rechenbeispiele und Übungsaufgaben zur modernen Mathematik herauszugeben.

Kurze eingängige Erläuterungen, Definitionen und ausführliche Rechenbeispiele sind dem jeweiligen Stoffgebiet vorangestellt, so daß der Leser die in den Aufgaben vorausgesetzten Kenntnisse sofort zur Hand hat. Die Übungsaufgaben, die sich daran anschließen, sollen die Fähigkeit vermitteln, mit erlernten Definitionen und Sätzen praktisch zu rechnen. Die Lösungen im Anhang ermöglichen dem Leser eine ständige Kontrolle seiner Arbeit. So unterstützt dieses Buch das selbständige Einarbeiten unter anderem in die Probleme der Mengenlehre, Logik, Gruppentheorie, Matrizen- und Vektorrechnung, Statistik und Topologie.

Marjoram will die moderne Mathematik nicht verniedlichen, sondern er will mit dieser Einführung die Barrieren überwinden, die oft noch infolge komplizierter Darstellungen bzw. durch zu schwierige Aufgaben vielen interessierten Schülern (und deren Eltern) den Zugang zu speziellen Gebieten der Mathematik erschweren.

Braunschweig, im November 1971

Inhaltsverzeichnis

1. Mengen

1.1. Beschreibung einer Menge und Aufzählung ihrer Objekte

Eine *Menge* ist eine Sammlung von Objekten, die man einzeln unterscheiden kann. Sie haben dieses Wort sicherlich schon verwendet, um eine Anzahl von Dingen zu beschreiben, die bei einer beruflichen, schulischen oder privaten Tätigkeit benutzt werden. So spricht man von einer Menge Schraubenschlüssel, einer Menge Servietten, einer Menge mathematischer Instrumente, einer Menge Briefmarken usw.. In der Mathematik dehnen wir die Bedeutung des Begriffes „Menge" aus, um auch Fälle der folgenden Art erfassen zu können:

Die Tische in dem Klassenraum bilden eine Menge.

Die Kinder in der Schule bilden eine Menge.

Die Figuren eines Schachspieles bilden eine Menge.

Die Wägestücke einer Laborwaage bilden eine Menge.

Die Ziffern 1, 2, 3, 4, 5, 6, 7, 8, 9, 0 bilden eine Menge.

Die Aufgaben der ersten Übung dieses Buches bilden eine Menge.

Es gibt auch Mengen, zu denen so viele Objekte gehören, daß man sie nicht alle aufschreiben kann, auch dann nicht, wenn man unbeschränkt viel Zeit hätte.

Beispiele:

(1)   Die Menge aller natürlichen Zahlen 1, 2, 3, 4, . . .

(2)   Die Menge aller rationalen Zahlen zwischen 0 und 1.

Wir können die Objekte, die zu einer Menge gehören, beschreiben, wir können sie aber auch aufzählen. Wollen wir die aufzählende Darstellung *(Elementliste)* anwenden, so schreiben wir die Objekte in geschweifte Klammern. Die beiden Klammern {,} bedeuten dann: „Die Menge gebildet aus". So darf man die Menge aller Wochentage, deren Name mit einem D beginnt, schreiben als {Dienstag, Donnerstag}.

Übungen

Die folgenden Mengen sind in Form einer Elementliste anzugeben:

1.   Die Menge der Wochentage, deren Name mit einem S beginnt.

2.   Die Menge aller Tage einer Woche, an denen Sie Mathematikunterricht haben.

3.   Die Menge aller Monatsnamen, die mit einem J beginnen.

4.   Die Menge aller Monate mit genau 30 Tagen.

5.   Die Menge der Stadtstaaten Deutschlands.

6.   Die Menge aller Zahlen, die mit einem Würfel geworfen werden können.

7.   Die Menge aller Planeten zwischen Sonne und Erde.

8.   Die Menge aller Dominosteine, deren Gesamtwert weniger als fünf ist.

9.   Die Menge aller natürlichen Zahlen zwischen 5 und 10.

10. Die Menge aller Vokale im Wort Mathematik.

11. Die Menge der geraden Zahlen zwischen 10 und 20.

12. Die Menge der durch 3 teilbaren natürlichen Zahlen von 10 bis 20.

13. Die Menge der durch 3 teilbaren geraden Zahlen von 10 bis 20.

14. Die Menge der natürlichen Zahlen zwischen 10 und 20, die durch 3 teilbar oder gerade sind.

15. Die Menge aller geraden Zahlen zwischen 10 und 20, die nicht durch 3 teilbar sind.

Geben Sie die Beschreibung der folgenden Mengen an und fügen Sie jeweils ein weiteres Objekt hinzu:

16. $\{$ A, E, I, O, $\}$

17. $\{$ Norden, Süden, Osten, $\}$

18. $\{$ Fahrbahn, Straße, Allee, $\}$

19. $\{$ 1956, 1960, 1964, $\}$

20. $\{$ Matthäus, Markus, Lukas, $\}$

21. $\{$ Haus, Bungalow, Hütte, $\}$

22. $\{$ Mittelstürmer, Verteidiger, Torwart, $\}$

23. $\{$ London, Paris, Rom, $\}$

24. $\{$ Wolfshund, Schäferhund, Dackel, $\}$

25. $\{$ 3, 5, 7, 9, $\}$

26. $\{$ 7, 11, 13, 17, $\}$

27. $\{$ 4, 9, 16, $\}$

28. $\{$ 4, 8, 16, 32, $\}$

29. $\{\frac{1}{10}, \frac{2}{9}, \frac{3}{8},   \}$

30. $\{$ 1,4   1,41   1,414   1,4142, $\}$

Kann man alle Objekte der Mengen aufzählen, die wie folgt bestimmt sind?

31. Die Namen aller Schüler einer Schule.

32. Die Namen aller Menschen, die in Deutschland leben.

33. Die Namen aller Menschen auf der Welt.

34. Alle Längen zwischen 1 Meter und 2 Meter.

35. Alle ungeraden Zahlen zwischen 1 und 1000.

36. Alle ungeraden Zahlen.

37. Alle ungeraden Zahlen zwischen 11 und 13.

38. Alle möglichen Zusammenstellungen aus den folgenden Münzen, wobei jeweils jede Münze höchstens einmal benutzt werden darf:
1-Pfennig, 2-Pfennig, 5-Pfennig, 10-Pfennig, 50-Pfennig.

39. Alle Geldbeträge, die unter alleiniger Verwendung von Pfennigstücken und Markstücken gezählt werden können.

40. Alle Primzahlen, die größer als 1 000 000 sind.

1.2. Elemente einer Menge

Bisher haben wir von den Objekten einer Menge gesprochen. Der Mathematiker benutzt lieber die Bezeichnung *Elemente einer Menge.*

Beispiele:

(1)   Spanien ist ein Element der Menge {Spanien, Frankreich, Italien}. Zur Abkürzung der Aussage „ist ein Element von" oder „gehört zu" benutzt man das Zeichen „$\in$". Daher können wir das obige Beispiel auch in der folgenden Form schreiben:

Spanien $\in$ {Spanien, Frankreich, Italien}.

(2)   Wenn man ausdrücken will, daß ein Element nicht zu einer Menge gehört, so schreibt man „$\notin$". Somit gilt folgende Aussage:

Deutschland $\notin$ {Spanien, Frankreich, Italien}.

Übungen

Gegeben seien die Mengen A = {a, b, c, d, e}, B = {p, q, r}, C = {1, 2, 3}. Entscheiden Sie, ob die folgenden Aussagen richtig oder falsch sind:

1.	$a \in A$	2.	$f \in A$	3.	$k \notin A$	4.	$p \in B$
5.	$s \in B$	6.	$a \notin B$	7.	$0 \in C$	8.	$1 \in C$
9.	$4 \notin C$	10.	$2 \in$ der Menge der geraden Zahlen.				

11. $15 \in$ der Menge der Primzahlen.

12. $256 \in$ der Menge der Potenzen von 2.

13. $11 \notin$ der Menge der natürlichen Zahlen kleiner als 11.

14. $5 \in$ der Menge der natürlichen Zahlen größer als 7.

15.   {2} $\in$ C.

1.3. Die leere Menge

Wie wir in den Übungen gesehen haben, gibt es Mengen, zu denen kein Element gehört. Für eine solche Menge benutzen wir das Symbol $\emptyset$ oder auch { } und sprechen von der *leeren Menge.*

Beispiele:

(1)   Die Menge der Damen in Deutschlands Fußballnationalmannschaft ist $\emptyset$.

(2)   Die Menge der Bayern über drei Meter Länge ist $\emptyset$.

(3)   Die Menge der natürlichen Zahlen größer als 5 und kleiner als 6 ist $\emptyset$.

Übungen

Bei den folgenden Aufgaben sollen Sie die Mengen in Form einer Elementliste angeben. Können Sie nicht alle Elemente nennen, so schreiben Sie: „nicht aufzählbar", besitzt die Menge kein Element, so verwenden Sie das Symbol $\emptyset$.

1.   Alle gekürzten Brüche mit dem Nenner 5, die zwischen 0 und 1 liegen.

2.   Alle gekürzten Brüche mit dem Zähler 5, die zwischen 0 und 1 liegen.

3. Die Primzahlen zwischen 24 und 28.

4. Alle Farbtöne zwischen gelb und grün.

5. Alle lebenden Tiere, die größer als Elefanten sind.

6. Alle Zahlen zwischen 100 und 150, die den Teiler 7 haben.

7. Alle Zahlen, die durch 131 teilbar sind.

8. Alle Zahlen, die durch 6, aber nicht durch 3 teilbar sind.

9. Alle geraden Quadratzahlen, die nicht durch 4 teilbar sind.

10. Alle Zahlen, die durch 3 und 7, aber nicht durch 21 teilbar sind.

1.4. Gleichheit von Mengen

Wir nennen zwei Mengen genau dann gleich, wenn sie aus denselben Elementen bestehen, unabhängig von der Reihenfolge, in der die Elemente aufgeführt werden.

Beispiele:

(1) $\{a, b, c\} = \{c, a, b\}$

(2) $\{5, 10, 17, 26\}$ = Menge aller Zahlen der Form $n^2 + 1$, wobei n eine ganze Zahl zwischen 1 und 6 ist.

Übungen

Geben Sie für jede Menge in der linken Spalte diejenige Menge der rechten Spalte an, die mit ihr übereinstimmt!

1. $\{1, 2, 3, 4\}$	$A = \{1, 2, 3\}$
2. $\{2, 4, 6, 8\}$	$B = \{9\}$
3. $\{p, q, r, s\}$	$C = \{1, 2, 3, 4, 5, 6, 7\}$
4. $\{1, x, x^2\}$	$D = \{5, 6, 7\}$
5. $\{0, 1, 2, 3\}$	E ist die Menge der geraden Zahlen größer als 1, aber kleiner als 10.
6. Die Menge aller ungeraden Zahlen größer als 7, aber kleiner als 11.	$F = \emptyset$
	G ist die Menge der ersten vier natürlichen Zahlen.
7. $\{16, 9, 4, 1\}$	$H = \{1, 2, 3, 0\}$
8. Die Menge aller Zahlen, die man bei der Addition von je zwei verschiedenen Zahlen aus $\{2, 3, 4\}$ erhält.	$I = \{x^2, x, 1\}$
	$J = \{q, p, s, r\}$
9. Die Menge aller Teiler von 10, die größer als 10 sind.	K ist die Menge aller positiven ganzen Zahlen kleiner als 20, die Quadrate sind.
10. Die Menge aller Primteiler von 70.	L ist die Menge aller Ziffern im Produkt von 11 und 25.

1.5. Teilmengen

Ist jedes Element einer Menge A *ebenfalls Element einer Menge* M, *so nennt man* A
eine Teilmenge von M *und schreibt* A ⊆ M.

Beispiele:

(1)   In einer Schule, deren Kinder von 11 bis 18 Jahre alt sind, ist die Menge der
      dreizehnjährigen Schüler eine Teilmenge der Menge aller Schüler dieser Schule.

(2)   In einem Kartenspiel ist die Menge aller Asse eine Teilmenge der Menge aller
      Karten dieses Spieles.

(3)   Die Menge $\{p, q, r\}$ hat die folgenden Teilmengen:
      $\{p, q, r\}, \{p, q\}, \{p, r\}, \{q, r\}, \{p\}, \{q\}, \{r\}, \emptyset$ und keine weitere.

Beachten Sie, daß die Menge selbst und die leere Menge stets zu den Teilmengen gehören.

Ist A ⊆ M und A ≠ M, so sagen wir A ist echte Teilmenge von M und schreiben A ⊂ M.

Gilt neben A ⊆ M *auch* M ⊆ A, *ist also nicht nur jedes Element von* A *auch Element
von* M, *sondern umgekehrt jedes Element von* M *auch Element von* A, *so sind die
beiden Mengen gleich:*   A = M.

Beispiel: Die Menge $\{1, 2, 3\}$ ist Teilmenge von $\{1, 2, 3, 4, 5\}$ oder
$\{1, 2, 3\} \subseteq \{1, 2, 3, 4, 5\}$, aber auch $\{1, 2, 3\} \subset \{1, 2, 3, 4, 5\}$.

Beachten Sie, daß a ein Element ist, dagegen $\{a\}$ eine Menge, die aus dem Element a
besteht. Daher müssen wir schreiben:
$$a \in \{a, b, c\} \quad \text{aber} \quad \{a\} \subseteq \{a, b, c\}.$$

Übungen

Geben Sie bei den folgenden zehn Aufgaben das Symbol aus der Menge $\{\in, \notin, \subset, =\}$
an, das zwischen den Elementen oder Mengen der linken Spalte und den Mengen der
rechten Spalte stehen muß, damit eine richtige Aussage entsteht.

1.	p	$\{p, q, r\}$
2.	$\{p, q, r\}$	$\{q, r, p\}$
3.	$\{p\}$	$\{r, p, q\}$
4.	s	$\{p, r, q\}$
5.	$\{3, 4, 5, 6, \ldots\}$	$\{1, 2, 3, 4, 5, 6, \ldots\}$
6.	Die Menge der positiven geraden Zahlen	Die Menge der positiven ganzen Zahlen
7.	Die Menge der Primzahlen	Die Menge der natürlichen Zahlen
8.	Die Menge der vierten Potenzen der natürlichen Zahlen	Die Menge der Quadrate der natürlichen Zahlen
9.	Die Menge der Primzahlen größer als 4	Die Menge aller Zahlen der Form 6n ± 1, wobei n eine natürliche Zahl ist.

10.   50   Die Menge aller Zahlen der Form $n^2 + 1$.

11.   Gegeben ist die Menge M = $\{$ 1, 2, 3, 4, 5, 6, 7, 8, 9 $\}$.
Schreiben Sie die Teilmengen auf, deren Elemente bestehen aus:

a) allen geraden Zahlen aus M,
b) allen Zahlen größer als 5 (alle $n > 5$),
c) allen Zahlen kleiner als 4 (alle $n < 4$),
d) allen Zahlen größer als 9 (alle $n > 9$),
e) allen Zahlen, die gleich oder größer als 1 sind.

12.   Betrachten Sie eine Menge G, die aus vier Kindern besteht: $\{$ Andreas, Michael, Bettina, Susanne $\}$. Geben Sie die Teilmengen an, die bestehen aus:

a) drei Kindern,
b) zwei Kindern,
c) einem Jungen und einem Mädchen,
d) Andreas und zwei anderen Kindern,
e) Susanne und einem anderen Kind.

(Bei den Antworten können Sie die Namen durch ihre Anfangsbuchstaben A, M, B, S abkürzen.)

13.   Es sei M = $\{$ Cuxhaven, Westerland, Braunschweig, London, Berlin $\}$.
Schreiben Sie die Teilmengen von M auf, die bestehen aus:

a) Hauptstädten,
b) Badeorten,
c) niedersächsischen Städten.

14.   Wir haben festgestellt, daß eine Menge, die aus zwei Elementen besteht, genau vier Teilmengen und eine Menge aus drei Elementen genau acht Teilmengen hat, wenn die Menge selbst und die leere Menge mitgezählt werden. Wie viele Teilmengen hat somit eine Menge, die aus:

a) 4 Elementen,
b) 5 Elementen,
c) n Elementen besteht?

1.6. Durchschnitt zweier Mengen

Sind zwei Mengen A und B gegeben, so kann man *eine* dritte *Menge* bilden, *die aus allen Elementen besteht, die sowohl zu A als auch zu B gehören.* Diese Menge *nennt man den Durchschnitt von* A *und* B und schreibt sie A $\cap$ B.

Beispiele:

(1)   Wenn A = $\{$ Januar, Juni, Juli $\}$ und B = $\{$ Juni, Juli, August $\}$, dann ist
A $\cap$ B = $\{$ Juni, Juli $\}$.

(2)   Wenn P = $\{$ a, b, c $\}$ und Q = $\{$ c, d, e $\}$, dann P $\cap$ Q = $\{$ c $\}$.

(3)   Wenn L = $\{$ l, m, n, p $\}$ und M = $\{$ r, s, t $\}$, dann L $\cap$ M = $\emptyset$.

Übungen

1. Gegeben sind P = { a, b, c, d }, Q = { b, c, d, e, f }, R = { a, c, f }.
   Geben Sie die folgenden Mengen elementweise an:

   a) $P \cap Q$,   b) $Q \cap P$,   c) $P \cap R$,

   d) $Q \cap R$,   e) $P \cap (Q \cap R)$,   f) $(P \cap Q) \cap R$.

2. Schreiben Sie die Menge aller Monatsnamen mit dem Anfangsbuchstaben J auf und nennen Sie diese Menge A. Geben Sie die Menge aller Monatsnamen mit dem Endbuchstaben i an und bezeichnen sie mit B. Schreiben Sie ebenfalls die Menge aller Monate von 30 Tagen auf und nennen Sie diese Menge C. Bezeichnen Sie die Menge aller Monate eines Jahres mit M. Nun geben Sie die folgenden Mengen elementweise an:

   a) $A \cap B$,   b) $A \cap C$,   c) $B \cap C$,

   d) $A \cap M$,   e) $B \cap M$,   f) $C \cap M$,

   g) $(A \cap C) \cap B$,   h) $A \cap (C \cap B)$.

3. X, Y und Z seien Mengen natürlicher Zahlen. Die Elemente von X seien größer als 1 und kleiner als 6, die Elemente von Y größer als 2 und kleiner als 7 und Z = { 3, 5, 6, 7 }. (Abgekürzt kann man auch schreiben: $x \in X$ ist gleichbedeutend mit $1 < x < 6$; $y \in Y$ ist gleichbedeutend mit $2 < y < 7$.) Geben Sie die folgenden Mengen in Form von Elementlisten an:

   a) $X \cap Y$,   b) $X \cap Z$,   c) $Y \cap Z$,

   d) $X \cap X$,   e) $Y \cap Y$,   f) $Z \cap Z$,

   g) $X \cap (Y \cap Z)$,   h) $(X \cap Y) \cap Z$.

1.7. Vereinigung zweier Mengen

Wenn zwei Mengen A und B gegeben sind, so kann man *eine* dritte *Menge* bilden, *die aus allen Elementen besteht, die entweder zu* A *oder zu* B *gehören oder zu beiden Mengen.* Diese Menge *nennt man die Vereinigung von* A *und* B und schreibt sie $A \cup B$.

Beispiele:

(1) Wenn A = { Januar, Juni, Juli } und B = { Juni, Juli, August }, dann ist
    $A \cup B$ = { Januar, Juni, Juli, August }.

(2) Wenn P = { a, b, c } und Q = { c, d, e }, dann ist $P \cup Q$ = { a, b, c, d, e }.

Übungen

1. Betrachten Sie die Mengen der Aufgabe 1 aus den Übungen zu 1.6 und geben Sie jetzt folgende Menge elementweise an:

   a) $P \cup Q$,   b) $Q \cup P$,   c) $P \cup R$,

   d) $Q \cup R$,   e) $P \cup (Q \cup R)$,   f) $(P \cup Q) \cup R$.

2. Betrachten Sie die Mengen der Aufgabe 2 aus den Übungen zu 1.6 und bilden Sie jetzt:

a) $A \cup B$,   b) $A \cup C$,   c) $B \cup C$,
d) $A \cup M$,   e) $B \cup M$,   f) $C \cup M$,
g) $(A \cup C) \cup B$,   h) $A \cup (C \cup B)$.

3. X, Y und Z sind die Mengen aus der Ausgabe 3 der Übungen zu 1.6. Bilden Sie jetzt:

a) $X \cup Y$,   b) $X \cup Z$,   c) $Y \cup Z$,
d) $X \cup X$,   e) $Y \cup Y$,   f) $Z \cup Z$,
g) $X \cup (Y \cup Z)$,   h) $(X \cup Y) \cup Z$.

4. Gegeben seien $A = \{1, 2, 3, 4\}$, $B = \{3, 4, 5\}$, $C = \{2, 4, 6\}$ und $M = \{1, 2, 3, 4, 5, 6\}$. Schreiben Sie die folgenden Mengen auf:

a) $A \cup B$,   b) $A \cup C$,   c) $B \cup C$,
d) $A \cup (B \cup C)$,   e) $(A \cup B) \cup C$,   f) $A \cap B$,
g) $A \cap C$,   h) $B \cap C$,   i) $A \cap (B \cap C)$,
j) $(A \cap B) \cap C$,   k) $A \cap (B \cup C)$,   l) $(A \cap B) \cup C$,
m) $A \cup (B \cap C)$,   n) $(A \cup B) \cap C$,   o) $(A \cap B) \cup (A \cap C)$,
p) $(A \cup B) \cap (A \cup C)$, q) $A \cap M$,   r) $B \cap M$,
s) $C \cap M$,   t) $A \cup M$,   u) $B \cup M$,
v) $C \cup M$,   w) $A \cup A$,   x) $B \cap B$,
y) $A \cap \emptyset$,   z) $A \cup \emptyset$.

Was bemerken Sie bei den Antworten zu k) und o); m) und p)?

5. x sei ein Platzhalter für Elemente der Menge $M = \{1, 2, 3, 4, 5, 6, 7, 8, 9\}$. Geben Sie die Mengen aller Zahlen an, die die folgenden Bedingungen erfüllen:

a) $x + 2 = 4$,   b) $x - 1 = 3$,   c) $x > 6$,
d) $x < 5$,   e) $2x = 1$,   f) $x + 1 = 12$,
g) $x - 1 > 0$,   h) x ist eine Primzahl, i) x ist eine Quadratzahl.

Schreiben Sie den Durchschnitt der Mengen d) und g) auf. Schreiben Sie den Durchschnitt der Mengen a) und b) auf. Schreiben Sie die Vereinigung der Mengen a) und b) auf.

6. Die Faustballmannschaft sei $F = \{$Andreas, Dieter, Erich, Harald, Konrad$\}$. Die Volleyballmannschaft sei $V = \{$Bernd, Christoph, Dieter, Franz, Georg, Jan$\}$. Die Besatzung des Ruderachters sei $R = \{$Andreas, Bernd, Christoph, Erich, Jan, Harald, Konrad, Dieter$\}$.

Bezeichnen Sie die Menge der zehn genannten Jungen mit M und geben Sie die folgenden Teilmengen an:

a) $F \cap V$,   b) $V \cap R$,   c) $F \cap R$,
d) $F \cap V \cap R$,   e) $F \cup V \cup R$,   f) $F \cap (V \cup R)$,
g) $(F \cap V) \cup (F \cap R)$, h) $F \cup (V \cap R)$,   i) $(F \cup V) \cap (F \cup R)$.

Was bemerken Sie bei den Antworten von f) und g); h) und i)?

1.8. Komplement einer Menge

In einer Klasse seien Jungen und Mädchen. Die Menge der Kinder sei G. Diese sei unterteilt in zwei Teilmengen: J die Menge der Jungen und M die Menge der Mädchen. *Das Komplement der Menge J ist diejenige Menge, die aus allen Elementen von G besteht, die nicht zu J gehören.* Wir bezeichnen es mit $\bar{J}$. In unserem Falle ist $\bar{J}$ die Menge aller Kinder der Klasse, die nicht Jungen sind, also ist $\bar{J}$ = M. Es sei S die die Menge der Schwimmer der Klasse G, dann ist $\bar{S}$ die Menge der Nichtschwimmer.

Beispiele:

(1)   Wenn G = $\{$ a, b, c, d $\}$ und P = $\{$ d $\}$, so ist $\bar{P}$ = $\{$ a, b, c $\}$.

(2)   Wenn G = $\{$ 1, 2, 3, 4, 5, 6 $\}$ und P = $\{$ 2, 4, 6 $\}$, dann ist P = $\{$ 1, 3, 5 $\}$. Beachten Sie, daß in jedem Falle gilt:

$$P \cup \bar{P} = G \text{ und } P \cap \bar{P} = \emptyset \, {}^1).$$

Übungen

1.   Es sei G = $\{$ 1, m, n, p, r $\}$. Geben Sie das Komplement für jede der folgenden Mengen an:

a) $\{$ 1, m, n $\}$,   b) $\{$ 1 $\}$,   c) $\{$ 1, m, n, p, r $\}$,

d) $\emptyset$,   e) $\{$ 1, m, n $\}$ $\cup$ $\{$ n, p $\}$, f) $\{$ 1, m, n $\}$ $\cap$ $\{$ m, n, p $\}$.

2.   Gegeben seien die Menge G = $\{$ 1, m, n, p, r $\}$ und zwei ihrer Teilmengen P = $\{$ 1, m, n, r $\}$ und Q = $\{$ 1, n, p $\}$. Schreiben Sie die folgenden Mengen auf:

a) $\bar{P}$,   b) $\bar{Q}$,   c) $\bar{P} \cup \bar{Q}$,

d) $\bar{P} \cap \bar{Q}$,   e) $P \cup Q$,   f) $P \cap Q$,

g) $\overline{P \cup Q}$,   h) $\overline{P \cap Q}$,   i) $P \cup \bar{P}$,

j) $P \cap \bar{P}$,   k) $Q \cup \bar{Q}$,   l) $Q \cap \bar{Q}$.

Was bemerken Sie bei den Antworten zu c) und h); d) und g)?

3.   Gegeben sei die Menge M aller Monatsnamen. Schreiben Sie die Menge aller Monatsnamen mit dem Anfangsbuchstaben J auf und nennen Sie diese Menge J. Schreiben Sie die Menge der Monate von 30 Tagen auf und nennen Sie diese Menge S. Nun geben Sie die folgenden Mengen an:

a) $\bar{J}$,   b) $\bar{S}$,   c) $\overline{J \cup S}$,

d) $\overline{J \cap S}$,   e) $\bar{J} \cap \bar{S}$,   f) $\bar{J} \cup \bar{S}$.

Welche der Mengen sind gleich? Können Sie die Gleichheit einiger Mengen erkennen, bevor Sie diese niederschreiben?

4.   Die Tage, an denen Jan Mathematik hat, bilden die Menge M = $\{$ Montag, Dienstag, Donnerstag, Freitag $\}$ und die, an denen er Physik hat, bilden die Menge

---

$^1)$ Aus den Beispielen ersieht man, daß das Komplement einer Menge nur dann bestimmt ist, wenn eine Grundmenge gegeben ist. Wir müssen daher genauer definieren: *Ist B Teilmenge von G, so besteht das Komplement von B bezüglich G aus allen Elementen von G, die nicht zu B gehören.*

P = {Dienstag, Mittwoch, Freitag }. Ferner sei G = {Montag, Dienstag, Mittwoch, Donnerstag, Freitag, Sonnabend }. Können Sie sofort sagen, welche der folgenden Mengen gleich sind, ohne sie elementweise anzugeben? Wenn nicht, so schreiben Sie die Mengen einzeln auf und bestimmen dann, welche von ihnen gleich sind!

a) $M \cup P$,   b) $P \cup M$,   c) $M \cap P$,

d) $P \cap M$,   e) $\overline{P}$,   f) $\overline{M}$,

g) $\overline{P \cup M}$,   h) $\overline{P} \cap \overline{M}$,   i) $\overline{P \cap M}$,

j) $\overline{P} \cup \overline{M}$.

Können Sie jede der folgenden Mengen durch einen einzigen Buchstaben bezeichnen?

k) $M \cap M$,   l) $M \cup M$,   m) $M \cup (M \cap P)$,

n) $M \cap (M \cup P)$,   o) $M \cap G$,   p) $P \cup \emptyset$.

Wenn nun noch die Tage, an denen Jan Latein hat, die Menge L = {Montag, Mittwoch, Donnerstag } bilden, dann weisen Sie die Richtigkeit folgender Aussagen nach:

q) $M \cap (P \cup L) = (M \cap P) \cup (M \cap L)$,

r) $M \cup (P \cap L) = (M \cup P) \cap (M \cup L)$.

1.9. Venn-Diagramme

Durchschnitt und Vereinigung von Mengen kann man in der folgenden Weise zeichnerisch darstellen: Die Punkte einer Kreisfläche mögen die Menge A darstellen und die einer weiteren Kreisfläche die Menge B.

In Bild 1.1 durchschneiden sich die beiden Mengen A und B nicht, wir nennen sie diskunkt. $A \cup B$ wird dargestellt durch die schraffierten Flächen. $A \cap B$ ist in diesem Falle die leere Menge.

In Bild 1.2 wird $A \cup B$ veranschaulicht durch die Gesamtfigur der beiden Kreise. $A \cap B$ wird dargestellt durch die schraffierte Fläche.

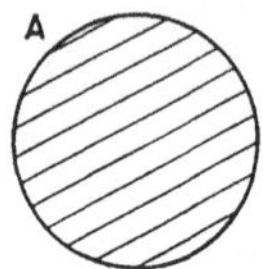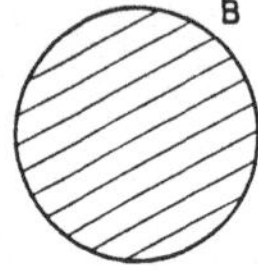

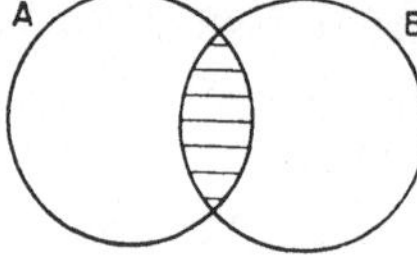

Bild 1.1   **Bild 1.2**

Beispiele:

(1)   Bestätigen Sie durch ein Diagramm die Richtigkeit von:

A ∩ (B ∪ C) = (A ∩ B) ∪ (A ∩ C)!

In Bild 1.3 stellt die horizontal schraffierte Fläche B ∪ C dar, die in zwei Richtungen schraffierte Fläche veranschaulicht A ∩ (B ∪ C).

In Bild 1.4 stellt die horizontal schraffierte Fläche A ∩ B dar, die vertikal
schraffierte Fläche veranschaulicht A ∩ C und die gesamte schraffierte Fläche
(A ∩ B) ∪ (A ∩ C). Man sieht, die in zwei Richtungen schraffierte Fläche des
Bildes 1.3 und die gesamte schraffierte Fläche des Bildes 1.4 sind gleich.
A ∩ (B ∪ C) und (A ∩ B) ∪ (A ∩ C) werden also durch dieselbe Fläche darge-
stellt. Damit ist veranschaulicht, daß die beiden Mengen gleich sind.

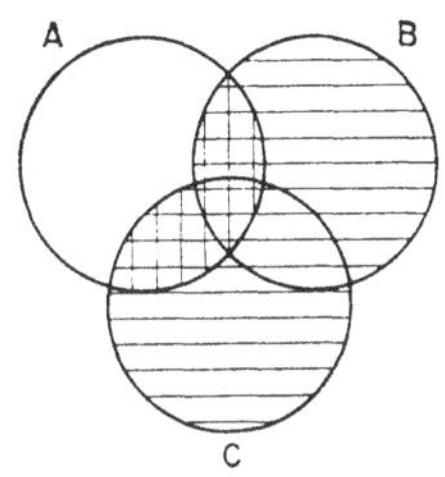

Bild 1.3   **Bild 1.4**

(2)   Zeichnen Sie ein Diagramm für $\overline{A \cap B} = \overline{A} \cup \overline{B}$! In Bild 1.5 stellt die schraffierte
      Fläche A ∩ B dar und somit die unschraffierte Fläche $\overline{A \cap B}$ bezüglich der
      Grundmenge G.

      In Bild 1.6 veranschaulicht die vertikal schraffierte Fläche $\overline{A}$ und die horizontal
      schraffierte Fläche $\overline{B}$.
      Folglich stellt die gesamte schraffierte Fläche in Bild 1.6 $\overline{A} \cup \overline{B}$ dar. In Bild 1.5
      ist dieselbe Fläche aber unschraffiert. Also gilt $\overline{A \cap B} = \overline{A} \cup \overline{B}$.

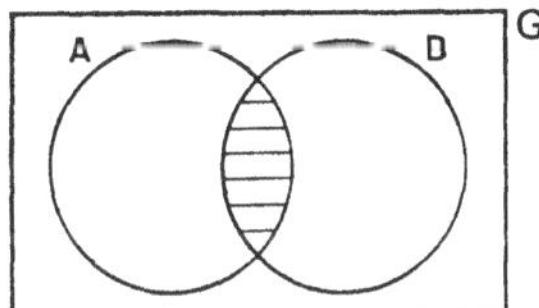

Bild 1.5   **Bild 1.6**

Übungen

1.   Vervollständigen Sie die folgenden Ausdrücke auf die einfachste Art zu richtigen
     Aussagen, wenn alle auftretenden Mengen Teilmengen von G sind.
     a) A ∩ G =   b) A ∪ ∅ =
     c) A ∩ ∅ =   d) A ∪ G =
     e) A ∩ A =   f) A ∪ A =
     g) A ∩ (A ∪ B) =   h) A ∪ (A ∩ B) =
     (Verwenden Sie Venn-Diagramme, wenn Sie möchten.)

2. Stellen Sie jeden der folgenden Ausdrücke mit Hilfe von Venn-Diagrammen dar und schraffieren Sie die Menge, die durch den Ausdruck gegeben ist:

   a) $A \cap (B \cup C)$,   b) $(A \cap B) \cup (A \cap C)$,
   c) $A \cup (B \cap C)$,   d) $(A \cup B) \cap (A \cup C)$,
   e) $\overline{A \cup B}$,   f) $\overline{A} \cap \overline{B}$,
   g) $\overline{A \cap B}$,   h) $\overline{A} \cup \overline{B}$.

   Welche der aufgeführten Mengen sind gleich?

3. Unter Verwendung von Venn-Diagrammen ist zu zeigen, daß

   a) $A \cup (\overline{A} \cap B) = A \cup B$,
   b) $A \cap (\overline{A} \cup B) = A \cap B$!

   Vereinfachen Sie die folgenden Ausdrücke ohne weitere Zeichnung:

   c) $B \cup (\overline{B} \cap A)$,
   d) $B \cap (\overline{B} \cup A)$!

4. Verwenden Sie Venn-Diagramme oder ziehen Sie Ergebnisse der Aufgaben 1 bis 3 heran, um die Richtigkeit der folgenden Aussagen zu bestätigen:

   a) $\overline{A} \cup \overline{B} \cup \overline{C} = \overline{A \cap B \cap C}$,
   b) $\overline{A} \cap \overline{B} \cap \overline{C} = \overline{A \cup B \cup C}$,
   c) $(A \cup \overline{B}) \cap (A \cup B) = A$,
   d) $(\overline{A} \cup \overline{B}) \cap (\overline{A} \cup B) = \overline{A}$,
   e) $(\overline{A} \cup \overline{B}) \cap (\overline{A} \cup B) \cap (A \cup B) = \overline{A} \cap B$,
   f) $(A \cup \overline{B} \cup \overline{C}) \cap [A \cup (B \cap C)] = A$.

1.10. Einige Gesetze der Mengenalgebra

Wenn Sie die richtigen Antworten zu den Aufgaben 1 und 2 der Übungen aus 1.9 gefunden haben, so kennen Sie Regeln, die erforderlich sind, um mit dem Durchschnitt und der Vereinigung von Mengen arbeiten zu können; man spricht auch von Gesetzen der *Mengen-Algebra*. Später wird noch darauf eingegangen, daß die Mengen-Algebra geeignet ist, logische Probleme zu lösen und elektrische Schaltkreise zu entwerfen. Die Algebra im herkömmlichen Sinne ist dazu nicht brauchbar.

In den bisherigen Übungen haben wir die Gesetze der Mengen-Algebra mit Hilfe von Venn-Diagrammen veranschaulicht. Damit sind die Gesetze aber noch nicht bewiesen. Einen wirklichen Beweis der Richtigkeit von $A \cap (A \cup B) = A$ führt man z. B. so durch, daß man zeigt, daß jedes Element von A auch ein Element von $A \cap (A \cup B)$ ist und umgekehrt:

Es sei	$x \in A$ (d.h. x darf jedes Element aus A sein),
dann gilt für jedes x:	$x \in A \cup B$ (weil x, wenn es zu A auch zu $A \cup B$ gehört).
Wenn aber	$x \in A$ und $x \in A \cup B$,
dann ist	$x \in A \cap (A \cup B)$ (nach Definition des Durchschnitts zweier Mengen).
Also folgt (1)	$A \subseteq A \cap (A \cup B)$ (weil jedes $x \in A$ auch zu $A \cap (A \cup B)$ gehört).

Ist nun $x \in A \cap (A \cup B)$,

dann ist natürlich auch: $x \in A$ (weil x sowohl Element von A als auch Element
                                     von $A \cup B$ ist).

Also gilt auch (2) $A \cap (A \cup B) \subseteq A$ (weil jedes Element von $A \cap (A \cup B)$
                                     auch Element von A ist).

Aus (1) und (2) folgt somit: $A \cap (A \cup B) = A$ ist richtig.

Übungen

Beweisen Sie, daß die folgenden Gesetze der Mengenalgebra richtig sind:

a) $A \cup (A \cap B) = A$,
b) $A \cup (B \cap C) = (A \cup B) \cap (A \cup C)$,
c) $A \cap (B \cup C) = (A \cap B) \cup (A \cap C)$,
d) $\overline{A \cup B} = \overline{A} \cap \overline{B}$,
e) $\overline{A \cap B} = \overline{A} \cup \overline{B}$.

1.11. Anwendungen aus der Arithmetik

In der Arithmetik können gewisse Probleme mit Hilfe von Venn-Diagrammen recht
einfach gelöst werden. Kennen wir Eigenschaften von Menschen oder Gegenständen,
die wir gruppenweise betrachten und überschneiden sich die hierbei gefundenen Ein-
teilungen, dann können wir uns leicht eine Übersicht verschaffen, wenn wir die so
eingeteilten Gruppen als sich durchschneidende Mengen darstellen und Venn-Diagramme
zeichnen. In die einzelnen Flächen schreibt man dazu noch die Anzahl der Elemente,
die den entsprechenden Mengen angehören.

Beispiele:

(1)   In einer Klasse von 20 Jungen können 16 schwimmen und 12 können rudern,
      zwei Jungen dürfen keinen Sport treiben. Wieviel Jungen konnen sowohl
      schwimmen als auch rudern?

      S möge die Menge der Schwimmer und R die Menge der Ruderer unter den
      Jungen der Klasse darstellen. n (S) und n (R) bezeichnen die Anzahl der Jungen
      (oder „Elemente") in den Mengen S bzw. R, d.h. n (S) = 16 und n (R) = 12.

      Wenn nun x Jungen beide Sportarten treiben, so können wir die vorliegende
      Information durch das Bild 1.7 veranschaulichen.

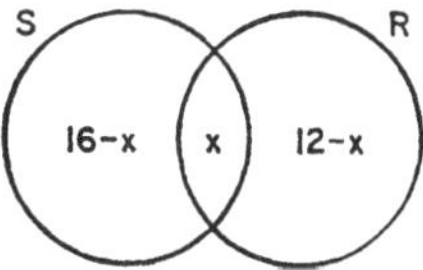

Bild 1.7

Es gilt $n (S \cup R) = 18$
also haben wir die Gleichung $(16 - x) + x + (12 - x) = 18$
                                     $28 - x = 18$
                                     $x = 10$

Wir haben somit gefunden, 10 Jungen treiben beide Sportarten.

(2)   Beim Verkehrsamt wurden 100 Kraftwagen geprüft, 60 Wagen waren ohne Män-
      gel. Bei den beanstandeten Fahrzeugen wurden Fehler an den Bremsen, der
      Beleuchtung und an der Steuerung festgestellt. 12 Wagen hatten nur fehlerhafte
      Bremsen; 3 Wagen hatten Fehler an den Bremsen, der Beleuchtung und der
      Steuerung; 2 Wagen hatten nur fehlerhafte Beleuchtung und Steuerung;
      5 Wagen hatten Fehler an den Bremsen und an der Steuerung; 8 Wagen hatten
      fehlerhafte Bremsen und Beleuchtung.

      Die Anzahl der Fahrzeuge, die nur Mängel an der Steuerung aufwiesen, war
      gleich der Anzahl derjenigen, die nur Mängel an der Beleuchtung hatten. Wie viele
      hatten fehlerhafte Beleuchtung? Wie groß ist die Anzahl der Wagen, die nur einen
      Fehler aufwiesen?

      Die Mengen der Fahrzeuge, die wegen fehlerhafte Steuerung, Bremsen bzw.
      Beleuchtung beanstandet wurden, seien mit S, B bzw. L benannt. Mit x werde
      die Anzahl der Wagen bezeichnet, die nur Mängel an der Steuerung hatten.

      Wir zeichnen das Venn-Diagramm der Mengen S, B und L und tragen die Anzahl
      der Elemente jeder Teilmenge ein. Es ergibt sich Bild 1.8.

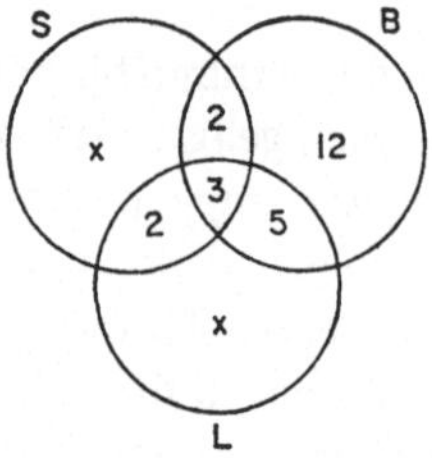

Somit haben wir folgende Gleichung:

$$n(S \cup B \cup L) = 40$$
$$2x + 24 = 40$$
$$x = 8$$
$$n(L) = 8 + 2 + 3 + 5$$

Bild 1.8

Es hatten also 18 Fahrzeuge fehlerhafte Beleuchtung. $2x + 12$ bestimmt die Anzahl der Wagen, die nur einen Fehler aufwiesen, das waren folglich 28.

Übungen

1.   Von 20 Kindern trinken 8 Tee aber keinen Kaffee, 13 trinken Tee. Wie viele
     trinken Kaffee aber keinen Tee?

2.   Von 20 Fachlehrern unterrichten 10 Mathematik, 9 Physik und 7 Chemie;
     4 unterrichten sowohl Mathematik als auch Physik, aber keiner lehrt Mathe-
     matik und auch Chemie. Wie viele Lehrer unterrichten Chemie und auch Physik?
     Wie viele Lehrer unterrichten nur Physik?

3.   Die Fußball-Elf einer Schule soll Fußballstiefel, weiße Hosen und weiße Hemden
     tragen. Bei einem Übungsspiel trugen 7 Jungen Fußballstiefel, 9 weiße Hosen
     und 9 weiße Hemden. 6 trugen weiße Hosen und Fußballstiefel, 6 weiße Hemden
     und Fußballstiefel, und 7 weiße Hemden und weiße Hosen. Wie viele Spieler der
     Mannschaft waren korrekt angezogen? Wie viele trugen keine Fußballstiefel?

4.   Von 50 Studenten spielen 15 Tennis, 20 Fußball und 20 treiben Leichtathletik.
     3 spielen Tennis und Fußball, 6 spielen Fußball und treiben Leichtathletik.
     7 treiben keinen Sport. Wie viele spielen Fußball und Tennis und treiben auch
     Leichtathletik?

5. Die Schüler der Oberstufe einer Schule nehmen an den Arbeitsgemeinschaften für Sozialkunde, Geschichte und Erdkunde teil, und zwar:

  6 nur an der Sozialkunde,

36 an Sozialkunde und Erdkunde,

50 an der Erdkunde,

18 an der Sozialkunde aber nicht an der Geschichte,

53 an der Sozialkunde,

34 an Geschichte und Erdkunde.

Wieviel Schüler wählen Geschichte?

Wie viele Schüler wählen Geschichte und Erdkunde aber nicht Sozialkunde?

6. Von 497 Personen werden in gleicher Anzahl „Der Merkur", „Der Spiegel" und „Die Zeit" gelesen. Eine genaue Analyse zeigt:

26 lesen „Spiegel" und „Zeit",

50 lesen „Merkur" und „Zeit",

38 lesen „Spiegel" und „Merkur",

11 lesen alle drei Zeitungen.

Wie viele Personen lesen a) nur den „Merkur", b) nur die „Zeit", c) nur eine dieser drei Zeitungen?

7. Ein Verein hat 40 Mitglieder, davon sind 27 Herren. 20 Mitglieder spielen ein Musikinstrument und 18 sind Sänger(innen). Sechs Damen spielen kein Instrument und 22 Herren sind keine Sänger. Wie viele Damen singen, spielen aber kein Instrument?

2. Punktmengen

2.1. Lösungsmengen

Das Symbol $\{x \mid x > 2\}$ bedeutet „die Menge aller Zahlen, die größer sind als 2".
Wenn wir die Elemente dieser Menge, die wir auch *Lösungsmenge* der Ungleichung
$x > 2$ nennen, angeben wollen, so müssen wir wissen, aus welchem Zahlbereich
die Elemente genommen werden sollen. Wenn z. B. für x ganze Zahlen zwischen 0 und
10 gewählt werden sollen, d. h. $x \in G$ mit $G = \{1, 2, 3, 4, 5, 6, 7, 8, 9\}$, dann gilt
für die Lösungsmenge $\{x \mid x > 2\} = \{3, 4, 5, 6, 7, 8, 9\}$. Wird dagegen $G = \{0, 1, 2\}$
und $x \in G$ vorausgesetzt, so folgt $\{x \mid x > 2\} = \emptyset$. Lassen wir für x jede positive ganze
Zahl zu, so gilt $\{x \mid x > 2\} = \{3, 4, 5, \ldots\}$; man erhält also dieses Mal eine Lösungsmenge von unendlich vielen Elementen. Die Menge, aus der die Elemente der
Lösungsmenge zu nehmen sind, heißt *Grundmenge* G.

Natürlich kann man für x im obigen Beispiel auch jede rationale Zahl zulassen; dann
liegen die Elemente der Lösungsmenge so eng zusammen, daß man nicht einmal in der
Lage ist, mit dem Aufzählen der Elemente zu beginnen, weil es keine kleinste Zahl
dieser Menge gibt. So ist z. B. 2,000 001 kleiner als 2,000 01, 2,000 000 1 kleiner als
2,000 001 usw.

Beispiele:

Geben Sie die folgenden Mengen elementweise an, wenn x aus der Grundmenge Z^+
(Menge der positiven ganzen Zahlen) zu nehmen ist:

(1) $\quad \{x \mid x > 2\} \cup \{x \mid x < 3\} = \{3, 4, 5, \ldots\} \cup \{1, 2\} = \{1, 2, 3, 4, 5, \ldots\}$

(2) $\quad \{x \mid x > 2\} \cap \{x \mid x < 5\} = \{3, 4, 5, \ldots\} \cap \{1, 2, 3, 4\} = \{3, 4\}$

(3) $\quad$ Wenn $2x - 3 = 0$ erfüllt werden soll, so muß für x die Zahl $\frac{3}{2}$ gesetzt werden.
Da für x aber nur ganze Zahlen zugelassen sind, gilt $\{x \mid 2x - 3 = 0\} = \emptyset$.

Übungen

1. Geben Sie die folgenden Mengen elementweise an, wenn die Grundmenge für x
die Menge der natürlichen Zahlen ist:

   a) $\{x \mid x > 4\}$,

   b) $\{x \mid x \geqslant 4\}$,

   c) $\{x \mid x < 8\}$,

   d) $\{x \mid x > 4\} \cap \{x \mid x < 8\}$,

   e) $\{x \mid x > 4\} \cup \{x \mid x < 8\}$,

   f) $\{x \mid x < 4\} \cap \{x \mid 2 < x < 5\} \cap \{x \mid x > 3\}$,

   g) $\{x \mid x > 4\} \cup \{x \mid 2 < x < 5\} \cup \{x \mid x < 3\}$,

   h) $\{x \mid x > 6\} \cup [\{x \mid x > 5\} \cap \{x \mid x < 7\}]$.

2. Es sei die Grundmenge G = { x | x ist eine positive ganze Zahl }. Geben Sie unter dieser Voraussetzung die Teilmengen von G an, deren Elemente die folgenden Bedingungen erfüllen:

   a) $x + 4 = 6$,   b) $x + 4 = 2$,   c) $2x + 8 = 2(x + 4)$,
   d) $2x + 3 = 0$,   e) $x + 2 > 3$,   f) $x + 6 > 2$,
   g) $x + 3 < 4$.

3. Es sei G = { 1, 2, 3, 4, 5, 6, 7, 8, 9 }. Geben Sie die Teilmengen von G an, deren Elemente die folgenden Bedingungen erfüllen:

   a) x ist eine gerade Zahl   b) $5 + x > 10$,
   c) $5 + x < 10$,   d) $3x + 1 = 10$,
   e) $x + 4 = 15$.

4. G sei die Menge der natürlichen Zahlen. Geben Sie die folgenden Mengen elementweise an:

   a) $\{ x \mid 3x - 1 = 5 \}$,   b) $\{ x \mid x + 2 > 5 \}$,
   c) $\{ x \mid x + 6 = 6 + x \}$,   d) $\{ x \mid \frac{x}{2} = 5 \}$,
   e) $\{ x \mid 5x - 1 = 2 \}$.

2.2. Geordnete Zahlenpaare

Es seien x und y beliebige Elemente der Mengen X bzw. Y, d. h. $x \in X$ und $y \in Y$. Wir nennen dann (x, y) ein *geordnetes Paar*. Man spricht von einem geordneten Paar, weil die *Reihenfolge* von x und y zu beachten ist.

So sind z. B. die beiden geordneten Paare (2,3) und (3,2) nicht gleich. Das Paar (x, y) ist *keine* Menge und wir dürfen somit nicht geschweifte Klammern wie bei den Mengenschreibweise verwenden.

Man kann Mengen, deren Elemente Paare (x, y) sind, graphisch darstellen. Dazu werden die Elemente aus X auf einer horizontalen Achse (der x-Achse) abgetragen und die Elemente aus Y auf einer vertikalen Achse (der Y-Achse).

Beispiele:
Ist X = {1, 2, 3} und Y = {1, 2, 3, 4}, so ergibt sich als Menge aller geordneten Paare (x, y) (man spricht von der *Produktmenge* oder dem *kartesischen Produkt der beiden Mengen* und schreibt X × Y): X × Y = {(1,1), (1,2) (1,3), (1,4), (2,1), (2,2), (2,3), (2,4), (3,1), (3,2), (3,3), (3,4)}.

Diese Menge wird graphisch dargestellt durch eine Gesamtheit von Punkten (auch *Gitterpunkte* genannt), wie sie Bild 2.1 zeigt.

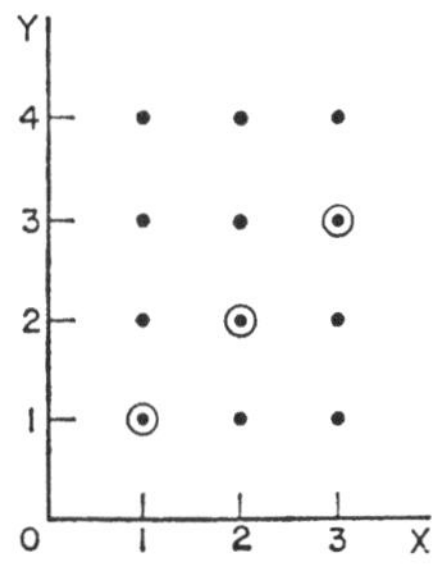

Bild 2.1

Geben Sie zu der eben betrachteten Produktmenge $X \times Y$ die folgenden Teilmengen an:

(1) Die Menge der geordneten Paare mit $y = x$.

Diese Menge besteht nur aus geordneten Paaren, bei denen beide Zahlen gleich sind: $\{(1,1), (2,2), (3,3)\}$. Sie stellt sich graphisch dar als die Menge der umringten Punkte in dem Bild 2.1.

(2) $\{(x, y) \mid x + y = 4\} \cap \{(x, y) \mid y = x\}$.

Wir finden $\{(x, y) \mid x + y = 4\} = \{(1,3), (2,2), (3,1)\}$

und $\{(x, y) \mid y = x\} = \{(1,1), (2,2), (3,3)\}$

also $\{(x, y) \mid x + y = 4\} \cap \{(x, y) \mid y = x\} = \{(2,2)\}$.

Beachten Sie, daß der Durchschnitt dieser beiden Mengen bestimmt ist durch den Punkt (das geordnete Paar), in dem sich die beiden Geraden zu $x + y = 4$ bzw. $y = x$ schneiden. Man sagt auch, der Durchschnitt ist die Lösungsmenge des Gleichungssystems

$$x + y = 4$$
$$y = x$$

bezüglich der beiden Grundmengen X und Y.

(3) Geben Sie die folgenden Mengen elementweise an:

$\{(x, y) \mid y > x\}, \{(x, y) \mid y < x\}$ und
$\{(x, y) \mid y > x\} \cup \{(x, y) \mid y = x\} \cup \{(x, y) \mid y < x\}$.

Leicht ergibt sich $\{(x, y) \mid y > x\} = \{(1,2), (1,3), (1,4)\ (2,3)\ (2,4)\ (3,4)\}$.
Diese geordneten Paare werden dargestellt durch die Punkte des Bildes 2.1, die oberhalb der Linie der umringten Punkte liegen. Entsprechend findet man
$\{(x, y) \mid y < x\} = \{(2,1), (3,1)\ (3,2)\}$. Die Punkte unterhalb der Linie der umringten Punkte in dem Bild 2.1 veranschaulichen diese Menge. Nunmehr erkennt man, daß die Menge $\{(x, y) \mid y > x\} \cup \{(x, y) \mid y = x\} \cup \{(x, y) \mid y < x\}$ aus allen geordneten Paaren der Produktmenge $X \times Y$ besteht und durch das ganze Punktgitter dargestellt wird. Dieses Ergebnis mußten wir erwarten, denn, wenn y größer, gleich oder kleiner als x sein darf, so ist die Auswahl der geordneten Paare nicht eingeschränkt.

Übungen

1. x und y sollen Elemente der Menge $\{1, 2, 3, 4\}$ sein. Die Menge aller geordneten Paare (x, y) und die Teilmengen, deren Elemente die folgenden Bedingungen erfüllen, sind elementweise anzugeben:

a) $y = x$, b) $y = x + 1$,

c) $y \geqslant x$, d) $y < x$,

e) $x + y = 6$, f) $x = 2$,

g) $y = 4$,

h) $\{(x, y) \mid y = x\ \cap \{(x, y) \mid y = x + 1\}$,

i) $\{(x, y) \mid x = 2\ \cap \{(x, y) \mid y = 4\}$,

k) $\{(x, y) \mid y \geqslant x\ \cup \{(x, y) \mid y < x\}$.

Stellen Sie jede dieser Mengen durch ein Gitterdiagramm dar.

2. Es seien $X = \{0, 1, 2, 3, 4\}$ und $Y = \{0, 1, 2, 3, 4\}$. Geben Sie die folgenden Teilmengen der Produktmenge $X \times Y$ an, wenn $x \in X$ und $y \in Y$:

a) $\{(x, y) \mid y = 2x\}$, b) $\{(x, y) \mid y = x + 1\}$,

c) $\{(x, y) \mid y = x + 2\}$, d) $\{(x, y) \mid y = -\frac{1}{2} x + 4\}$,

e) $\{(x, y) \mid x + y \leqslant 4\}$, f) $\{(x, y) \mid x + y \geqslant 2\}$,

g) $\{(x, y) \mid y = 2x\} \cap \{(x, y) \mid y = x + 1\}$,

h) $\{(x, y) \mid y = 2x\} \cap \{(x, y) \mid y = x + 2\}$,

i) $\{(x, y) \mid y = x + 1\} \cap \{(x, y) \mid y = -\frac{1}{2} x + 4\}$,

k) $\{(x, y) \mid x + y \geqslant 2\} \cap \{(x, y) \mid x + y \leqslant 4\}$.

Stellen Sie jede dieser Mengen durch ein Gitterdiagramm dar.

3. Es soll gelten $X = Y = \{0, 1, 2, 3, 4\}$ und $x \in X$ und $y \in Y$. Geben Sie jetzt die folgenden Teilmengen von X bzw. $X \times Y$ an:

a) $\{x \mid x - 2 = 0\}$, b) $\{x \mid x - 3 = 0\}$,

c) $\{x \mid (x - 2)(x - 3) = 0\}$, d) $\{x \mid x + 4 = 0\}$,

e) $\{x \mid x^2 - 4x = 0\}$, f) $\{(x, y) \mid (x - 2)(y - 3) = 0\}$,

g) $\{(x, y) \mid x - 2 = 0\} \cap \{(x, y) \mid y - 3 = 0\}$,

h) $\{(x, y) \mid y = \frac{1}{2} x + 1\} \cap \{(x, y) \mid x + y = 4\}$,

i) $\{(x, y) \mid 2x + y < 4\} \cap \{(x, y) \mid x + 2y < 4\}$,

k) $\{(x, y) \mid x + y > 6\} \cup \{(x, y) \mid x + y < 2\}$.

Stellen Sie die Mengen f) bis k) durch Gitterdiagramme dar.

4. Geben Sie ein Gitterdiagramm der Produktmenge $X \times Y$ an, wenn vorausgesetzt wird, daß $X = Y = \{1, 2, 3, 4\}$ und $x \in X$ und $y \in Y$ gilt. Bei der Darstellung der folgenden Teilmengen ist jedesmal ein neues Diagramm der ganzen Produktmenge $X \times Y$ zu verwenden und die Punkte, die die Teilmengen veranschaulichen sind zu umringen:

a) $\{(x, y) \mid y = x\}$, b) $\{(x, y) \mid y = x + 1\}$,

c) $\{(x, y) \mid y \geqslant x\}$, d) $\{(x, y) \mid y < x\}$,

e) $\{(x, y) \mid x + y = 6\} \cap \{(x, y) \mid 2x - 3y = 2\}$,

f) $\{(x, y) \mid (x - 2)(y - 4) = 0\}$,

g) $\{(x, y) \mid x > 1\} \cap \{(x, y) \mid x + y \leqslant 4\} \cap \{(x, y) \mid y > 1\}$,

h) $\{(x, y) \mid x^2 + y^2 < 25\}$.

2.3. Linien und Bereiche

Nun wollen wir überlegen, wie sich die Menge $\{(x, y) \mid x + y = 4\}$ verändert, wenn nicht mehr wie bisher die für x und y zugelassenen Zahlen beschränkt werden.

Beispiele:

(1) Jetzt sollen X und Y die Menge der ganzen Zahlen und x und y Elemente dieser Mengen sein. Dann besteht die Menge $\{(x, y) \mid x + y = 4\}$ aus einer unbegrenzten Anzahl von geordneten Paaren. Diese Menge schreibt man auf folgende Art:

$$\{\ldots, (-3,7), (-2,6), (-1,5), (0,4), (1,3), (2,2), (3,1), (4,0), (5,-1), (6,-2), \ldots\}.$$

Das Diagramm der Menge ist eine unbegrenzte gerade Linie von Punkten. Einige davon werden in Bild 2.2 durch die nicht umringten Punkte dargestellt.

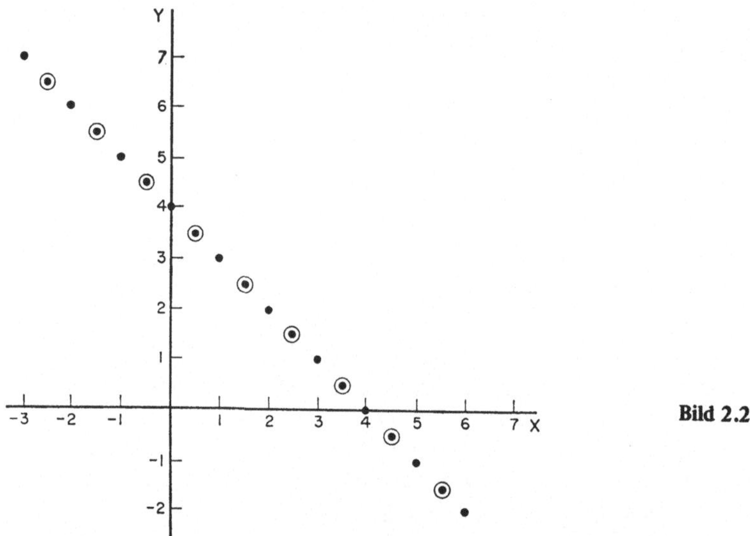

Bild 2.2

(2)   Wenn nun für x und y alle ganzzahligen Vielfachen von $\frac{1}{2}$ zugelassen werden, erhält man die Menge $\{\ldots, (-\frac{1}{2}, 4\frac{1}{2}), (0,4), (\frac{1}{2}, 3\frac{1}{2}), (1,3), (1\frac{1}{2}, 2\frac{1}{2}), \ldots\}$. Wir müssen also dem bisherigen Diagramm die umringten Punkte hinzufügen (Bild 2.2).

(3)   Wenn für x und y schließlich alle rationalen Zahlen zugelassen werden, wird die Folge der Punkte sehr sehr dicht, so daß man versucht ist, sie als eine vollständige Gerade zu bezeichnen. Doch das dürfen wir in der Tat nicht tun, wie Sie weiter unten sehen werden.

Wir sind hier auf eine sehr wichtige Frage gestoßen, die beim Aufbau des Systems der rationalen und auch der reellen Zahlen betrachtet werden muß. Wenn uns zwei beliebige aber verschiedene rationale Zahlen gegeben sind, so können wir stets eine andere rationale Zahl nennen, die zwischen den beiden gegebenen liegt. Eine solche dritte Zahl können wir bilden, indem wir die Zähler und auch die Nenner der gegebenen Zahlen addieren. Z.B. zwischen $\frac{1}{3}$ und $\frac{1}{2}$ liegt $\frac{2}{5}$. Und weiter, zwischen $\frac{1}{3}$ und $\frac{2}{5}$ liegt $\frac{3}{8}$, zwischen $\frac{2}{5}$ und $\frac{1}{2}$ liegt $\frac{3}{7}$. Setzen wir dieses Verfahren ohne Ende fort, so können wir die „Lücke" zwischen $\frac{1}{3}$ und $\frac{1}{2}$ mit einer beliebigen Anzahl rationaler Zahlen ausfüllen, wie das Bild 2.3 erkennen läßt. Doch solange wir diese Verfahren auch fortsetzen, es wird uns niemals gelingen, die Strecke von $\frac{1}{3}$ bis $\frac{1}{2}$ ganz zu „füllen". Eine unbegrenzte Anzahl von Lücken wird übrigbleiben. Die Ursache dafür ist die Tatsache, daß es Zahlen zwischen $\frac{1}{3}$ und $\frac{1}{2}$ gibt, die nicht zu den rationalen Zahlen gehören. Solche Zahlen nennt man irrationale Zahlen.

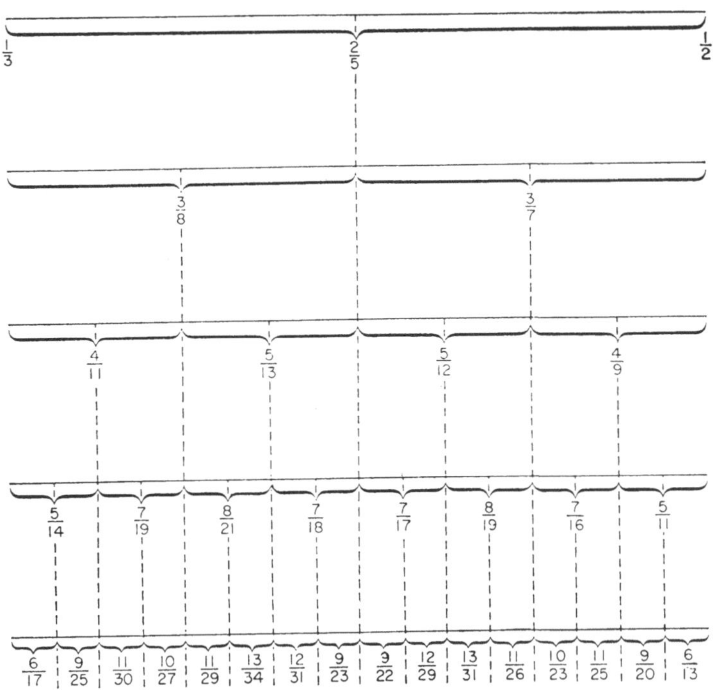

Bild 2.3

$\sqrt{2}$ ist ein Beispiel einer solchen Zahl. Eine irrationale Zahl zwischen $\frac{1}{3}$ und $\frac{1}{2}$ ist z.B. $\frac{1}{4} \cdot \sqrt{2} = 0,353 \ldots$ Die irrationalen Zahlen müssen als unendliche nicht-periodische Dezimalzahlen geschrieben werden. Zwischen zwei ungleichen rationalen Zahlen liegen in der Tat unbegrenzt viele Irrationalzahlen, wie man nachweisen kann [1]).

(4) Wenn x und y sowohl rationale als auch irrationale Zahlen sein dürfen, so sagen wir, x und y sind reelle Zahlen. Geht man von unserer anschaulichen Erklärung der Irrationalzahlen aus, so kann man sagen, daß die Gerade von den reellen Zahlen ganz „ausgefüllt" wird. Somit ist jetzt $\{(x, y) \mid x + y = 4\}$ eine unendliche Menge von geordneten Paaren (Punkten), die sich als ganze Gerade des Bildes 2.4 darstellt.

Wir nennen die Gerade den Graphen der Gleichung $x + y = 4$ oder auch den Graphen der Menge $\{(x, y) \mid x + y = 4\}$.

In der Art, in der wir die Lösungsmenge der Gleichung $x + y = 4$ untersucht haben, wollen wir nun die Lösungsmenge der Ungleichung $x + y > 4$ näher betrachten. Wählen wir als Grundmenge für x und y die Menge der ganzen Zahlen,

---

[1]) Die Vereinigung der Menge der rationalen Zahlen und der Menge der irrationalen Zahlen ist die Menge der reellen Zahlen. Umfassendere Informationen bieten Ihnen *Monjallon, M.:* Einführung in die moderne Mathematik, Braunschweig, Vieweg 1971; *Klaua, D.:* Elementare Axiome der Mengenlehre, Braunschweig, Vieweg 1971.

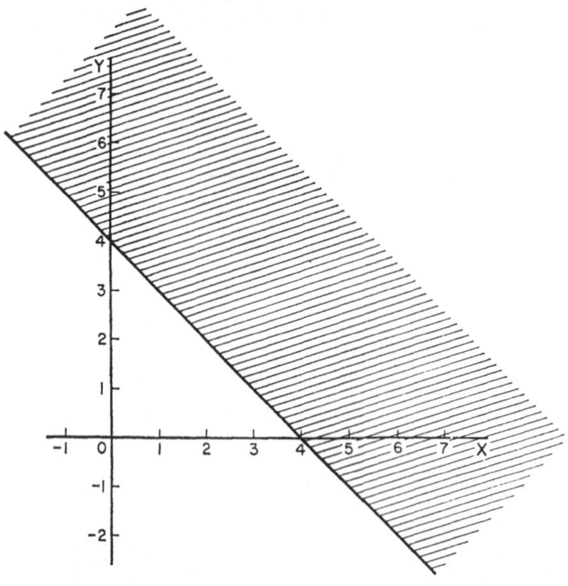

Bild 2.4

so wird $\{(x, y) \mid x + y > 4\}$ veranschaulicht durch ein Punktgitter oberhalb der
Geraden zu $x + y = 4$. Ist als Grundmenge aber die Menge der reellen Zahlen
zugelassen, so füllen die Punkte, die durch die Elemente der Menge
$\{(x, y) \mid x + y > 4\}$ bestimmt werden, die ganze Fläche oberhalb unserer Geraden aus und das schraffierte Gebiet (oder der Bereich) repräsentiert die Lösungsmenge. Betrachten wir aber die Menge $\{(x, y) \mid x + y \geqslant 4\}$, so bestimmt diese
das schraffierte Gebiet einschließlich der Geraden.

Übungen

Für die folgenden Aufgaben ist die Grundmenge die Menge $\mathbb{R}$ der reellen Zahlen, d.h.
$x \in \mathbb{R}$ und $y \in \mathbb{R}$.

1. Die Punktmengen der Aufgaben 1., 2. und 4. der Übungen aus 2.2 sind graphisch
   durch Punkte, gerade Linien oder schraffierte Gebiete darzustellen.

2. Zeichnen Sie die Graphen der folgenden Mengen:
   a) $\{(x, y) \mid y = x - 1\}$,   b) $\{(x, y) \mid x + y = 4\}$,
   c) $\{(x, y) \mid x = 3\}$,   d) $\{(x, y) \mid y = 2\}$,
   e) $\{(x, y) \mid xy = 4\}$,   f) $\{(x, y) \mid y < x^2 \text{ und } -1 < x < 1\}$,
   g) $\{(x, y) \mid x + y < 5\} \cap \{(x, y) \mid 5y + 2x > 10\} \cap \{(x, y) \mid 2x + y > 6\}$.

3. Zeichnen Sie in jeweils ein Koordinatensystem die Graphen der folgenden
   Gleichungen:
   a) $x + y = 6$,   b) $x + y = 4$,
   c) $3x + y = 6$,   d) $x + 3y = 6$.

4. In den Zeichnungen der Aufgabe 3 sind diejenigen Gebiete zu schraffieren, in
denen die folgenden Ungleichungen erfüllt sind:

a) $x + y < 6$,   b) $x + y > 4$,

c) $3x + y > 6$,   d) $x + 3y > 6$.

5. Zeichnen Sie die vier Graphen der Aufgabe 3 in ein gemeinsames Koordinatensystem und schraffieren Sie das Gebiet, in dem alle vier Ungleichungen der Aufgabe 4 erfüllt sind.

6. Lesen Sie aus der Zeichnung der Aufgabe 5 die Lösungspaare der folgenden
Gleichungssysteme ab:

a) $x + y = 6$ b) $x + y = 6$

   $3x + y = 6$ $x + 3y = 6$

c) $x + y = 4$ d) $x + y = 4$

   $3x + y = 6$ $x + 3y = 6$

7. Geben Sie die folgenden Mengen elementweise an:

a) $\{(x, y) \mid x + y = 6\} \cap \{(x, y) \mid 3x + y = 6\}$

b) $\{(x, y) \mid 3x + y = 6\} \cap \{(x, y) \mid x + 3y = 6\}$

c) $\{(x, y) \mid x + y = 6\} \cap \{(x, y) \mid x + 3y = 6\}$

d) $\{(x, y) \mid x + y = 4\} \cap \{(x, y) \mid 3x + y = 6\}$

e) $\{(x, y) \mid x + y = 4\} \cap \{(x, y) \mid x + 3y = 6\}$.

8. Zeichnen Sie in ein gemeinsames Koordinatensystem die Graphen der folgenden
Gleichungen:

a) $y = x + 1$ b) $y = -x + 3$

c) $y = 2x - 1$ d) $y = \frac{1}{2} x + 2$

Was können Sie über die Steilheit oder Steigung der Geraden aussagen? Wo
schneiden die Geraden die Y-Achse?

9. Verwenden Sie das Diagramm der Aufgabe 8 zur Lösung der folgenden Gleichungssysteme:

a) $y = x + 1$ b) $y = x + 1$ c) $y = x + 1$

   $y = 2x - 1$ $y = \frac{1}{2} x + 2$ $y = -x + 3$

Können Sie diese Gleichungssysteme lösen ohne Zuhilfenahme der Zeichnung?
Sie müssen dann Zahlenpaare (x, y) finden, die beide Gleichungen erfüllen.

10. Schraffieren Sie im Diagramm der Aufgabe 8 das Gebiet, in dem die folgenden
drei Ungleichungen gemeinsam erfüllt sind:

$$y > -x + 3; \quad y > 2x - 1; \quad y < \tfrac{1}{2} x + 2.$$

Schreiben Sie die Menge, die durch die Punkte dieses Gebietes dargestellt wird,
als Durchschnitt von drei Mengen.

2.4. Relationen

Wie wir schon gesehen haben, wird die Menge aller geordneten Zahlenpaare (x, y) mit
$x \in X$ und $y \in Y$ die Produktmenge von X und Y genannt; man bezeichnet sie mit
X × Y. *Jede beliebige Teilmenge von X × Y nennt man eine Relation zwischen den
Elementen von X und denen von Y.* Dazu ein Beispiel:

Es sei X = { 1, 2 } und Y = {1, 2, 3 },

so daß X × Y = { (1,1), (1,2), (1,3), (2,1), (2,2), (2,3) } ist.

Jede Teilmenge dieser Produktmenge ist nach unserer Definition eine Relation, z. B.
{(1,2), (1,3), (2,3)} oder auch {(1,1), (2,3)}.

Die Elemente der Mengen X und Y brauchen keine Zahlen zu sein. Setzt man z. B.
X = {Athen, Berlin, Calais } und Y = {Platz 1, Platz 2, Platz 3 } oder kürzer
X = {A, B, C }, Y = {1, 2, 3}, so daß die Produktmenge X × Y = {(A,1), (A,2), (A,3),
(B,1), (B,2),(B,3), (C,1),(C,2), (C,3)} ist, dann ist jede der folgenden Teilmengen eine
Relation:

{(A,1), (A,3), (B,2), (C,3)} , {(A,1), (B,2), (C,3) }, {(A,1), (A,2)} ,
{(B,1), (C,1), (C,2), (C,3)} , {(A,1), (B,3), (C,2) }, {(B,1), (B,3) }.

(Wir haben nicht sämtliche Teilmengen von X × Y aufgeführt.)

2.5. Funktionen

*Eine Relation wird Funktion genannt, wenn keine zwei geordneten Paare im ersten
Glied übereinstimmen.* So ist z. B. { (1,2), (2,3) } eine Funktion, dagegen sind { (1,2), (1,3)}
und {(1,2), (1,3), (2,3)} keine Funktionen; denn die Paare (1,2) und (1,3) haben dasselbe erste Glied. Nehmen wir das zweite unter 2.4 genannte Beispiel, so sind

> { (A,1), (B,2), (C,3)} und {(A,1), (B,3), (C,1)} Funktionen, aber
> { (A,1), (A,3), (B,2)} und {(B,1), (B,3), (C,2)} sind keine Funktionen.

An den Beispielen können wir den Unterschied zwischen einer Relation und einer
Funktion klar herausstellen. Aus der Funktion {(A,1), (B,2), (C,3)} ist abzulesen, daß
Athen Platz 1, Berlin Platz 2 und Calais Platz 3 einnimmt. Eine solche Zuordnung ist
bei jedem Wettkampf möglich, an dem Mannschaften dieser Städte teilnehmen.

In diesem Falle gehört zu jeder Stadt ein anderer Platz. Wir sagen dann, zwischen den
Städten und den Plätzen besteht eine *eineindeutige Zuordnung.*

Nach unserer Definition ist aber auch {(A,1), (B,3), (C,1) } eine Funktion. Hier kann
man ablesen, daß die Wettkampfleitung zwei Städte auf den ersten Platz gesetzt hat,
weil sie vielleicht gleiche Leistungen gezeigt haben. In diesem Falle ist zwei Elementen der ersten Menge dasselbe Element der zweiten Menge zugeordnet, somit liegt
keine eineindeutige Zuordnung vor; dennoch spricht man von einer Funktion.

Betrachten wir nun die Menge {(A,1), (A,3), (B,2), (C,3)} . Hier werden der Stadt
Athen der erste und der dritte Platz zugewiesen. Die Zuordnung ist also nicht mehr
eindeutig. Diese Menge ist eine Relation aber keine Funktion.

Wir wollen uns jetzt einige Beispiele ansehen, die wir schon früher behandelt haben:

Beispiele:

(1) $\{(x, y) \mid y = x + 4\}$ ist eine Funktion.
      Geben wir die geordneten Paare dieser Menge einzeln an, so finden wir keine
      zwei Paare, bei denen die erste Zahl übereinstimmt und die zweiten Glieder ver-
      schieden sind. Für jede Zahl, die man für x einsetzt, ist genau eine Zahl bestimmt,
      die dann für y einzusetzen ist. Doch auch zu jeden y gibt es genau ein x. Wir
      haben also eine eineindeutige Zuordnung zwischen den Zahlen der Menge $X = \mathbb{R}$
      und den Zahlen der Menge $Y = \mathbb{R}$.

(2) $\{(x, y) \mid y > x + 1\}$ ist keine Funktion.
      Zu der Menge gehören z. B. die geordneten Zahlenpaare (1,3) und (1,4).

(3) $\{(x, y) \mid x = 6\}$ ist keine Funktion.
      Aus dieser Menge sind unteranderem die Paare (6,1) und (6,2).

(4) $\{(x, y) \mid y = 5\}$ ist eine Funktion.
      Keine zwei verschiedene geordnete Paare der Menge $\{\ldots, (1,5), (2,5), (3,5),\ldots\}$
      haben dasselbe erste Glied.

(5) $\{(x, y) \mid y^2 = x\}$ ist keine Funktion.
      Die geordneten Zahlenpaare $(1, -1)$ und $(1,1)$ sind Elemente dieser Menge. Wenn
      man jedoch zusätzlich fordert $y \geqslant 0$ oder auch $y \leqslant 0$, so erhält man jeweils
      eine Funktion, nämlich:
      $$\{(x, y) \mid y^2 = x \text{ und } y \geqslant 0\} \quad \text{oder} \quad \{(x, y) \mid y^2 = x \text{ und } y \leqslant 0\}.$$

Übungen

1.   Es sei $M = \{1, 2, 3, 4\}$ und $x \in M$, $y \in M$. Welche der folgenden Relationen sind
     Funktionen:
     a) $\{(1,1), (2,2), (3,3), (4,4)\}$,
     b) $\{(1,2), (2,2), (3,2), (4,2)\}$,
     c) $\{(1,3), (2,3), (1,4), (2,4)\}$,
     d) $\{(3,1), (3,2), (3,3), (3,4)\}$,
     e) $\{(4,1), (3,2), (2,3)\}$.

2.   Welche der folgenden Relationen sind Funktionen:
     a) $\{$(Andreas, London), (Bernd, Hamburg), (Christiane, Hamburg)$\}$
     b) $\{$(Andreas, London), (Bernd, Hamburg), (Christiane, Köln)$\}$
     c) $\{$(Andreas, London), (Bernd, Hamburg), (Bernd, Köln)$\}$.

     Wenn in den folgenden Aufgaben keine abweichende Voraussetzungen gemacht
     werden, so soll stets gelten x, $y \in \mathbb{R}$ (Menge der reellen Zahlen). Bestimmen Sie,
     welche der folgenden Mengen geordneter Zahlenpaare Relationen und welche
     Funktionen sind!

3. $\{(x, y) \mid x + y = 4\}$.

4. $\{(x, y) \mid x + y > 4\}$.

5. $\{(x, y) \mid y - 4 = 0\}$.

6. $\{(x, y)\,|\,x + 2 = 0\}$.

7. $\{(x, y)\,|\,y = x^2\}$.

8. $\{(x, y)\,|\,xy = 4\}$.

9. $\{(x, y)\,|\,x^2 + y^2 = 25\}$.

10. $\{(x, y)\,|\,x^2 + y^2 = 25 \text{ und } x > 0\}$.

11. $\{(x, y)\,|\,x^2 + y^2 = 25 \text{ und } y < 0\}$.

12. $\{(x, y)\,|\,x^2 + y^2 < 25\}$.

13. $\{(x, y)\,|\,x + y > 4\} \cap \{(x, y)\,|\,x + y < 6\}$.

14. $\{(x, y)\,|\,y - 1 = 0\} \cup \{(x, y)\,|\,y - 2 = 0\}$.

15. $\{(x, y)\,|\,y^2 = x^2\}$.

16. $\{(x, y)\,|\,y^3 = x\}$.

17. $\{(x, y)\,|\,y^4 = x\}$.

18. $\{(x, y)\,|\,x \text{ ist ein Primfaktor von } y\}$.

19. $\{(x, y)\,|\,y = 1 \text{ wenn } x \text{ ungerade, } y = 0 \text{ wenn } x \text{ gerade}\}$, wobei x und y aus der Menge der ganzen Zahlen sind.

20. $\{(x, y)\,|\,x = |y|\}$, $|y|$ ist der Betrag von y (z.B. $|4| = 4$, $|-4| = 4$).

21. $\{(x, y)\,|\,y = |x|\}$.

22. $\{(x, y)\,|\,y \text{ ist der Vater von } x\}$, wobei x und y aus der Menge aller Menschen.

23. $\{(x, y)\,|\,y \text{ ist der Sohn von } x\}$.

24. $\{(x, y)\,|\,y - x = 3\}$.

25. $\{(x, y)\,|\,x + y \text{ ist eine gerade Zahl}\}$, wobei x, y aus der Menge der natürlichen Zahlen.

2.6. Abbildungen

Man nennt eine Funktion auch eine *Abbildung*. Die Definition beider Begriffe stimmt überein. Das Wort Abbildung erinnert mehr als das Wort Funktion an die zugrundeliegende anschauliche Vorstellung.

Als ein sehr einleuchtendes Beispiel für den Begriff Abbildung betrachten wir die Häuser einer Straße; man kann von dieser Straße einen Plan machen und dabei für jedes Haus ein kleines Vieleck zeichnen. Wenn dieser Lageplan vollständig ist, so haben wir jedes Element der Menge H (Menge aller Häuser der Straße) auf ein Element der Menge V (Menge aller Vielecke des Planes) abgebildet. Jedem Haus ist ein und nur ein Vieleck zugeordnet (und umgekehrt). Die Produktmenge H × V bestitzt keine zwei verschiedene Paare, deren erstes Glied übereinstimmt. Man kann auch sagen, kein Haus wird durch zwei verschiedene Vielecke repräsentiert. Somit ist eine Funktion gegeben. Die Funktion ist hier durch ein ganz einfaches Zeichenverfahren bestimmt. Um auszudrücken, daß die Elemente von H auf die Elemente von V abgebildet werden, schreibt man

$$H \xrightarrow{f} V \quad \text{oder} \quad f\colon H \to V.$$

Jedem $h \in H$ ist also genau ein $v \in V$ zugeordnet. *Man nennt v auch das Bild von* h *in der Menge* V. Statt v schreibt man auch f(h), um zum Ausdruck zu bringen, daß v das Bild von h bei der Abbildung f ist.

Im obigen Beispiel hat die Abbildung eine besondere Eigenschaft. Wenn, wie in diesem Falle, die beiden Mengen H und V gleichviel Elemente besitzen und jedem Element von H genau ein Element von V zugeordnet ist und umgekehrt, so sprechen wir von einer *eineindeutigen* Abbildung von H *auf* V.

Besitzen wir den vollständigen Plan eines Stadtteiles und ordnen wir nur jedem Haus *einer* ganz bestimmten Straße das zugehörige Vieleck im Plan zu, so sprechen wir von einer eineindeutigen Abbildung der Häuser *in* die Menge der Vielecke des ganzen Planes, da nicht jedes Vieleck Bild der Häuser dieser einen Straßen ist.

Beachten Sie, daß eine Funktion (Abbildung) keine eineindeutige Zuordnung zu sein braucht und Abbildungen auf eine Menge und in eine Menge möglich sind.

Beispiele:

(1)   In einem früheren Kapitel haben wir die Funktion $\{(A,1), (B,3), (C,1)\}$ betrachtet.

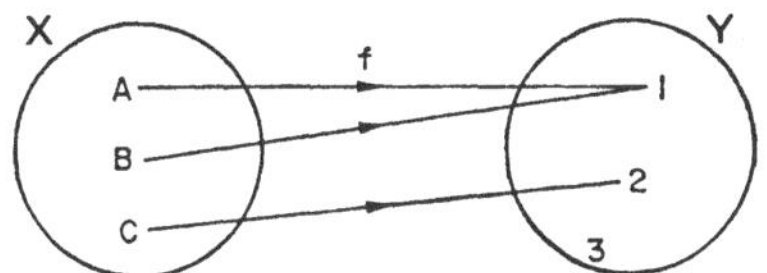

Bild 2.5

Hier liegt die Abbildung einer Menge von Städten *in* eine Menge von Plätzen vor. Die Abbildung ist nicht eineindeutig.

(2) $\{(x, y) \mid y = 1$ und x aus der Menge der natürlichen Zahlen$\}$ ist eine Funktion, denn keine zwei verschiedenen Zahlenpaare haben dasselbe erste Glied. Diese Funktion ist eine Abbildung der Menge der natürlichen Zahlen *auf* die Menge $\{1\}$, sie ist nicht eineindeutig.

(3) $\{(x, y) \mid y = x^2$ und x ist eine ganze Zahl$\}$ ist eine Funktion. Man schreibt auch

$$X \overset{f}{\to} Y \quad \text{oder} \quad f\colon X \to Y \quad \text{oder} \quad f(x) = y \quad \text{oder} \quad f\colon x \to f(x),$$

wobei f die Bildung des Quadrates bedeutet. Damit man nicht zu sagen braucht, was die Abbildung f vorschreibt, setzt man einfach $f(x) = x^2$. In diesem Falle wird die Menge der ganzen Zahlen *in* die Menge der nicht negativen ganzen Zahlen abgebildet. Jede Quadratzahl außer der Null ist das Bild zweier ganzer Zahlen. Insbesondere ist hierbei $f(3) = 9$, $f(-3) = 9$, $f(2) = 4$, $f(-6) = 36$ etc.

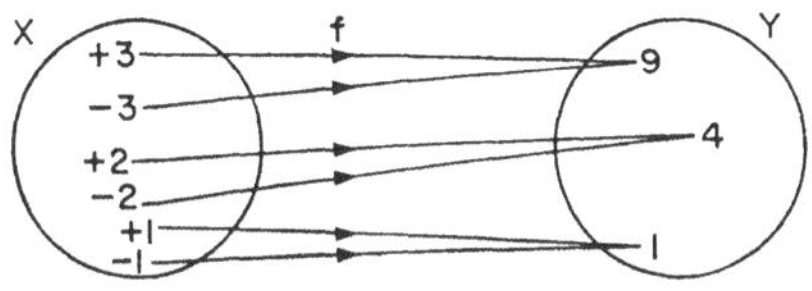

Bild 2.6

2.7. Zusammengesetzte Abbildungen

Manchmal bildet man eine Menge X auf oder in eine Menge Y ab und weiter die
Menge Y auf oder in eine Menge W.

Sei nun f: X → Y mit $y = x^2$ und g: Y → W mit $w = y + 1$. Dann kann die Abbildung
einiger Elemente durch folgende Skizze veranschaulicht werden:

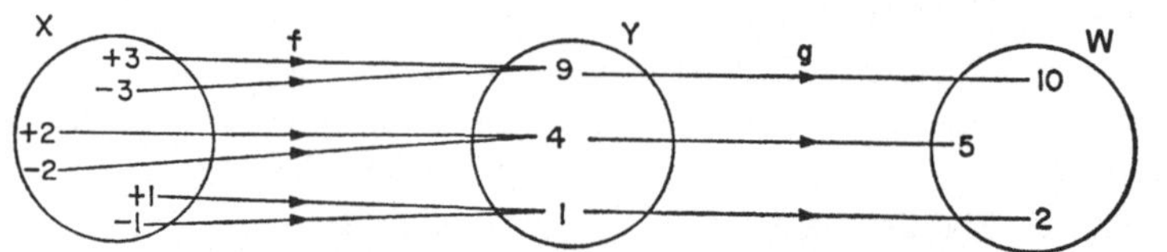

Bild 2.7

Will man das Nacheinander-Abbilden der beiden Funktionen f und g ausdrücken, so
benutzt man folgendes Symbol: g ○ f. Hierbei bedeutet g ○ f erst soll die Abbildung f
erfolgen und daran anschließend die Abbildung g. Somit ist g ○ f wieder eine Abbildung, die wir h nennen wollen. Ein Beispiel kann den Zusammenhang verdeutlichen:
Es ist $f(3) = 9$ und $g(9) = 10$ also $g[f(3)] = 10$ und dafür schreiben wir auch
$g[f(3)] = (g ○ f)(3) = h(3) = 10$.

Beachte jedoch: $g(3) = 4$ und $f(4) = 16$
somit $f[g(3)] = (f ○ g)(3) = 16$
also ist $(f ○ g)(3)$ nicht gleich $(g ○ f)(3)$!

Beim Zusammensetzen von Abbildungen ist die Reihenfolge zu beachten!
In unserem Falle ist, wenn x ein Element von X bzw. Y sein soll:

$$g[f(x)] = (g ○ f)(x) = x^2 + 1 \quad \text{aber} \quad f[g(x)] = (f ○ g)(x) = (x + 1)^2.$$

2.8. Definitionsbereich und Bildmenge einer Funktion

Der Definitionsbereich einer Funktion ist die Menge aller ersten Glieder der geordneten
Paare aus einer Funktion. Bildmenge nennt man die Menge aller zweiten Glieder dieser
Paare.

Blicken wir nochmals zurück auf einige Beispiele der bisherigen Abschnitte:

Beispiele:
(1) $\{(A,1), (B,3), (C,1)\}$; $\{A, B, C\}$ ist der Definitionsbereich und $\{1, 3\}$ die Bild-
       menge.

(2) $\{(x, y) \mid y = 1$ und x ist eine natürliche Zahl$\}$; der Definitionsbereich ist die
       Menge der natürlichen Zahlen und die Bildmenge ist $\{1\}$.

(3) $\{(x, y) \mid y = x^2$ und x ist eine ganze Zahl$\}$; die Menge der ganzen Zahlen ist
       der Definitionsbereich, die Menge der Quadratzahlen ist die Bildmenge.

Übungen

Wenn keine anderen Angaben gemacht werden, soll bei den folgenden Aufgaben gelten:
$X = Y = W = \mathbb{R}$ und $x \in X$, $y \in Y$, $w \in W$. ($\mathbb{R}$ Menge der reellen Zahlen). Stellen Sie
bei jeder der folgenden Funktionen (Aufgabe 1 bis 10) fest, ob die Abbildung eineindeutig ist. Es sind jeweils Definitionsbereich und Bildmenge der Funktion anzugeben.

1. $\{(x, y) \mid x + y = 4\}$.
2. $\{(x, y) \mid y - 4 = 0\}$.
3. $\{(x, y) \mid y^3 = x\}$.
4. $\{(x, y) \mid y = x^4\}$.
5. $\{(x, y) \mid xy = 4 \text{ und } x, y \neq 0\}$.
6. $\{(x, y) \mid y = 1 \text{ wenn } x \text{ ungerade}, y = 0 \text{ wenn } x \text{ gerade}\}$, wobei x und y aus
    der Menge der ganzen Zahlen.
7. $\{(x, y) \mid y = |x|\}$.
8. $\{(x, y) \mid y = x^2 + 1\}$.
9. $\{(x, y) \mid y = \sqrt{4 - x^2}\}$.
10. $\left\{(x, y) \mid y = \dfrac{x^2}{x^2 + 1}\right\}$.

Für die Aufgaben 11 bis 15 sind zwei Abbildungen f und g durch das Bild 2.8
definiert.

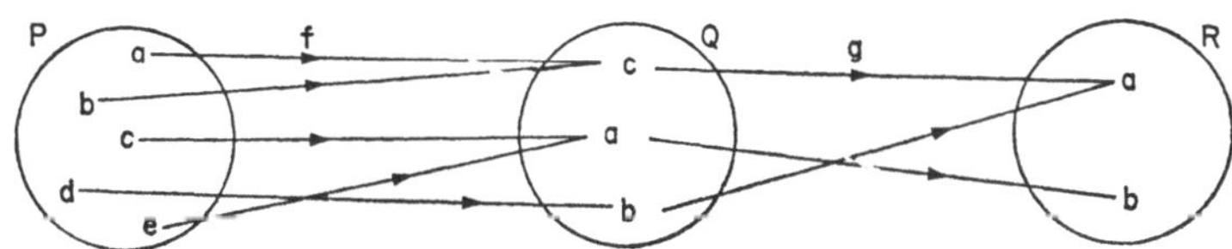

Bild 2.8

11. Sind die Abbildungen f und g eineindeutig?

    Nennen Sie bei den Aufgaben 12 bis 15 jeweils das Bild:
12. a) f(a),   b) f(b),   c) f(d),   d) f(e).
13. a) g(c),   b) g(a),   c) g(b).
14. a) $(g \circ f)(a)$,   b) $(g \circ f)(b)$,   c) $(g \circ f)(c)$,
    d) $(g \circ f)(d)$,   e) $(g \circ f)(e)$.
15. a) $(f \circ g)(a)$,   b) $(f \circ g)(b)$,   c) $(f \circ g)(c)$.

    Für die Aufgaben 16 bis 20 werden zwei Abbildungen f und g durch das
    Bild 2.9 definiert.

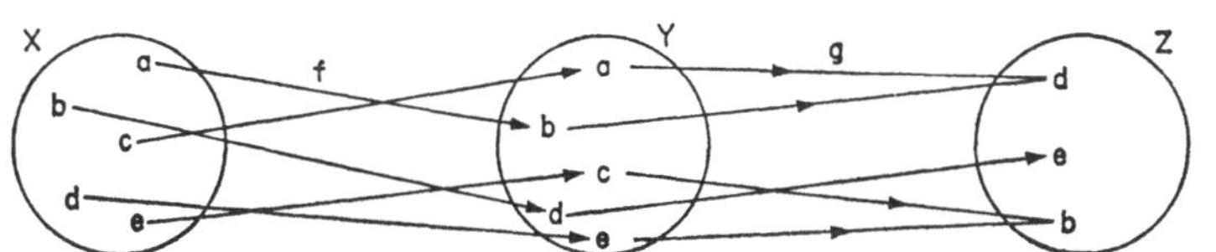

Bild 2.9

16. Welche der beiden Abbildungen ist eineindeutig?

Nennen Sie bei den Aufgaben 17 bis 20 jeweils das Bild:

17. a) f(a), b) f(b), c) f(c), d) f(d), e) f(e).

18. a) g(a), b) g(b), c) g(c), d) g(d), e) g(e).

Bei der zusammengesetzten Abbildung vereinfacht man die Schreibweise häufig noch etwas. Man setzt $(f \circ g)(x) = f \circ g(x)$. Beachten Sie diese Symbolik bei den folgenden Aufgaben.

19. a) $f \circ g(a)$, b) $f \circ g(b)$, c) $f \circ g(c)$,
d) $f \circ g(d)$, e) $f \circ g(e)$.

20. a) $g \circ f(a)$, b) $g \circ f(b)$, c) $g \circ f(c)$,
d) $g \circ f(d)$, e) $g \circ f(e)$.

21. Die Menge $\{0, 1\}$ sei der Definitionsbereich für die Funktionen mit den folgenden Zuordnungen. Welche von ihnen sind dann gleich?
a) $f(x) = x^2$; $g(x) = x^3$.
b) $f(x) = x + 1$; $g(x) = 3x^2 - 2x + 1$.
c) $f(x) = 2$; $g(x) = x^2 - x + 2$.
d) $f(x) = 3x$; $g(x) = 2x + 1$.

22. Es ist die Funktionen anzugeben, die jedes Element einer Menge auf sich selbst abbildet!

23. Es seien $f(x) = x + 1$ und $g(x) = \dfrac{1}{x + 1}$ mit dem Definitionsbereich $X = \{1, 2, 3, 4\}$.

Geben Sie die Bildmenge für die Funktion f und die Bildmenge für die Funktion g an.

24. Die Menge der reellen Zahlen mit Ausnahme von 0 und 1 sei der Definitionsbereich und

$$f(x) = \frac{1}{1 - x}, \quad g(x) = \frac{x - 1}{x}.$$

Bestimmen Sie:
a) $f(-3)$, $f(-2)$, $f(2)$.
b) $g(\frac{1}{4})$, $g(\frac{1}{3})$, $g(-1)$.
Zeigen Sie, daß für alle x aus dem Definitionsbereich gilt: $f \circ g(x) = x$.
Ist auch $g \circ f(x) = x$ richtig?

[Man nennt f die *Umkehrfunktion, inverse Funktion* oder auch *inverse Abbildung* von g, wenn $f \circ g(x) = x$ erfüllt ist.]

25. Eine Funktion f sei gegeben durch $f(x) = x^2$ (man schreibt dafür auch $f: x \to x^2$) und eine andere g durch $g(x) = x + 3$ (oder $g: x \to x + 3$). Geben Sie die Funktionen $f \circ g$ und $g \circ f$ an.

26. Gegeben seien $f_1(x) = x$, $f_2(x) = -x$, $f_3(x) = \frac{1}{x}$, $f_4(x) = \frac{-1}{x}$, wobei der Definitionsbereich die Menge $\mathbb{R}$ der reellen Zahlen mit Ausnahme von 0 und 1 ist. Welche Funktionen sind dann durch die folgenden zusammengesetzten Abbildungen definiert:

a) $f_2 \circ f_3$,   b) $f_2 \circ f_4$,   c) $f_3 \circ f_3$,   d) $f_1 \circ f_4$,

e) $f_4 \circ f_4$,   f) $f_2[f_3 \circ f_4]$.

27. Es seien $f_1(x) = x$, $f_2(x) = \frac{1}{1-x}$, $f_3(x) = \frac{x-1}{x}$, $f_4(x) = \frac{1}{x}$, $f_5(x) = 1 - x$ und $f_6(x) = \frac{x}{x-1}$.

Der Definitionsbereich sei die Menge $\mathbb{R}$ der reellen Zahlen mit Ausnahme von 0 und 1. Welche Funktionen sind dann durch die folgenden zusammengesetzten Abbildungen definiert:

a) $f_1 \circ f_2$,   b) $f_2 \circ f_1$,   c) $f_2 \circ f_3$,   d) $f_3 \circ f_2$,

e) $f_3 \circ f_4$,   f) $f_4 \circ f_3$,   g) $f_5 \circ f_5$,   h) $f_4 \circ f_4$.

3. Lineares Optimieren

In dem letzten Kapitel haben wir Mengen geordneter Zahlenpaare, die Lösungsmengen von Ungleichungen sind, durch schraffierte Flächen in einem x, y-Koordinatensystem dargestellt, so z.B. für die Ungleichung $x + y < 4$. Bei einigen Aufgaben mußten auch Gebiete schraffiert werden, in denen verschiedene Ungleichungen erfüllt waren. Dieser spezielle Aufgaben-Typ ist von großer praktischer Bedeutung bei der Lösung von bestimmten Problemen, die in der heutigen Industrie häufig auftreten. Wegen der starken Konkurrenz auf dem Weltmarkt sind Industrie und Handel gezwungen, dafür zu sorgen, Produktivität und Gewinn so hoch wie möglich zu halten und die Kosten für die Erzeugung, Verwaltung und den Transport so niedrig wie möglich. Die einzelnen individuellen Bedingungen, die man zu berücksichtigen hat, sind oft sehr einfach zu durchschauen. Doch treten sie in großer Anzahl zugleich auf, wodurch die Probleme so kompliziert werden, daß sie zu ihrer Untersuchung für Computer programmiert werden müssen. In diesem Kapitel wollen wir einige dieser Probleme betrachten, die jedoch noch verhältnismäßig einfach sind, so daß wir sie mit graphischen Methoden lösen können.

Beispiele:

(1) Eine Fahrradfabrik stellt zwei Modelle her, ein Sportrad und ein Rennrad. Zur Herstellung eines Sportrades werden sechs Arbeitsstunden benötigt, für das Rennmodell sind dagegen zehn Arbeitsstunden erforderlich. (Eine Arbeitsstunde ist die Leistung eines Arbeiters in einer Zeitstunde.) Die Fabrik kann höchstens 15 Männer beschäftigen, die in der Woche fünf Tage je acht Stunden arbeiten. In einer Woche dürfen die Materialkosten höchstens 4 000 DM betragen; je Fahrrad benötigt man für 50 DM Material. Ein Vertrag verpflichtet die Firma, mindestens 30 Sport- und 20 Rennräder in jeder Woche herzustellen. Wie viele Fahrräder jedes Typs müssen hergestellt werden, damit der Gewinn der Fabrik maximal wird, wenn

a) der Gewinn bei jedem Sportrad 10 DM und bei jedem Rennmodell 30 DM beträgt;

b) der Gewinn bei jedem Sportrad 35 DM und bei jedem Rennmodell 45 DM beträgt?

Wir wollen annehmen, daß in jeder Woche x Sport- und y Rennmodelle hergestellt werden, dann sind $6x + 10y$ Arbeitsstunden je Woche erforderlich. Zur Verfügung stehen aber 600 Stunden ($15 \cdot 5 \cdot 8$). Somit muß folgende Ungleichung erfüllt werden:

$$3x + 5y \leqslant 300 \tag{1}$$

Für das dann in einer Woche verbrauchte Material werden $(50x + 50y)$ DM benötigt. Ausgegeben werden dürfen maximal 4 000 DM. Folgende Ungleichung ist also zu erfüllen:

$$x + y \leqslant 80 \tag{2}$$

Da aber mindestens 30 Sportmodelle und 20 Rennräder hergestellt werden müssen, ergeben sich die Bedingungen:

$$x \geqslant 30 \tag{3}$$

$$y \geqslant 20 \tag{4}$$

Um die Aufgabe zu lösen, tragen wir die Graphen der vier Gleichungen $3x + 5y = 300$, $x + y = 80$, $x = 30$, $y = 20$ in ein gemeinsames Koordinatensystem ein. Die in Bild 3.1 schraffierte Fläche repräsentiert den Bereich, für den alle vier Ungleichungen erfüllt sind.

a) In diesem Falle ergibt sich, wenn G DM der Gewinn je Woche sein soll:

$$10x + 30y = G \tag{5}$$

oder in anderer Form:

$$y = -\frac{1}{3}\,x + \frac{G}{30}.$$

Da G variabel ist, bildet eine Schar paralleler Geraden mit der Steigung $-\frac{1}{3}$ den Graphen dieser Gleichung. Zur Lösung des gestellten Problems dürfen nur die Geraden herangezogen werden, deren Durchschnitt mit dem schraffierten Gebiet nicht leer ist, da ja die Bedingungen 1 bis 4 erfüllt sein müssen. Weil der Gewinn maximal werden soll, wird von den zugelassenen Geraden diejenige ausgewählt, für die der Schnittpunkt $(0, \frac{G}{30})$ mit der y-Achse am höchsten liegt. Diese Gerade ist in dem Bild 3.1 gestrichelt und geht durch den Punkt A. Somit löst das geordnete Zahlenpaar (30, 42) das gestellte Pro-

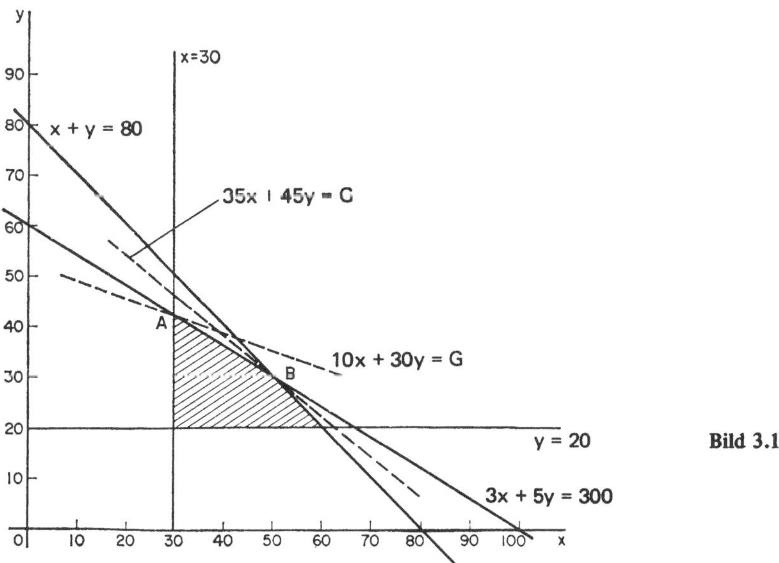

Bild 3.1

blem. Es müssen also 30 Sporträder und 42 Rennräder in jeder Woche hergestellt werden, damit der Gewinn maximal wird. Der wöchentliche Gewinn ergibt sich zu 1 560 DM (30 · 10 + 42 · 30).

b) Bei den in diesem Falle angesetzten Gewinnen je Fahrrad ergibt sich die Gleichung:

$$35x + 45y = G \tag{6}$$

oder in anderer Form:

$$y = -\frac{7}{9} x + \frac{G}{45}.$$

Entsprechend wie bei a) bildet eine Schar paralleler Geraden mit der Steigung $-\frac{7}{9}$ den Graphen der Gleichung (6). Von dieser Schar sind nur diejenigen Geraden zugelassen, die mit dem schraffierten Gebiet keinen leeren Durchschnitt haben. Aus der Menge dieser Geraden wird jene ausgewählt, für die $\frac{G}{45}$ maximal ist. In Bild 3.1 ist diese die gestrichelte Gerade, die durch den Punkt B geht. Das geordnete Zahlenpaar (50, 30) löst somit das Problem im Falle b). Die Fabrik wird also 50 Sporträder und 30 Rennräder je Woche herstellen. Der Gesamtgewinn beträgt dann wöchentlich 3 100 DM (50 · 35 + 30 · 45). Kein anderes geordnetes Zahlenpaar des schraffierten Gebietes bestimmt einen höheren Gewinn.

(2) Ein Kohlenhändler besitzt zwei Lagerplätze, D_1 und D_2, auf denen er jeweils 30 t und 15 t Kohlen vorrätig halten kann. Drei Industrieunternehmen, C_1, C_2 und C_3, erteilen Aufträge über die Lieferung von 20 t, 15 t und 10 t Kohlen. Die Entfernungen zwischen den Lagerplätzen und den Unternehmen gibt die Tabelle 3.1 in Kilometern wieder.

Tabelle 3.1

	C_1	C_2	C_3
D_1	7	4	2
D_2	3	2	2

Es wird angenommen, daß die Transportkosten je Tonne und Kilometer eine feste Summe (a DM) betragen. Nun ist zu entscheiden, wie die Lieferungen auf die beiden Lagerplätze verteilt werden müssen, damit die Transportkosten minimal sind.

Wir nehmen an, daß x t Kohlen von D_1 nach C_1 geliefert werden und y t Kohlen von D_1 nach C_2. Dann müssen die Lieferungen so erfolgen, wie die Tabelle 3.2 zeigt:

Tabelle 3.2

	20 t C_1	15 t C_2	10 t C_3
30 t D_1	x	y	$30 - (x + y)$
15 t D_2	$20 - x$	$15 - y$	$(x + y) - 20$

Da die zu liefernden Mengen nicht durch negative Zahlen angegeben werden
können, müssen folgende Ungleichungen erfüllt sein:

$$x + y \leqslant 30 \qquad (1)$$
$$x + y \geqslant 20 \qquad (2)$$
$$y \leqslant 15 \qquad (3)$$
$$x \leqslant 20 \qquad (4)$$
$$y \geqslant 0 \qquad (5)$$
$$x \geqslant 0 \qquad (6)$$

Die gesamten Transportkosten mögen k DM betragen. Setzen wir dann $T = \frac{k}{a}$
(das ist der gesamte Weg), so ergibt sich, wenn die Kohlenmengen und die entsprechenden Entfernungen miteinander multipliziert werden, folgende Gleichung:

$$T = 7x + 4y + 2\,[30 - (x + y)] + 3\,(20 - x) + 2\,(15 - y) + 2\,[(x + y) - 20]$$

$$T = 4x + 2y + 110$$

$$y = -2x + \frac{T - 110}{2} \qquad (7)$$

Wie im ersten Beispiel schraffieren wir das Gebiet, in dem die Ungleichungen
1 bis 6 erfüllt werden. In diesem Falle sollen die Transportkosten möglichst
niedrig sein, d.h. k und somit T muß ein Minimum werden. Aus der Teilmenge
der Schar der Geraden, die durch die Gleichung (7) bestimmt sind und mit der
schraffierten Fläche keinen leeren Duchschnitt haben, wählen wir diejenige
heraus, für die $\frac{T - 110}{2}$ minimal ist; ihr Schnittpunkt mit der y-Achse muß also
möglichst tief liegen. Die in Bild 3.2 gestrichelte Gerade ist die gesuchte. Die
Koordinaten des Punktes A bestimmen das Lösungspaar (x, y), durch das die
zu liefernden Kohlenmengen gegeben sind. Von D_1 nach C_1 müssen 5 t Kohlen
geliefert werden und von D_1 nach C_2 15 t. In der Tabelle 3.3 ist angegeben,
wie die einzelnen Lieferungen erfolgen müssen, damit die Gesamttransportkosten
minimal werden.

Tabelle 3.3

	C_1	C_2	C_3
D_1	5	15	10
D_2	15	0	0

Aus Gleichung (7) können wir nun die Kosten errechnen. Sie betragen
$k = Ta = (4 \cdot 5 + 2 \cdot 15 + 110)\, a = 160\, a$. Da man die Koordinaten des Schnitt-
punktes der ausgezeichneten Geraden mit der y-Achse kennt, kann man T und
damit k auch folgendermaßen errechnen:

$$\frac{T - 110}{2} = 25 \quad \text{also} \quad T = 160.$$

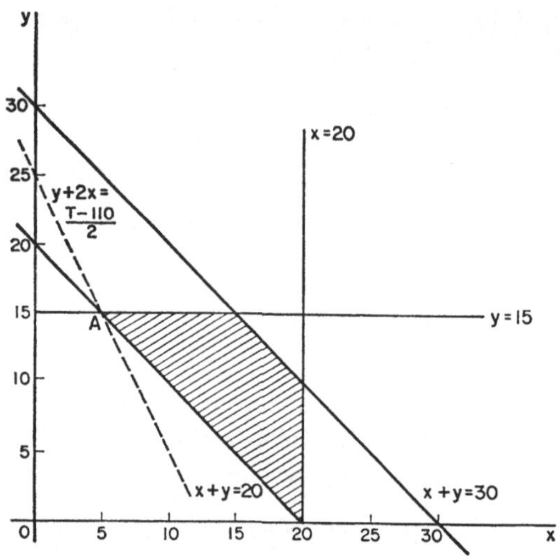

Bild 3.2

Übungen

1. Es soll eine rechteckige Platte so hergestellt werden, daß der Umfang mehr als 12 m jedoch weniger als 20 m beträgt. Das Verhältnis von Länge und Breite muß zwischen 1:1 und 2:1 liegen. Welche Möglichkeiten gibt es, wenn die Seitenlängen nur ganze Meter betragen dürfen?

2. Ein Landwirt will einige Kühe und einige Schafe kaufen. Jede Kuh kostet 180 DM und jedes Schaf 120 DM. Der Landwirt kann nicht mehr als 20 Tiere unterbringen und höchstens 2 880 DM ausgeben. Seine Betriebsrechnung sagt, daß bei einer Kuh der jährliche Gewinn 110 DM und bei einem Schaf 90 DM beträgt. Wie viele Tiere jeder Art wird er kaufen, wenn er einen maximalen Gewinn erzielen will?

3. Eine Zementfabrik besitzt zwei Lagerhäuser, D_1 und D_2, in denen 30 t und 15 t Zement vorrätig gehalten werden können. Drei Bauunternehmer, C_1, C_2 und C_3, erteilen Aufträge über 20 t, 15 t und 10 t Zement. Die Tabelle 3.4 gibt die Entfernungen zwischen den beiden Lagern und den drei Bauplätzen in Kilometern an. Wir nehmen an, daß der Transport je Tonne und Kilometer a DM beträgt. Wie müssen die Lieferungen erfolgen, damit die gesamten Transportkosten minimal werden?

Tabelle 3.4

	C_1	C_2	C_3
D_1	3	4	1
D_2	2	1	5

4. Ein Kaffeeimporteur hat in zwei Lagerhäusern, D_1 und D_2, 140 t und 40 t Rohkaffee vorrätig. Er bekommt von zwei Röstereien, C_1 und C_2, den Auftrag, 100 t und 50 t zu liefern. Die Transportkosten je Tonne und Kilometer betragen a DM.

Von C_1 nach D_1 sind es 60 km und von C_1 nach D_2 30 km; C_2 ist von D_1 80 km und von D_2 20 km entfernt. Wie müssen die Lieferungen erfolgen, damit die Gesamttransportkosten minimal werden? (Hinweis: Nehmen Sie an, daß jeweils x bzw. y Tonnen von D_1 nach C_1 bzw. C_2 geliefert werden.)

5. 10 kg einer Legierung A enthalten 2 kg Kupfer, 1 kg Zink und 1 kg Blei; 10 kg einer Legierung B enthalten 1 kg Kupfer, 1 kg Zink und 3 kg Blei. Aus diesen beiden Legierungen soll eine neue Legierung hergestellt werden, die mindestens 10 kg Kupfer, 8 kg Zink und 12 kg Blei enthält. Die Legierung B kostet je Kilogramm $1\,^1/_2$ mal soviel wie die Legierung A. Welche Mengen der beiden Legierungen müssen vermischt werden, damit die gestellten Bedingungen zu einem möglichst niedrigen Preise erfüllt werden? (Hinweis: Nehmen Sie an, daß die Mischung x kg der Legierung A und y kg der Legierung B enthält.)

6. Eine kleine Fabrik beschäftigt 5 Facharbeiter und 10 Hilfsarbeiter. Sie stellt einen Artikel als Luxusmodell und als einfaches Modell her. Zur Herstellung des Luxusmodells werden 2 Facharbeiterstunden und 2 Hilfsarbeiterstunden benötigt; die Herstellung des einfachen Modells erfordert eine Facharbeiterstunde und 3 Hilfsarbeiterstunden. Laut Tarifvertrag darf jeder Arbeiter täglich höchstens 8 Stunden arbeiten. Der Reinverdienst beträgt bei einem Luxusmodell 10 DM und bei einem einfachen Modell 8 DM. Wie viele Exemplare jedes Modells müssen hergestellt werden, damit der tägliche Gewinn maximal wird? (Hinweis: Nehmen Sie an, daß x einfache und y Luxusmodelle erzeugt werden.)

7. Ein Druckereibesitzer beschäftigt Gesellen und Lehrlinge. In seinen Räumen können nicht mehr als 9 Personen arbeiten. Seine Geschäftsabschlüsse verpflichten ihn, täglich mindestens 30 Einheiten eines Werkes zu drucken. Im Mittel schafft jeder Geselle täglich 5 Einheiten und jeder Lehrling 3 Einheiten. Lehrlingsordnung und Gewerbeordnung schreiben vor, daß der Drucker nicht mehr als 5 und nicht weniger als 2 Gesellen je Lehrling beschäftigen darf. Wie viele Gesellen und Lehrlinge kann er beschäftigen? Von den zugelassenen Möglichkeiten wird er diejenige wählen, die ihm den höchsten Gewinn bringt. Nun betragen die täglichen Lohnkosten je Geselle 50 DM und je Lehrling 25 DM. Der Auftraggeber trägt die Materialkosten und zahlt daneben je Druckeinheit 25 DM. Die gesamte Tagesproduktion kann verkauft werden. Bei wieviel Gesellen und Lehrlingen ergibt sich für den Druckereibesitzer der höchste Gewinn?

8. In einem Entwicklungsland sollen mehrere kleine Autofabriken aufgebaut werden. Zwei Typen A und B sind geplant. Typ A kann wöchentlich 30 Kleintransporter, 10 Personenwagen und 10 Lastkraftwagen herstellen, während Typ B in der gleichen Zeit 10 Kleintransporter, 10 Personenwagen und 40 Lastkraftwagen erzeugen kann. Marktuntersuchungen haben gezeigt, daß im Mittel mindestens 100 Kleintransporter, 60 Personenwagen und 120 Lastkraftwagen je Woche abgesetzt werden können, doch die einzelnen Anzahlen möglichst wenig überschritten werden dürfen.

Der Arbeitskräftebedarf ist bei Typ A doppelt so groß wie bei B. Doch bei Typ B ist der Reingewinn zweimal so groß wie bei A. Wie viele Fabriken jedes Typs müssen gebaut werden, wenn

a) möglichst viele Menschen beschäftigt werden sollen,
b) der Gewinn maximal werden soll?

9. Für ein Diätfett sollen zwei Fettsorten so gemischt werden, daß die fertige Mischung mindestens folgende Vitamine enthält:

Vitamin A   9 Einheiten,   Vitamin B   7 Einheiten
Vitamin C 10 Einheiten,   Vitamin D 12 Einheiten

Die Tabelle 3.5 zeigt, wie viele Einheiten der Vitamine in einem Kilogramm jeder Fettsorte enthalten sind.

Tabelle 3.5

	Vit. A	Vit. B	Vit. C	Vit. D
Fettsorte 1	2	1	1	1
Fettsorte 2	1	1	2	3

Die erste Sorte kostet 2,50 DM je kg, die zweite Sorte 3,50 DM je kg. Welches ist der Minimalpreis zu dem eine Mischung, die die gestellten Anforderungen erfüllt, hergestellt werden kann?

10. Ein Bergbauunternehmen muß wöchentlich 1000 t Kohle der Qualität 1, 700 t der Qualität 2, 2000 t der Qualität 3 und 4500 t der Qualität 4 liefern. Die Unkosten je Schicht betragen bei Schacht A 40 000 DM und bei Schacht B 100 000 DM. Die Förderung je Schicht gibt die Tabelle 3.6 wieder.

Tabelle 3.6

	Qualität 1	Qualität 2	Qualität 3	Qualität 4
Schicht A	200	100	200	400
Schicht B	100	100	500	1500

Wie viele Schichten müssen wöchentlich in den beiden Schachtanlagen gearbeitet werden, damit der Auftrag mit minimalen Unkosten erfüllt werden kann?

11. Ein Großhändler besitzt zwei Lager D_1 und D_2. Zwei Einzelhandelsgeschäfte, C_1 und C_2, bestellen 50 und 30 Serien eines Artikels. Im Lager D_1 sind 80 und im Lager D_2 sind 20 Serien dieses Artikels vorrätig. Die Transportkosten je Serie sind direkt proportional der Entfernung, über die die Ware befördert werden muß. In der Tabelle 3.7 sind die Entfernungen in Kilometern angegeben. Wie müssen die Aufträge ausgeführt werden, damit die Transportkosten minimal bleiben?

Tabelle 3.7

	C_1	C_2
D_1	40	30
D_2	10	20

4. Mengen, Logik und Schaltkreise

4.1. Prämissen, Konklusionen und Venn-Diagramme

Die Mengenlehre findet ein vielleicht etwas überraschendes Anwendungsgebiet:
Logische Schlüsse und elektrische Schaltkreise. Zunächst wollen wir uns überlegen,
wie die Gesetze der Mengenlehre und der Gebrauch von Venn-Diagrammen bei der
Untersuchung bestimmter Schlüsse behilflich sein können.

Wir betrachten dazu den folgenden Schluß:

> Alle Quadrate sind Rechtecke   (1)
>
> Alle Rechtecke sind Parallelogramme (2)
> ____
> Alle Quadrate sind Parallelogramme   (3)

Die Aussagen (1) und (2) nennt man *Prämissen,* die Aussage (3) heißt *Konklusion.*
Es ist offensichtlich, daß sich die Konklusion aus den beiden Prämissen ergibt. Man
sagt der *Schluß* ist *gültig.* Ganz kurz nennt man in diesem Falle, die aus (1), (2) und
(3) zusammengesetzte Aussage, wahr. Obwohl hier die Darstellung durch ein Diagramm
nicht erforderlich ist, wollen wir dennoch das Schlußverfahren mit Hilfe eines Venn-
Diagrammes verdeutlichen. In dem Bild 4.1 soll Q die Menge aller Quadrate repräsentieren, R die Menge aller Rechtecke und P die Menge aller Parallelogramme. Q ist eine
Teilmenge von R und R eine Teilmenge von P, man darf also schreiben $Q \subseteq R$ und
$R \subseteq P$. Hieraus folgt nun $Q \subseteq P$, wodurch in Kurzform die Aussage (3), die Konklusion, wiedergegeben ist.

In der Mathematik gibt es Schlüsse, die gültig sind, obwohl die zugehörige Konklusion
falsch ist. Hierzu ein Beispiel:

> London liegt in Ohio
>
> Ohio liegt in Amerika
> ________________________
> London liegt in Amerika

Dies ist ein gültiger Schluß, doch die Konklusion ist falsch, da die erste Prämisse falsch
ist.

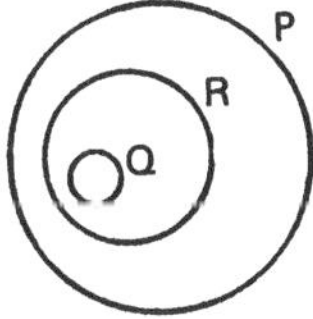

Bild 4.1

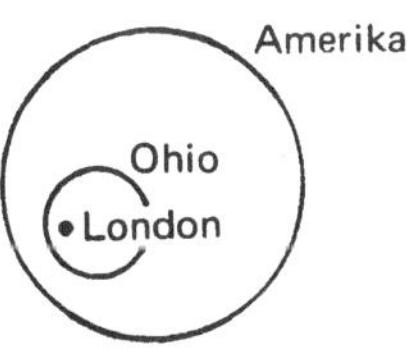

Bild 4.2

Das eben betrachtete Schlußverfahren wird in der Mathematik nicht selten verwendet. Soll z. B. gezeigt werden, daß die Tangente an einen Kreis senkrecht zum Berührungsradius steht, so nimmt man als Prämisse die Aussage: „Tangente und Berührungsradius stehen nicht senkrecht zueinander". Durch einen korrekten Schluß kommt man dann zu der Konklusion: „Tangente und Kreis haben zwei Punkte gemeinsam". Da die so erhaltene Konklusion nach der Definition der Kreistangente offensichtlich falsch ist, folgt somit, die Prämisse ist ebenfalls falsch. Mit anderen Worten heißt das: Die Kreistangente steht senkrecht zum Berührungsradius.

Man begegnet aber auch Schlüssen, bei denen eine wahre Konklusion als Ergebnis eines ungültigen Schlusses auftritt. Betrachten wir den Schluß:

> Einige Probleme sind mathematischer Natur
>
> Einige Probleme sind schwierig
> ____
> Einige mathematische Probleme sind schwierig

Niemand wird eine der drei Aussagen anzweifeln, doch der Schluß selbst ist *ungültig*.

Mit Hilfe eines Venn-Diagrammes wollen wir den fehlerhaften Schluß untersuchen. Dazu sei M die Menge einiger mathematischer Probleme, S die Menge einiger schwieriger Probleme und P die Menge aller Probleme. In dem Bild 4.3 wird deutlich, daß M und S nicht notwendigerweise gemeinsame Elemente besitzen müssen. Mit anderen Worten heißt das, wählt man einige Probleme aus, so brauchen darunter nicht unbedingt solche zu sein, die mathematischer Natur sind und zugleich schwierig. Kurz gesagt, die Konklusion ergibt sich nicht zwingend aus den beiden Prämissen. Die Gesetze der Mengenlehre lassen den schwachen Punkt des Schlusses klar erkennen.

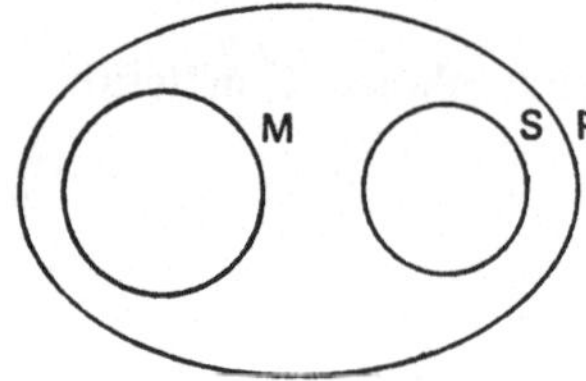

Bild 4.3

Für die oben genannten Mengen gilt:

$$P \cup M = P \text{ und } P \cup S = P$$

also

$$(P \cup M) \cap (P \cup S) = P \cap P = P.$$

Aus der Mengen-Algebra wissen wir:

$$(P \cup M) \cap (P \cup S) = P \cup (M \cap S).$$

Somit ergibt sich in dem vorliegenden Falle:

$$P \cup (M \cap S) = P$$

Ferner weiß man:

$$P \cup \emptyset = P.$$

Folglich kann M $\cap$ S die leere Menge sein; die beiden Mengen M und S brauchen also nicht notwendigerweise gemeinsame Elemente zu haben.

Möglich ist auch der Fall, bei dem eine wahre Konklusion mit Hilfe eines gültigen Schlusses aus zwei falschen Prämissen gefolgert wird. Es heißt zwar „zwei Fehler heben sich nicht gegenseitig auf", dennoch kennt man solche Fälle in der Mathematik. Nehmen wir nur die beiden offensichtlich falschen Aussagen $3 > 5$ und $5 = 2$ als Prämissen, so erhalten wir durch einen gültigen Schluß die wahre Aussage $3 > 2$.

Als letztes wollen wir noch den folgenden Schluß betrachten:

Alle Kinder sind glücklich

Glückliche Menschen sind niemals gemein

Kein Kind ist gemein

Wenn wir die Menge der glücklichen Menschen G, die der Kinder K und die der gemeinen Menschen M nennen, so erkennt man aus dem Bild 4.4, daß der Schluß gültig ist. Will man ohne ein Venn-Diagramm auskommen, so kann man in diesem Falle schreiben:

$$K \cap G = K \text{ und } G \cap M = \emptyset$$

somit

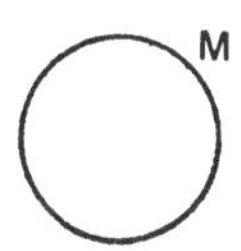

Bild 4.4

$$
\begin{aligned}
K \cap M &= (K \cap G) \cap M \\
&= K \cap (G \cap M) \quad \text{nach einem Gesetz für Mengen} \\
&= K \cap \emptyset \qquad\quad \text{da } G \cap M = \emptyset \\
&= \emptyset.
\end{aligned}
$$

Daraus folgt also, kein Mensch ist zugleich gemein und auch ein Kind, d. h. kein Kind ist gemein.

Übungen

Wenn bei den folgenden Schlüssen die Konklusion sich *notwendigerweise* aus den Prämissen ergibt, so schreiben Sie „W", andernfalls „F". Zeichnen Sie Venn-Diagramme, um die Antwort zu bestätigen. Versuchen Sie auch nach Möglichkeit mit Hilfe der Gesetze der Mengen-Algebra zu entscheiden, ob die Schlüsse gültig sind.

1. Einige Vielecke sind Rechtecke.

    Einige Vielecke sind Quadrate.

    Einige Rechtecke sind Quadrate.

2. Einige Vielecke sind Parallelogramme.

Einige Parallelogramme sind Rauten.
____
Einige Vielecke sind Rauten.

3. Einige Fünfecke haben gleiche Winkel.

Einige Fünfecke haben gleiche Seiten.
____
Einige Fünfecke haben gleiche Seiten und gleiche Winkel.

4. Einige Sehnenvierecke (S) sind Trapeze (T).

Alle Rechtecke (R) sind Sehnenvierecke.
____
Einige Trapeze sind Rechtecke.

   a) Ist der Schluß gültig?
   b) Ist die Konklusion wahr?
      Zeichnen Sie ein Venn-Diagramm, das dem Schluß entspricht. Zusätzlich
      zeichnen Sie ein Venn-Diagramm, das durch geometrische Kenntnisse be-
      stimmt den richtigen Sachverhalt wiedergibt. Beschreiben Sie die Vierecke,
      aus denen die folgenden Mengen des zweiten Diagramms gebildet werden.
   c) $R \cap T$
   d) $R \cap S$
   e) $S \cap T$

5. Einige Sehnenvierecke (S) sind Trapeze (T).

Einige Rauten (R) sind Sehnenvierecke.
____
Einige Trapeze sind Rauten.

   a) Ist der Schluß gültig?
   b) Ist die Konklusion wahr?
      Zeichnen Sie wie in der vorherigen Aufgabe zwei Diagramme. Beschreiben
      Sie die Vierecke, die die folgenden Mengen
   c) $R \cap T$
   d) $R \cap S$
   e) $R \cap T \cap S$ des zweiten Diagramms bilden.

6. Einige Jungen sind lang.

Einige Jungen haben rote Haare.
____
Einige rothaarige Jungen sind lang.

7. Einige Edelsteine sind kostbar.

Alle Diamanten sind kostbar.
____
Einige Edelsteine sind Diamanten.

8. Alle Bildhauer sind Künstler.

   Einige Franzosen sind Bildhauer.
   Einige Franzosen sind Künstler.

9. Alle Bildhauer sind Künstler.

   Einige Franzosen sind Bildhauer.
   Einige französische Künstler sind keine Bildhauer.

10. Einige selten vorkommende Gase sind Edelgase.

    Das Gas Argon kommt selten vor.
    Argon ist ein Edelgas.

11. Einige Fußballer können Tennis spielen.

    Einige Tennisspieler können Golf spielen.
    Einige Fußballer können Golf spielen.

12. Paris liegt in Bayern.

    Bayern liegt in Deutschland.
    Paris liegt in Deutschland.

13. Madrid liegt in Niedersachsen.

    Niedersachsen liegt in Spanien.
    Madrid liegt in Spanien.

14. Einige Lehrer unterrichten Mathematik oder Physik oder Chemie.

    Einige Mathematiklehrer geben auch Physik.

    Einige Physiklehrer geben auch Chemie.
    Einige Mathematiklehrer geben auch Chemie.

15. Einige Tiere sind groß.

    Einige Tiere sind wild.
    Einige wilde Tiere sind groß.

16. Tiere sind entweder wild oder zahm.

    Tiere sind entweder groß oder klein.
    Einige zahme Tiere sind groß.

17. Tiere sind entweder wild oder zahm.

    Tiere sind entweder groß oder klein.

    Einige zahme Tiere sind groß.
    Einige wilde Tiere sind klein.

18. Mathematische Probleme sind entweder algebraisch oder geometrisch.

Mathematische Probleme sind entweder leicht oder schwer.

Einige geometrische Probleme sind leicht und einige sind schwer.

Einige algebraische Probleme sind schwer.

19. $x < 1$

$$\frac{y < 1000}{x < y}$$

20. $x < 2$

$$\frac{x > 7}{7 < 2}$$

21. $y < x$

$$\frac{y^2 > x^2}{x < 0}$$

22. Alle Katzen sind Fledermäuse.

Fledermäuse tragen Hüte.

Alle Katzen tragen Hüte.

Geben Sie bei den folgenden Aufgaben, eine Konklusion an, so daß die Prämissen mit der Konklusion einen gültigen Schluß ergeben.

23. Kein intelligenter Mensch ist schlecht gelaunt.
Einige intelligente Menschen sind rothaarig.

24. Einige Altertümer sind wertvoll.
Wertvolle Gegenstände sind schön.

25. In unserem Dorfe sind alle weißen Kühe mit einem J markiert.

Alle mit einem J markierten Kühe gehören dem Bauern Jensen.
Nur schwarze Kühe tragen Glocken.

26. Alle vernünftigen Menschen tragen gute Schuhe.

Menschen, die schlechte Schuhe tragen, können nicht weit gehen.
Alle Menschen, die weit gehen können, sind gesund.

27. Zahlen, die nicht ganz sind, gehören nicht zu den natürlichen Zahlen.
Die ganzen Zahlen gehören zu den rationalen Zahlen.
Die rationalen Zahlen bilden eine Teilmenge der Menge der reellen Zahlen.
Die Menge der komplexen Zahlen enhtält die Menge der reellen Zahlen.

4.2. Verknüpfungen von Aussagen

Die zwei folgenden Schlüsse haben dieselbe Struktur:

> Jan ist ein Hesse.
>
> Alle Hessen sind Deutsche.
> ________________________
> Jan ist ein Deutscher.

und

> Salpeter ist ein Nitrat.
>
> Alle Nitrate sind Verbindungen.
> ________________________
> Salpeter ist eine Verbindung.

Die Bilder 4.5 und 4.6 veranschaulichen die gemeinsame *Struktur* dieser Schlüsse.
In dem einen Falle kann man schreiben: $J \in H \subseteq D$,
in dem zweiten: $\qquad\qquad\qquad\qquad S \in N \subseteq V$.

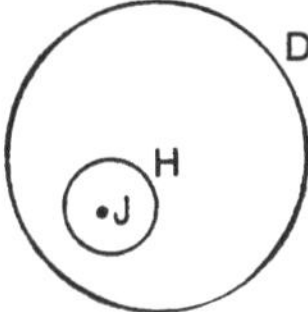

Bild 4.5

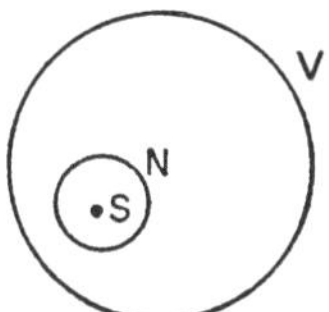

Bild 4.6

Vom mathematischen Standpunkt aus interessieren wir uns weder für Jan noch für
Salpeter. Wichtig für uns ist ausschließlich die Art des Schlusses. Wählen wir für
Elemente die Variable x, für Mengen die Variablen Q und R, so können wir die
Form der beiden Schlüsse wiedergeben als

$$x \in Q \subseteq R.$$

Bei unseren Betrachtungen wollen wir die Schlüsse dadurch abkürzen, daß wir für die
Aussagen kleine Buchstaben schreiben. Beim ersten Schluß:

> Jan ist ein Hesse . . . . Aussage „p"
> Alle Hessen sind Deutsche . . . Aussage „q"
> Jan ist ein Deutscher . . . . . . Aussage „r"

zusammengefaßt schreiben wir:

> wenn p und q dann r.

Wir machen nun einen weiteren Schritt und führen neue Zeichen für Wörter wie *„und"*,
„oder" und *„wenn . . . dann"* ein. Wenn p und q zwei Aussagen sind, dann wird
folgendes definiert:

(1)   Die *Verneinung (Negation)* von p wird geschrieben als $\neg$ p (nicht p). Steht p
      z.B. für „Jan ist krank", dann steht $\neg$ p für „Jan ist nicht krank".

(2)   Sollen die beiden Aussagen p, q zu der Aussage p *und* q verknüpft werden, so
      schreibt man p $\wedge$ q.

      Z. B.: Steht p für „Maren mag gern Eis" und q für „Maren mag gern Bonbons",
      dann bedeutet p $\wedge$ q „Maren mag gern Eis *und* sie mag gern Bonbons".

(3)   Sollen die beiden Aussagen p, q zu der Aussage p *oder* q *(oder beide)* verknüpft
      werden, so schreibt man p $\vee$ q.

      Z. B.: Steht p für „Das Kind schreit" und q für „Das Kind weint", so bedeutet
      p $\vee$ q „Entweder schreit das Kind *oder* es weint *oder* es tut *beides*".

Man kann hier eine Analogie zwischen Mengen und Aussagen erkennen und in der Tat
sind die Gesetze nach denen man Aussagen verbindet die Gesetze der Mengen-Algebra,
daher sind die Zeichen, die man verwendet auch ähnlich in der Form.

Betrachten wir ein Beispiel: P sei die Menge aller Menschen, die Eis gerne mögen,
und Q die Menge aller Menschen, die Bonbons gerne mögen, dann ist P $\cap$ Q die Menge
aller Menschen, die Eis und Bonbons gerne mögen. Im Beispiel (2) interessiert uns nur
ein Element dieser Mengen, nämlich Maren. Sie gehört beiden Mengen an, ist also ein
Element von P $\cap$ Q; p $\wedge$ q entspricht dieser Aussage.

Man verknüpft Aussagen auch noch durch Symbole für die *Implikation* und die
Äquivalenz. Die beiden nächsten Beispiele sollen dies verdeutlichen.

(4)   Soll die Aussage p die Aussage q *implizieren,* so schreiben wir p $\rightarrow$ q.

      Z. B.: „Hans ist ein Berliner" werde durch p abgekürzt und „Hans ist ein Deutscher"
      durch q, dann bedeutet p $\rightarrow$ q *„Wenn* Hans ein Berliner ist, *dann* ist er ein
      Deutscher". Wir sagen, die erste Aussage *impliziert* die zweite.

(5)   Liegen zwei Aussagen p und q vor, für die gilt: p *impliziert* q und q *impliziert* p,
      so sagen wir die Aussagen sind *äquivalent,* und schreiben p $\leftrightarrow$ q.

      Z. B.: Steht p für „Das Dreieck ABC ist gleichwinklig" und q für „Das Dreieck
      ABC ist gleichseitig", so p $\leftrightarrow$ q.

Natürlich ist es auch möglich, daß zwei Aussagen zusammen eine dritte implizieren
oder zu ihr äquivalent sind.

Z. B.: Jan ist ein Hesse . . . . p
       Alle Hessen sind Deutsche . . . q
       Jan ist ein Deutscher . . . . r

Diese Aussagen kann man verknüpfen zu p $\wedge$ q $\rightarrow$ r.

Wir nehmen die Aussagen: Der Schalter P ist geschlossen . . . . . p
                             Der Schalter Q ist geschlossen . . . . q
                             Strom fließt im Kreis c

Bei der Schaltung nach Bild 4.7 können wir dann sagen: „Wenn P oder Q oder beide
geschlossen sind, fließt Strom"; doch gilt auch umgekehrt: „Wenn Strom fließt, sind
P oder Q oder beide geschlossen". Mit unseren Symbolen schreibt man:

      p $\vee$ q $\leftrightarrow$ c.

Die Schaltung der Bild 4.8 erlaubt zu sagen, „Wenn P und Q geschlossen sind, fließt Strom" und „Wenn Strom fließt müssen P und Q geschlossen sein". In Kurzform:

p $\wedge$ q $\longleftrightarrow$ c.

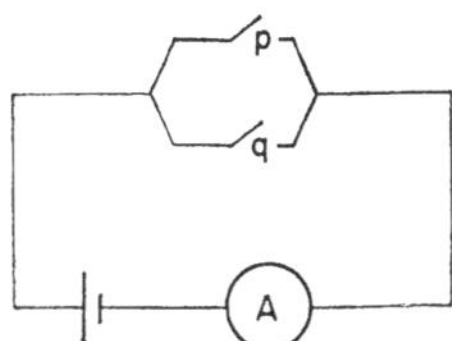

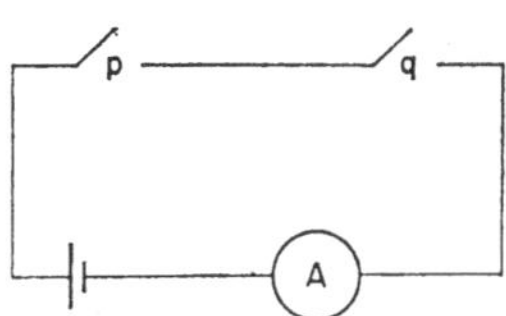

Bild 4.7   Bild 4.8

Übungen

1. Die Aussage „Ich spiele gern Tennis" werde repräsentiert durch a und die Aussage „Ich bin ein guter Fußballspieler" durch b. Schreiben Sie die Bedeutung der folgenden Aussagen nieder:

   a) a $\wedge$ b,   b) a $\vee$ b,   c) a $\wedge \neg$ b,

   d) $\neg$ a $\vee$ b,   e) $\neg$ a $\wedge \neg$ b,   f) a $\rightarrow$ b.

2. „Der Patriotismus verdirbt die Geschichte" werde durch p repräsentiert, „Religion ist Opium fürs Volk" durch q. Schreiben Sie die Bedeutung der folgenden Aussagen nieder:

   a) p $\wedge$ q,   b) p $\vee$ q,   c) $\neg$ p $\wedge$ q,

   d) p $\vee \neg$ q,   e) $\neg$ p $\vee$ q,   f) p $\wedge \neg$ q,

   g) $\neg$ p $\wedge \neg$ q,   h) $\neg$ p $\vee \neg$ q,   i) p $\longleftrightarrow$ q.

   Welchen der gefundenen Aussagen stimmen Sie zu?

3. „Ich trage einen grünen Hut" werde durch p abgekürzt und „Ich trage schwarze Schuhe" durch q. Schreiben Sie die volle Bedeutung der folgenden Aussagen auf:

   a) $\neg$ p,   b) p $\vee \neg$ p,   c) q $\wedge \neg$ q,

   d) p $\vee \neg$ q,   e) p $\wedge \neg$ q,   f) p $\rightarrow$ q,

   g) $\neg$ p $\wedge$ q,   h) (p $\wedge \neg$ q) $\vee$ ($\neg$ p $\wedge$ q).

4. Wir wollen die folgenden Aussagen voraussetzen:

   Die Dreiecke ABC und XYZ sind **kongruent**: p.
   Die Dreiecke ABC und XYZ sind **gleichschenklig**: q.
   Die Dreiecke ABC und XYZ sind **rechtwinklig**: r.
   Die Dreiecke ABC und XYZ sind **ähnlich**: s.

   Geben Sie die volle Bedeutung der folgenden Aussagen an:

   a) p $\wedge$ q,   b) q $\wedge$ r,   c) p $\wedge$ q $\wedge$ r,

   d) q $\vee$ s,   e) r $\vee$ s,   f) p $\vee$ s,

   g) p $\rightarrow$ s,   h) r $\rightarrow$ q,   i) (r $\wedge$ q) $\rightarrow$ s.

   Welche dieser Aussagen sind falsch?

5. Die folgenden Aussagen wollen wir voraussetzen:

ABCD ist ein Parallelogramm: a.

Ein Paar benachbarter Seiten von ABCD hat dieselbe Länge: b.

Die Diagonalen von ABCD sind gleich lang: c.

ABCD ist eine Raute: p.

ABCD ist ein Rechteck: q.

ABCD ist ein Sehnenviereck: r.

ABCD ist ein Quadrat: s.

Geben Sie die vollständige Bedeutung der folgenden Aussagen an:

a) $p \rightarrow a$,   b) $q \rightarrow r$,   c) $q \leftrightarrow r$,

d) $(a \wedge b) \leftrightarrow p$,   e) $(a \wedge c) \leftrightarrow q$,   f) $c \rightarrow q$,

g) $(p \vee q) \rightarrow a$,   h) $(p \wedge q) \rightarrow (b \wedge c)$,   i) $(a \wedge \neg b) \rightarrow \neg p$,

k) $r \rightarrow \neg a$,   l) $(p \wedge q) \leftrightarrow s$,   m) $(a \wedge b \wedge c) \leftrightarrow s$,

n) $s \rightarrow r$,   o) $\neg s \rightarrow \neg p$,   p) $\neg q \leftrightarrow \neg s$.

Welche dieser Aussagen sind wahr (W) und welche falsch (F)?

6. Ein Stromkreis mit der Schaltung nach Bild 4.9 wird vorausgesetzt. Folgende
Aussagen werden dann festgelegt:

Schalter P ist geschlossen: p.

Schalter Q ist geschlossen: q.

Schalter R ist geschlossen: r.

Strom fließt im Kreis: c.

Welche der folgenden Aussagen sind wahr?

a) $p \rightarrow c$,   b) $q \rightarrow c$,   c) $r \rightarrow c$,

d) $(q \wedge r) \rightarrow c$,   e) $(q \vee r) \rightarrow c$,   f) $(p \vee q) \rightarrow c$,

g) $(q \wedge r) \leftrightarrow c$,   h) $p \vee (q \wedge r) \leftrightarrow c$.

Bild 4.9

4.3. Wahrheitstafeln

Bei den vorhergegangenen Beispielen wird es sicherlich nicht sehr schwergefallen sein
zu entscheiden, ob die durch logische Verknüpfungen entstandenen Aussagen wahr
oder falsch waren. Die Aussagen selbst waren einfach und z. T. gaben sie geometrische
Sätze wieder, die bekannt sind. Es erscheinen aber häufig logische Aussagen, von denen
man nicht so leicht erkennen kann, ob sie wahr oder falsch sind. In solchen Fällen
bilden die *Wahrheitstafeln* ein wichtiges Hilfsmittel.

Beispiele:

(1) Die Wahrheitstafel für die *Negation* kann man am einfachsten finden. Wenn die
Aussage p wahr ist (W), so ist $- p$ offensichtlich falsch (F) und umgekehrt. Somit ergibt sich die Wahrheitstafel der Tabelle 4.1:

Tabelle 4.1

p	$\neg\,p$
W	F
F	W

(2) Für die Aussage $p \wedge q$ haben wir vier Fälle. p und q sind beide wahr, p und q sind beide falsch, p ist wahr und q falsch, p ist falsch und q wahr. Selbstverständlich ist $p \wedge q$ nur in dem ersten Falle wahr. Tabelle 4.2 ist die Wahrheitstafel für die *Konjunktion*.

Tabelle 4.2

p	q	$p \wedge q$
W	W	W
W	F	F
F	W	F
F	F	F

(3) Bei der Aussage $p \vee q$ ist die Aufstellung der Wahrheitstafel etwas schwieriger, da man im normalen Sprachgebrauch „oder" in unterschiedlicher Bedeutung verwendet. Wir hatten festgelegt, $p \vee q$ bedeutet: p oder q oder auch beide.

Wenn p wahr und q falsch (oder umgekehrt) ist, so ist $p \vee q$ wahr. Ein Beispiel dazu: „Ein Hammer ist ein Werkzeug oder ein Affe ein Fisch" ist eine wahre Aussage, da ein Teil wahr ist.

Wenn p und q beide falsch sind, so ist natürlich auch $p \vee q$ falsch! Hierzu ein Beispiel: „Alle Hunde sind verrückt oder alle Menschen sind gesund" ist offensichtlich eine falsche Aussage.

Sind nun aber beide Aussagen p und q richtig, so soll nach unserer Definition $p \vee q$ auch wahr sein. Ebenfalls hierzu ein Beispiel: Wenn ich einen grünen Hut und braune Schuhe trage, so ist nach der von uns gemachten Definition die Aussage: „Ich trage einen grünen Hut oder braune Schuhe" wahr. Die logische Verknüpfung $p \vee q$ nennt man *(inklusive) Disjunktion*. In unserem Beispiel kann man in der Tat sagen: „Ich trage einen grünen Hut oder braune Schuhe oder auch beides".

Steht nun aber p für „Ich bin in London" und q für „Ich bin in Hamburg", so weiß man, daß die beiden Aussagen nicht zugleich wahr sein können.

Will man hervorheben, daß $p \wedge q$ ausgeschlossen sein soll, so verwendet man das Symbol $\underline{\vee}$, es bedeutet dann $p \underline{\vee} q$: entweder p oder q, aber nicht beide. Diese Verknüpfung nennt man *exklusive Disjunktion*. Wir werden aber in diesem Kapitel nur das Symbol $\vee$ mit der Wahrheitstafel der Tabelle 4.3 verwenden.

Tabelle 4.3

p	q	$p \vee q$
W	W	W
W	F	W
F	W	W
F	F	F

Die beiden Beispiele in den Tabellen 4.4 und 4.5 sollen zeigen, wie man die Wahrheitstafeln konstruiert, wenn mehrere Verknüpfungen vorliegen. In Tabelle 4.5 ist es ganz gleich, was p und q bedeuten, $(p \vee q) \vee \neg p$ ist immer wahr. Man spricht von einer *Tautologie*.

Steht p für „Ich trage braune Schuhe" und q für „Ich trage einen grünen Hut," so bedeutet $(p \vee q) \vee \neg p$: „Ich trage braune Schuhe oder einen grünen Hut, oder ich trage keine braunen Schuhe". Diese Aussage ist natürlich immer wahr.

Tabelle 4.4 $(p \wedge \neg q) \vee (\neg p \wedge q)$

p	q	$\neg p$	$\neg q$	$p \wedge \neg q$	$\neg p \wedge q$	$(p \wedge \neg q) \vee (\neg p \wedge q)$
W	W	F	F	F	F	F
W	F	F	W	W	F	W
F	W	W	F	F	W	W
F	F	W	W	F	F	F

Tabelle 4.5 $(p \vee q) \vee \neg p$

p	q	$\neg p$	$p \vee q$	$(p \vee q) \vee \neg p$
W	W	F	W	W
W	F	F	W	W
F	W	W	W	W
F	F	W	F	W

(4)   In der Aussagenlogik steht das Symbol $\rightarrow$ für „wenn ... dann", man sagt auch „p impliziert q,". Wie schon bei $p \vee q$ reicht hier die Umgangssprache zur Definition der Verknüpfung nicht aus. Man legt daher fest: $p \rightarrow q$ *ist dann und nur dann falsch, wenn* p *wahr und* q *falsch ist.*

Die Wahrheitstafel für die *Implikation* muß daher wie in Tabelle 4.6 aussehen. (Man spricht auch von *Subjunktion*.)

Tabelle 4.6

p	q	$p \rightarrow q$
W	W	W
W	F	F
F	W	W
F	F	W

Wir wollen versuchen, diese Wahrheitstafel durch ein Beispiel zu erläutern. p stehe für die Aussage „Es regnet", q für „Das Gras wird naß". Die erste Zeile der Wahrheitstafel besagt dann: „Wenn es regnet wird das Gras naß"; die zweite Zeile: „Wenn es regnet wird das Gras nicht naß"; die dritte Zeile: „Wenn es nicht regnet wird das Gras naß" (man kann mit einem Rasensprenger arbeiten); die vierte Zeile: „Wenn es nicht regnet wird das Gras nicht naß". Man muß sich daran gewöhnen, daß diese vierte Aussage auch wahr sein soll, was nicht so schwierig sein sollte, wenn man bedenkt, daß die Umgangssprache für die Logik nicht exakt genug ist.

(5) Für die letzte Verknüpfung p ⟷ q, die besagt, „wenn p dann q und wenn q dann p", ergibt sich die Wahrheitstafel ohne Schwierigkeit (Tabelle 4.7).

Tabelle 4.7

p	q	p ⟷ q
W	W	W
W	F	F
F	W	F
F	F	W

Man nennt p ⟷ q auch *Äquivalenz* oder *Bisubjunktion*.

Übungen

Konstruieren Sie Wahrheitstafeln für die folgenden Verknüpfungen:

1. ¬ q.   2. p ∧¬ q.   3. ¬ p ∧ q.

4. ¬ p∧¬ q.   5. p∨¬ p.   6. p ∨¬ q.

7. ¬ p ∨ q.   8. (p ∧ q) ∨ (¬ p ∧¬ q).

9. p → ¬ q.   10. ¬ p ⟷ ¬ q.

11. Geben Sie die Wahrheitstafeln von p → q und ¬ p ∨ q an, und zeigen Sie, daß beide übereinstimmen.

12. Zeigen Sie, daß die Wahrheitstafeln von p → q und ¬ q → ¬ p übereinstimmen.

13. Weisen Sie mit Hilfe der Wahrheitstafeln nach, daß p → q und (p ∧¬ q) → ¬ p gleiche Wahrheitswerte haben. Setzen Sie für p und q Aussagen ein und zeigen Sie, daß dann p → q und (p ∧¬ q) → ¬ q beide wahr oder beide falsch sind.

14. Suchen Sie einen einfacheren Ausdruck, der mit (p ∧¬ q) → q dieselbe Wahrheitstafel hat.

15. Zeigen Sie, daß die folgenden Verknüpfungen Tautologien sind:
     a) p ∨¬ p,   b) p ∨(¬ p ∨ q),   c) (p ⟷ q) → (p → q).

16. Bilden Sie eine Verknüpfung von p und q, die immer falsch ist.

17. Zeigen Sie, daß ¬ (p → q) und (p ∧¬ q) dieselbe Wahrheitstafel besitzen.

4.4. Boolesche Algebra

Für einen Menschen, der mit der Aussagenlogik nicht sehr vertraut ist, muß ein Ausdruck der Art (p ∧ q) ∨ (¬ p ∧ ¬ q) recht kompliziert erscheinen, obwohl er zu den einfacheren gehört. Eine wirklich komplizierte Verknüpfung von Aussagen, kann in der Schreibweise der Aussagenlogik direkt furchterregend wirken. Daher wollen wir für die weiteren Betrachtungen dieses Kapitels eine einfachere Darstellung einführen, die in der Schaltalgebra üblich ist.

Für ¬ a werden wir schreiben $\bar{a}$.
Für a ∨ b werden wir schreiben a + b.
Für a ∧ b werden wir schreiben a · b.

Die Tabelle 4.8 stellt Symbole nebeneinander, die bei Mengen, in der Aussagenlogik und bei Schaltkreisen verwendet werden.

Tabelle 4.8

	Komplement Negation	Vereinigung „oder"	Durchschnitt „und"
Mengen	$\overline{A}$	$A \cup B$	$A \cap B$
Aussagenlogik	$\neg\, a$	$a \vee b$	$a \wedge b$
Schaltkreise	$\overline{a}$	$a + b$	$a \cdot b$

Die Algebra der Aussagenlogik und die Algebra der Schaltkreise gehorchen beide den
Gesetzen der Mengen-Algebra. Sie sind Beispiele für die Boolesche Algebra. (Benannt
nach Georg Boole, einem großen Britischen Mathematiker (1815–64).

Zunächst stellen wir nochmal die Gesetze der Mengen-Algebra zusammen, die wir im
ersten Kapitel betrachtet haben.

Ist G eine Grundmenge und sind A, B, C Teilmengen von G, so gilt:

1a) $A \cap G = A$	1b) $A \cup \emptyset = A$
2a) $A \cap \emptyset = \emptyset$	2b) $A \cup G = G$
3a) $A \cap B = B \cap A$	3b) $A \cup B = B \cup A$
4a) $A \cap (B \cap C) = (A \cap B) \cap C$	4b) $A \cup (B \cup C) = (A \cup B) \cup C$
5a) $A \cap (B \cup C) = (A \cap B) \cup (A \cap C)$	5b) $A \cup (B \cap C) = (A \cup B) \cap (A \cup C)$
6a) $A \cap (A \cup B) = A$	6b) $A \cup (A \cap B) = A$
7a) $A \cap A = A$	7b) $A \cup A = A$
8a) $A \cap \overline{A} = \emptyset$	8b) $A \cup \overline{A} = G$
9) $\overline{(\overline{A})} = A$	
10a) $\overline{(A \cap B)} = \overline{A} \cup \overline{B}$	10b) $\overline{(A \cup B)} = \overline{A} \cap \overline{B}$
11a) $\overline{\emptyset} = G$	11b) $\overline{G} = \emptyset$

Wenn wir jetzt diese Gesetze in die oben eingeführte neue Schreibweise übertragen
und statt der Mengen G und $\emptyset$ die Symbole 1 und 0 setzen (in der Aussagenlogik
treten an die Stelle dieser Symbole eine stets wahre Aussage (Tautologie) und eine
stets falsche Aussage (Widerspruch)), so erhalten wir die Gesetze der Booleschen
Algebra:

1a) $a \cdot 1 = a$	1b) $a + 0 = a$
2a) $a \cdot 0 = 0$	2b) $a + 1 = 1$
3a) $a \cdot b = b \cdot a$	3b) $a + b = b + a$
4a) $a \cdot (b \cdot c) = (a \cdot b) \cdot c$	4b) $a + (b + c) = (a + b) + c$
5a) $a \cdot (b + c) = (a \cdot b) + (a \cdot c)$	5b) $a + (b \cdot c) = (a + b) \cdot (a + c)$
6a) $a \cdot (a + b) = a$	6b) $a + (a \cdot b) = a$
7a) $a \cdot a = a$	7b) $a + a = a$
8a) $a \cdot \overline{a} = 0$	8b) $a + \overline{a} = 1$
9) $\overline{(\overline{a})} = a$	
10a) $\overline{(a \cdot b)} = \overline{a} + \overline{b}$	10b) $\overline{(a + b)} = \overline{a} \cdot \overline{b}$
11a) $\overline{0} = 1$	11b) $\overline{1} = 0$

Wie in der Arithmetik läßt man auch hier das Zeichen „·" meistens fort. Das Gesetz 4a erhält dann die folgende Gestalt $a(bc) = (ab)c$, und 5b) $a + bc = (a + b)(a + c)$.

Die Gesetze 1a, 1b, 2a, 3a, 3b, 4a, 4b und 5a haben die Form von Regeln, die uns vom Rechnen mit Zahlen vertraut sind. Doch die anderen sind ganz neuartig. Diese 21 Gesetze sind nicht voneinander unabhängig, wie wir an einigen zeigen wollen. Wir betrachten die linke Seite von Gesetz 6a:

$$
\begin{aligned}
a(a + b) &= aa + ab & \text{nach 5a} \\
&= a + ab & \text{nach 7a} \\
&= a\,1 + ab & \text{nach 1a} \\
&= a(1 + b) & \text{nach 5a} \\
&= a\,1 & \text{nach 2b} \\
&= a & \text{nach 1a}
\end{aligned}
$$

Somit haben wir gefunden $a(a + b) = a$ und $a + ab = a$. Die Gesetze 6a und 6b folgen also aus 1a, 2b, 5a und 7a.

Von der rechten Seite des Gesetzes 5b ausgehend finden wir:

$$
\begin{aligned}
(a + b)(a + c) &= a(a + c) + b(a + c) & \text{nach 5a und 3a} \\
&= a + b(a + c) & \text{nach 6a} \\
&= a + ab + bc & \text{nach 5a und 3a} \\
&= a + bc & \text{nach 6b}
\end{aligned}
$$

Also haben wir Gesetz 5b $a + bc = (a + b)(a + c)$ bewiesen. Der mathematische Drang zur Kürze kann diese 21 Gesetze auf eine Minimalzahl voneinander unabhängiger zusammenstreichen. Doch ist es für den Anfänger besser, wenn er von dieser größeren Anzahl ausgehen kann, was auch keine Einschränkung bedeutet, da sie alle wahr sind. Eine interessante Eigenschaft der Booleschen Algebra ist das *Dualitätsprinzip:* Vertauscht man in einem Gesetz die Verknüpfungen „·" mit „+" und 0 mit 1, so entsteht ein anderes Gesetz, das auch wahr ist. Man erkennt so, daß die zwei Gesetze, die in derselben Zeile stehen dual zueinander sind. Die 21 Gesetze (oder Rechenregeln) setzen sich also aus 10 Paaren dualer Gesetze zusammen, zu denen noch Gesetz 9 kommt.

Übungen

Vereinfachen Sie, die folgenden Ausdrücke mit Hilfe der Gesetze der Booleschen Algebra möglichst weitgehend:

1. $a^2(a + b)$.
2. $a + a^2$.
3. $a^3 + b^3$.
4. $a^3 + a^2 + a + 1$.
5. $a^2 + 2\,ab + b^2$.
6. $a^2 + ab + b^2$.
7. $a(a + b)(a + c)$.
8. $a(a + b)(a + c)(a + d)(a + e)(a + f)$.
9. $(a + 1)^{10}$.
10. $a^2 b + ab^2$.
11. $(a + b)(a + \bar{b})$.
12. $\bar{a}(a + b)$.
13. $\bar{a}\,\bar{b}\,(a + b)$.
14. $\bar{a}\,\bar{b} + a + b$.

15. $(a + b + \bar{x} + \bar{y})\,(a + b + xy)$.

16. $(a + b + \bar{x} + \bar{y} + \bar{z})\,(a + b + xyz)$.

17. $(a + \bar{b} + \bar{c})\,(a + bc)$.

18. $(a + b + c + \bar{d})\,(a + b + c + d)\,(a + b + \bar{c})\,(a + \bar{b})$.

4.5. Anwendungen auf die Logik

Beispiel:

Ein Kraftfahrer, der die folgende Verkehrsregel liest, wird verständlicherweise befürchten, daß er sie nicht einhalten kann. „Wenn Sie nicht links fahren, so hupen Sie. Wenn Sie links fahren und hupen, so stoppen Sie nicht. Wenn Sie rechts fahren oder stoppen, so hupen Sie nicht." Wir können diese Verkehrsregel durch die folgende Setzung vereinfachen:

> „Sie fahren links": l,
> „Sie betätigen die Hupe": h,
> „Sie stoppen": s.

Die Vorschriften nehmen dann eine verkürzte Form an:

$$\neg\,l \rightarrow h$$
$$(l \wedge h) \rightarrow \neg\,s \qquad \text{sollen wahr sein!}$$
$$(s \vee \neg\,l) \rightarrow \neg\,h$$

Man kann auch sagen, die Negationen der Aussagen sollen falsch sein! Das bedeutet aber nach Aufgabe 17 aus den Übungen zu 4.3:

$$\neg\,l \wedge \neg\,h$$
$$(l \wedge h) \wedge s \quad \text{sollen falsch sein!}$$
$$(s \vee \neg\,l) \wedge h$$

Wenden wir die Schreibweise der Booleschen Algebra an, so erhalten wir die folgenden Gleichungen:

$$\bar{l}\,\bar{h} = 0$$
$$l\,h\,s = 0$$
$$h(s + \bar{l}) = 0$$

Durch Addition ergibt sich:

$$\bar{l}\,\bar{h} + l\,h\,s + h(s + \bar{l}) = 0$$
$$\bar{l}\,\bar{h} + l\,h\,s + h\,s + h\,\bar{l} = 0 \qquad \text{nach 5a}$$
$$\bar{l}(\bar{h} + h) + h\,s\,(l + 1) = 0 \qquad \text{nach 3a, 5a und 1a}$$
$$\bar{l}\,1 + h\,s\,1 = 0 \qquad \text{nach 8b und 2b}$$
$$\bar{l} + h\,s = 0 \qquad \text{nach 1a}$$
$$\overline{(\bar{l} + h\,s)} = \bar{0}$$
$$l\,(\overline{h\,s}) = 1 \qquad \text{nach 10b, 9 und 11a}$$

Diese letzte Zeile, die die Verkehrsregel wiedergibt, besagt: „Fahren Sie immer links und stoppen und hupen Sie nicht gleichzeitig"!

Übungen

1. Geben Sie die Konklusion an, auf die aus den folgenden Prämissen geschlossen werden kann:
   In unserem Dorfe sind alle weißen Kühe mit einem J markiert.
   Kühe, die mit einem J markiert sind, gehören dem Landwirt Jensen.
   Nur schwarze Kühe tragen Glocken.

2. Vereinfachen Sie die Anweisung, die sich aus den folgenden drei Sätzen ergibt. Dabei steht das Wort „oder" in seiner aussagenlogischen Bedeutung:
   Jungen dürfen einen Schlips oder ein weißes Hemd tragen.
   Jungen dürfen keinen Schlips oder kein weißes Hemd tragen.
   Jungen dürfen ein weißes Hemd oder keinen Schlips tragen.

3. Fünf Zeugen eines Einbruchs, die sich vor ihrer Vernehmung nicht verständigen konnten, berichten der Polizei über das Aussehen des Mannes, der mit der Beute fortgelaufen ist. Der erste sagt: Groß, dunkel, gutaussehend; der zweite: Groß, dunkel, nicht gutaussehend; der dritte: Groß, gutaussehend, nicht dunkel; der vierte: Dunkel, nicht groß; der fünfte; Gutaussehend, nicht groß, nicht dunkel. Wie sieht der Mann aus, den die Polizei suchen soll?

4.6. Schaltkreise

Wir nehmen die folgenden Aussagen an:

Schalter P ist geschlossen: p
Schalter Q ist geschlossen: q
Strom fließt in dem Kreise: c

Nach Bild 4.10a erhalten wir dann:

$$(p \wedge q) \leftrightarrow c \tag{1}$$

und nach Bild 4.10b:

$$(p \vee q) \leftrightarrow c \tag{2}$$

mit der neuartigen Schreibweise:

$$pq = c \tag{1}$$

$$p + q = c \tag{2}$$

In Worten besagt (1), wenn P *und* Q geschlossen sind fließt Strom und umgekehrt und (2), wenn P *oder* Q geschlossen sind fließt Strom und umgekehrt.

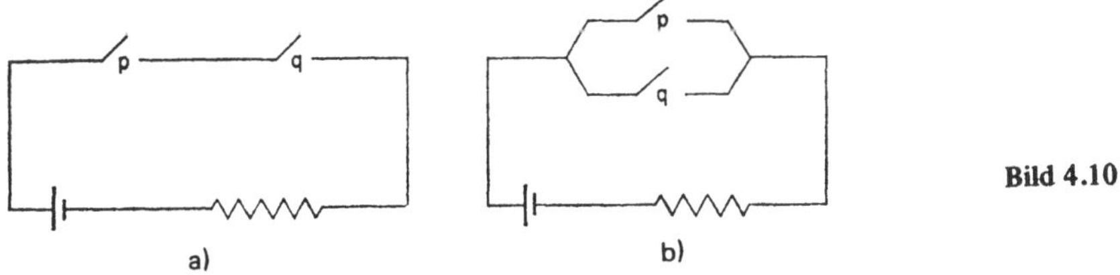

Um zu überblicken, was in Schaltkreisen passiert, führen wir Schaltungstabellen ein, die eigentlich Wahrheitstafeln sind. Doch an die Stelle des Wahrheitswertes „W" tritt hier „1" („Schalter geschlossen" oder „Strom fließt"), an die Stelle von „F" tritt „0" („Schalter offen" oder „Strom fließt nicht"). Zu dem Bild 4.10 gehört dann die Tabelle 4.8. Diese Tabelle ist analog zu den Wahrheitstafeln von $p \wedge q$ und $p \vee q$.

Tabelle 4.8

p	q	pq	p + q
1	1	1	1
1	0	0	1
0	1	0	1
0	0	0	0

In der Booleschen Algebra der Schaltkreise wollen wir nun Schalter durch kleine Buchstaben a, b, . . . , x, y bezeichnen. Wenn zwei Schalter nur gemeinsam betätigt werden können, so werden sie durch denselben Buchstaben gekennzeichnet. Sind zwei Schalter so kombiniert, daß der zweite geöffnet ist, wenn der erste geschlossen ist und umgekehrt, so bezeichnen wir sie mit x und $\bar{x}$. Hintereinander verbundene Schalter werden mit xy gekennzeichnet (Serienschaltung), parallelgeschaltete mit x + y (Parallel-schaltung). Mit diesen Abmachungen können wir jedem Schaltkreis, in dem nur Serien- und Parallelschaltungen auftreten, eine Boolesche Funktion zuordnen.

Beispiele:

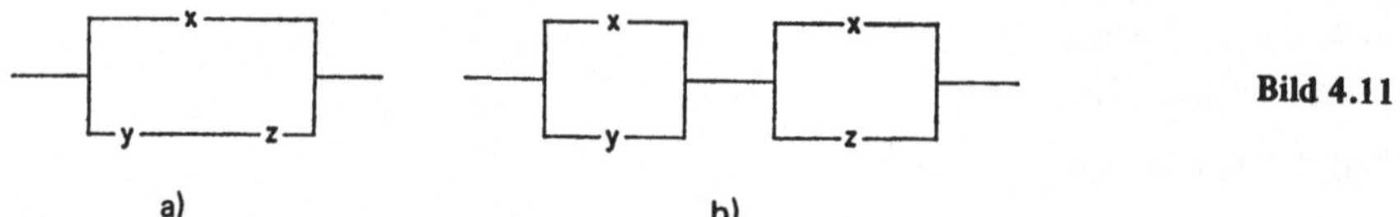

(1)   Die Boolesche Funktion für Kreis (a) ist x + yz.
      Für Kreis (b) haben wir (x + y) (x + z).
      Zu diesen beiden Booleschen Funktionen gehört die Schaltungstabelle 4.9

      Tabelle 4.9

x	y	z	x + y	x + z	yz	x + yz	(x + y) (x + z)
1	1	1	1	1	1	1	1
1	1	0	1	1	0	1	1
1	0	1	1	1	0	1	1
0	1	1	1	1	1	1	1
1	0	0	1	1	0	1	1
0	1	0	1	0	0	0	0
0	0	1	0	1	0	0	0
0	0	0	0	0	0	0	0

Wie aus Tabelle 4.9 zu ersehen ist, haben die Funktionen x + yz und (x + y) (x + z) dieselben Werte für alle möglichen Wertkombinationen von x, y und z. Somit sind die Funktionen und auch die Kreise gleichbedeutend. Dies war zu erwarten, denn das Gesetz 5b aus 4.4 hat die Gestalt:

$$x + yz = (x + y) (x + z).$$

In der Tat gelten für die Schaltkreise die Gesetze der Booleschen Algebra. Daher können wir deren Gesetze anwenden, um Schaltkreise zu vereinfachen oder um sie zu entwerfen.

(2) Die Kreise des Bildes 4.12 sollen vereinfacht werden. Nach Bild 4.12 erhalten wir die Boolesche Funktion:

$$(x + y) (x + z) + z (x + yz)$$

$$= (x + yz) + z (x + yz) \qquad \text{nach Gesetz 5b}$$

$$= (x + yz) (1 + z) \qquad \text{nach Gesetz 5a}$$

$$= x + yz \qquad \text{nach Gesetz 2b}$$

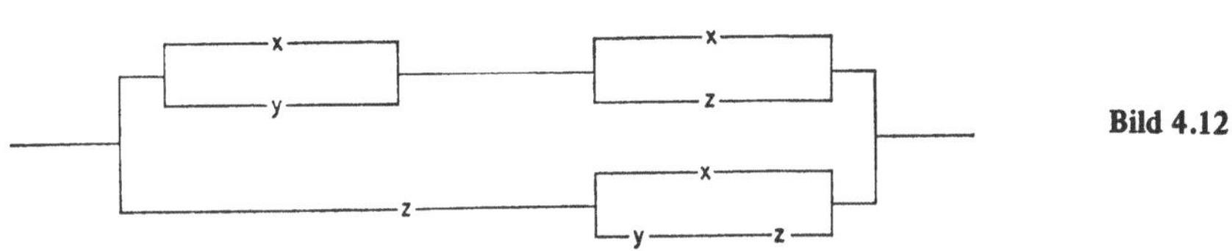

Bild 4.12

Somit ist der Kreis des Bildes 4.12 gleichbedeutend mit dem einfacheren Kreis des Bildes 4.11a.

Zum Bild 4.13 gehört die Boolesche Funktion:

$$(x + y + abc) (x + y + \bar{a} + \bar{b} + \bar{c})$$

$$= (x + y + abc) [x + y + \overline{(abc)}] \qquad \text{nach Gesetz 10a}$$

$$= (x + y) + (abc) \overline{(abc)} \qquad \text{nach Gesetz 5b}$$

$$= x + y \qquad \text{nach Gesetz 8a}$$

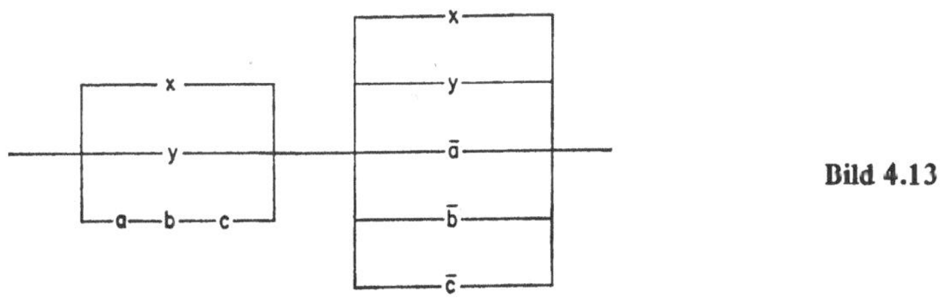

Bild 4.13

Der Kreis von Bild 4.13 ist somit gleichbedeutend mit der Parallelschaltung von x, y.

(3)   Entwerfen Sie einen Kreis für die Beleuchtung eines Korridors, die durch zwei voneinander unabhängige Wechselschalter betätigt werden kann.

Um den erforderlichen Kreis zu finden, konstruieren wir uns zuerst die zugehörige Schaltungstabelle 4.10. Aus dieser Tabelle kann man ersehen, daß die Anlage so eingerichtet werden soll, daß der Strom genau dann fließt, wenn entweder beide Schalter geschlossen oder aber beide geöffnet sind. Strom fließt also dann und nur dann, wenn $(p \wedge q) \vee (\neg p \wedge \neg q)$ wahr ist. In der abgekürzten Schreibweise muß gelten $pq + \bar{p}\bar{q} = 1$. Den Kreis zu dieser Booleschen Funktion zeigt Bild 4.14.

Tabelle 4.10

p	q	Boolesche Funktion
1	1	1
1	0	0
0	1	0
0	0	1

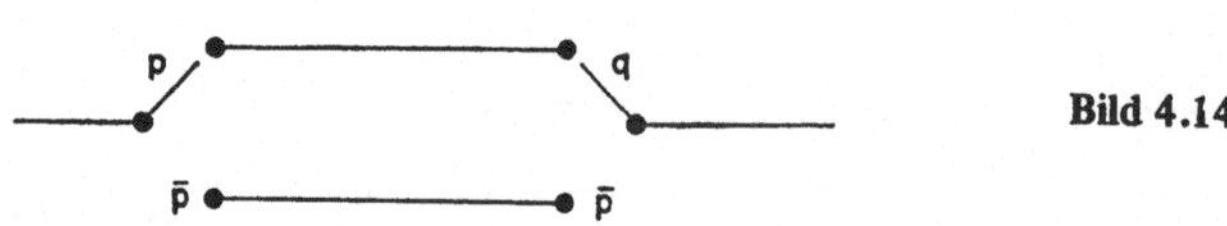

Bild 4.14

Übungen

Geben Sie für jeden der folgenden Schaltkreise die zugehörige Boolesche Funktion an und versuchen Sie, diese möglichst weitgehend zu vereinfachen. Skizzieren Sie dann jedesmal den Kreis für die vereinfachte Boolesche Funktion.

1.

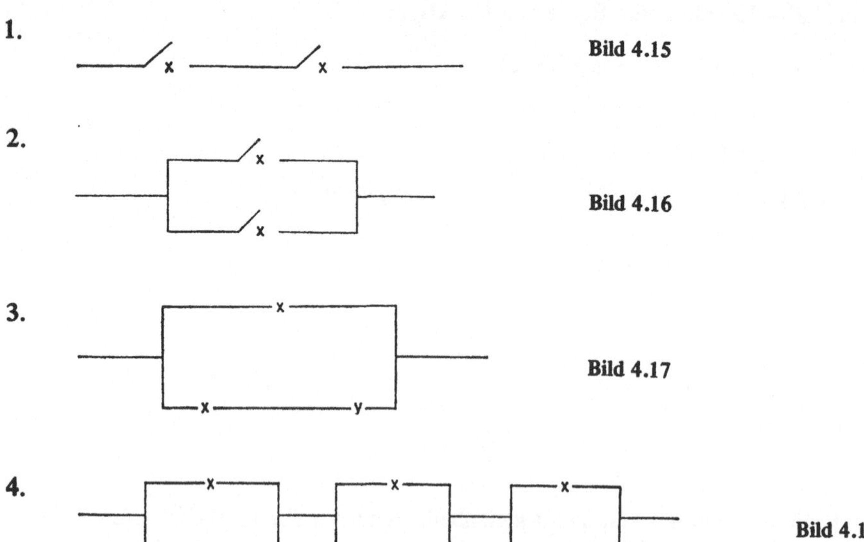

Bild 4.15

2.

Bild 4.16

3.

Bild 4.17

4.

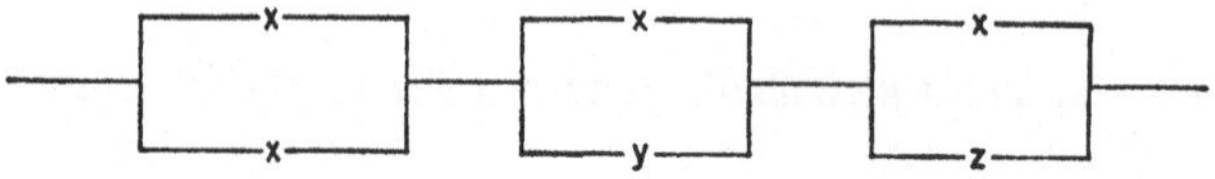

Bild 4.18

5. 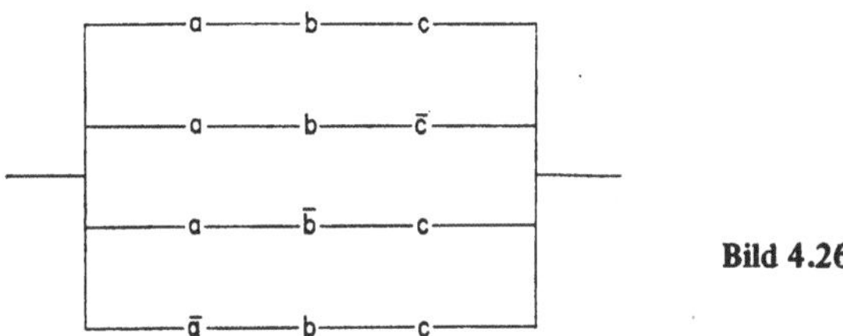

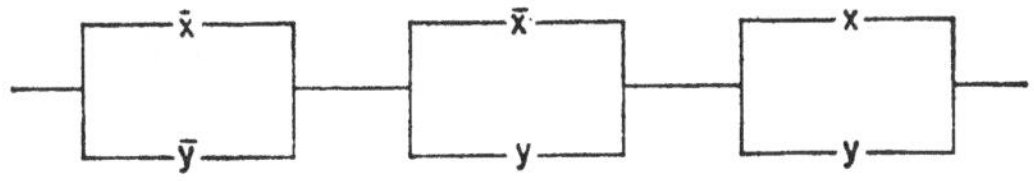

Bild 4.19

6.

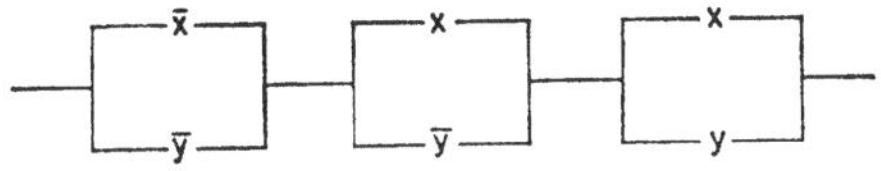

Bild 4.20

7.

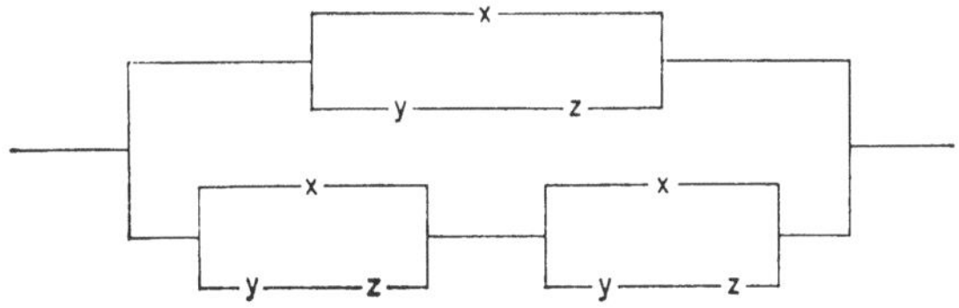

Bild 4.21

8.

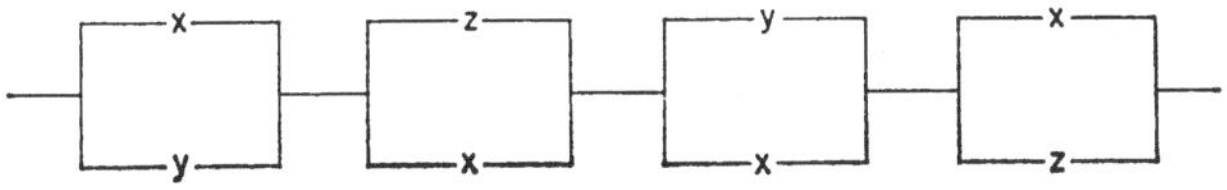

Bild 4.22

9.

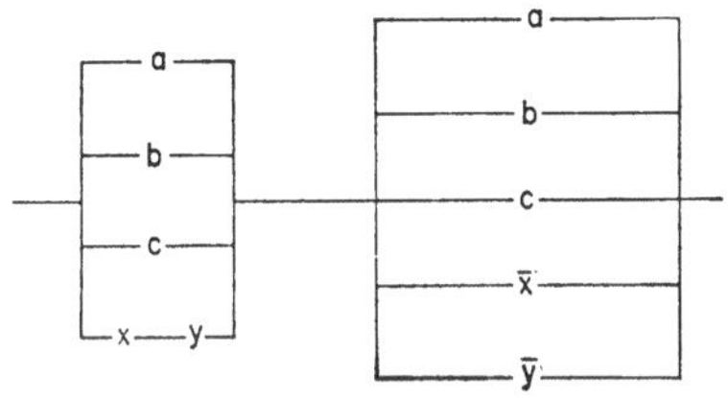

Bild 4.23

10.

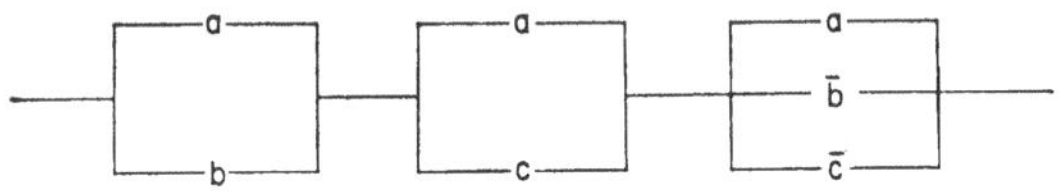

Bild 4.24

11.

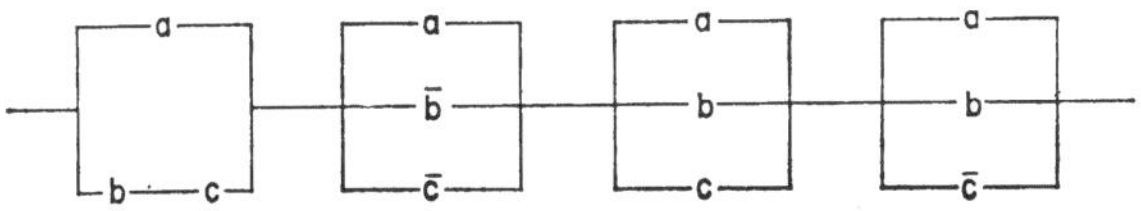

Bild 4.25

12. Wofür wird man den Kreis in Bild 4.26 verwenden können? Konstruieren Sie die Schaltungstabelle für diesen Kreis.

Bild 4.26

13. Konstruieren Sie auch die Schaltungstabelle für den Kreis in Bild 4.22. Welche
     Verwendung kann diese Schaltung finden?

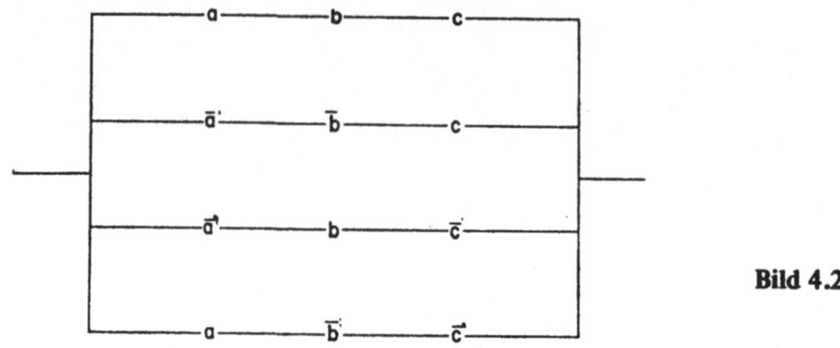

Bild 4.27

14.

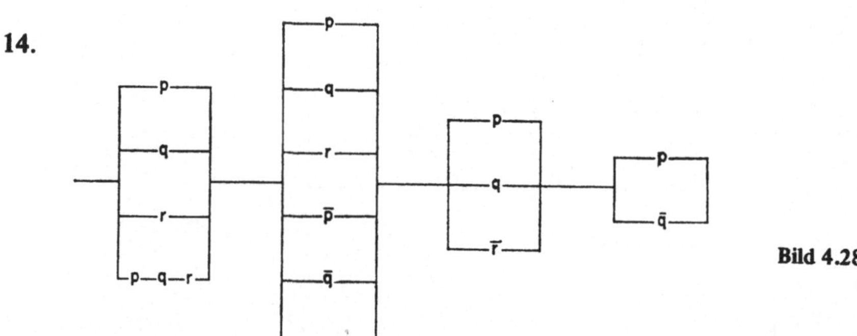

Bild 4.28

15.

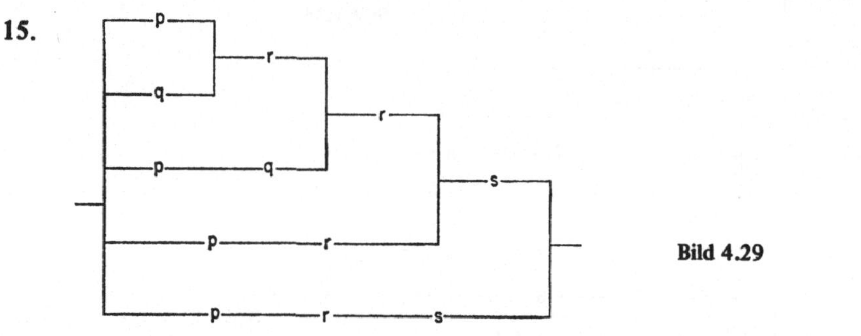

Bild 4.29

16.

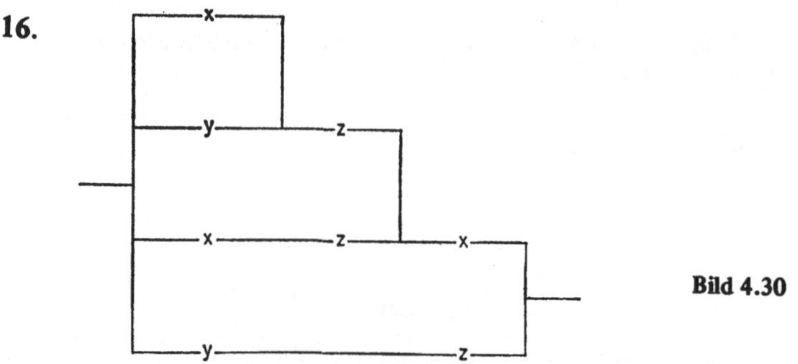

Bild 4.30

17.

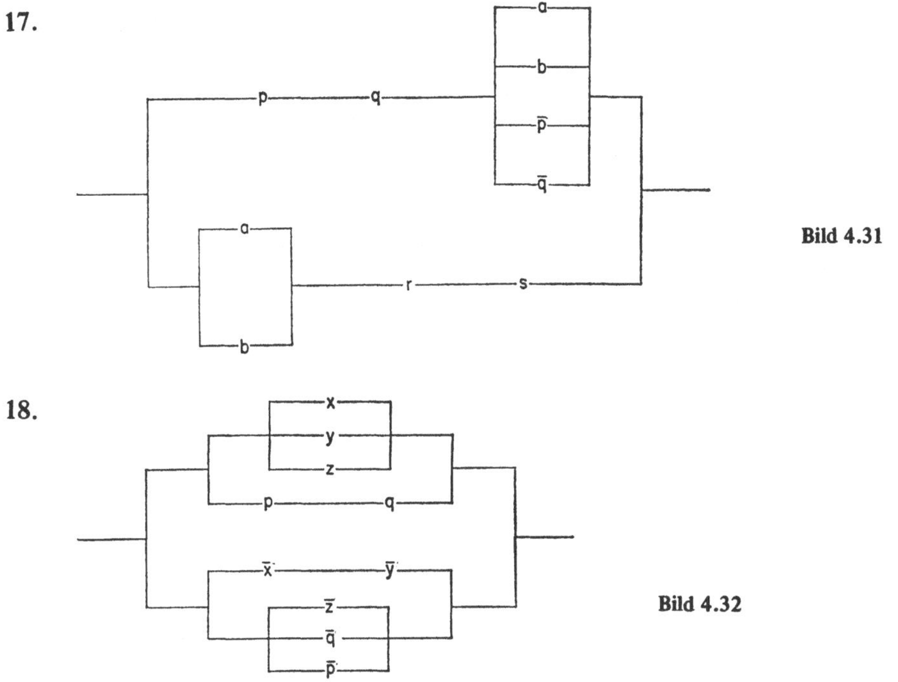

Bild 4.31

18.

Bild 4.32

19. Ein Korridor werde durch eine Leuchtstoffröhre beleuchtet, die von drei Schaltern aus betätigt werden kann. Die Schalter sollen sich an den Enden und in der Mitte des recht langen Korridors befinden. Konstruieren Sie den Schaltkreis.

20. Die drei Mitglieder eines Schiedsgerichtes geben ihre Zustimmung dadurch ab, daß sie jeweils den Druckschalter betätigen, der vor ihnen steht. Entwerfen Sie einen Schaltkreis so, daß eine Lampe aufleuchtet, wenn mindestens zwei ihre Zustimmung geben.

21. Eine Maschine enthält drei Sicherungen p, q und r. Diese sollen so gesetzt werden, daß die Maschine stoppt, wenn die Sicherung p herausspringt; doch wenn p nicht herausspringt, so stoppt die Maschine genau dann, wenn q und r herausgesprungen sind. Entwerfen Sie die Schaltung für diese Sicherungen.

22. Ein Komitee von fünf Personen stimmt durch Betätigung von fünf Druckschaltern a, b, c, d und e ab. Der Vorsitzende hat vor sich den Schalter a; er gibt nur dann seine Zustimmung ab, wenn seine Stimme die positive Entscheidung bringen kann, sonst entscheidet die Mehrheit der vier anderen Mitglieder. Konstruieren Sie eine Schaltung so, daß eine Lampe aufleuchtet, wenn ein Antrag angenommen ist. (Ein Unentschieden gibt es nicht.)

23. In einem Ausschuß der Vertreter von fünf Staaten A, B, C, D und E geben diese
    ihre Zustimmung zu einem Antrag dadurch ab, daß sie jeder ihren Druckschalter
    betätigen. Nach der Geschäftsordnung haben die Staaten A und C jeder das Veto-
    recht. Doch wenn beide Staaten A und C einem Antrag zustimmen, so wird er
    durch die einfache Mehrheit der Mitglieder angenommen. Entwerfen Sie den zu-
    gehörigen Schaltkreis.

24. Eine Maschine werde durch vier Sicherungen a, b, c, d kontrolliert. Wenn min-
    destens drei Sicherungen herausgesprungen sind, stoppt die Maschine. Wenn aber
    a und c zusammen herausgesprungen sind oder auch b und d zusammen, so
    stoppt die Maschine ebenfalls. Liegen diese Kombinationen nicht vor, so läuft
    die Maschine weiter. Konstruieren Sie die Schaltung für diese Sicherungen.

5. Ziffernsysteme

5.1. Das Dualsystem

Normalerweise schreibt man Zahlen im Dezimalsystem (Zehnersystem). Es ist sehr praktisch, daß man Längenmaße, Gewichte, Währungen usw. im Zehnersystem schreibt und sich darüber weltweit geeinigt hat. Manche Staaten, die noch andere Maßsysteme verwenden, sind dabei, eine Umstellung auf die Dezimalschreibweise durchzuführen (Großbritannien hatte den D-day am 15.2.1971), da bisher langwierige Umrechnungen viel kostbare Zeit vergeudet haben. Auch in Deutschland benutzte man früher für Maßangaben nicht das Zehnersystem, das Wort „Dutzend" erinnert noch daran.

Im *Dezimalsystem* benötigt man die zehn Ziffern 0, 1, . . . , 9, um jede natürliche Zahl darstellen zu können. Man schreibt die Zahl Zweihundertfünfundvierzig als 245: 2 Hunderter plus 4 Zehner plus 5 Einer; d. h. $245 = 2 \cdot 10^2 + 4 \cdot 10^1 + 5 \cdot 10^0$. Die Idee, das Zehnersystem zu entwickeln, hängt sicherlich eng mit der Tatsache zusammen, daß der Mensch zehn Finger besitzt. Es gibt jedoch Gelegenheiten, bei denen das Dezimalsystem ungeeignet ist; denn man möchte in einigen Fällen mit weniger als zehn Symbolen zur Darstellung der Zahlen auskommen.

Wir wollen jetzt ein System aufbauen, für das nur zwei Symbole erforderlich sind, wir wählen 0 und 1. Die Zahl zwei kann man dann nicht mehr einstellig schreiben (wie die Zehn im Dezimalsystem). Zwei wird in diesen neuartigen System die erste zweistellige Zahl, man wählt für sie die Darstellung 10. Bei dieser Schreibweise ordnen sich die Stellen nicht wie im Dezimalsystem nach den Potenzen von Zehn, sondern nach den Potenzen von Zwei. Man spricht daher vom *Zweier- oder Dualsystem (ein Stellenwertsystem zur Basis Zwei)*. Mit 111 meint man dann $1 \cdot 2^2 + 1 \cdot 2^1 + 1 \cdot 2^0$. Man kann also sagen: 111 (Basis Zwei) = 7 (Basis Zehn).

Beispiele:
(1)   1011 (Basis Zwei) $= 1 \cdot 2^3 + 0 \cdot 2^2 + 1 \cdot 2^1 + 1 \cdot 2^0 = 11$ (Basis Zehn).
(2)   11111 (Basis Zwei) $= 1 \cdot 2^4 + 1 \cdot 2^3 + 1 \cdot 2^2 + 1 \cdot 2^1 + 1 \cdot 2^0 = 31$ (Basis Zehn).

5.2. Die Übersetzung von einem System in das andere

Falls ein Grünwarenhändler einen Wägesatz besitzen möchte, mit dem er jede ganze Anzahl von Kilogramm bis zu 31 kg wägen kann, so erkennt er nach einiger Überlegung, daß er keineswegs 31 Wägestücke benötigt. Er kommt schon mit einem Satz aus, der durch die folgende Menge repräsentiert wird: { 16 kg, 8 kg, 4 kg, 2 kg, 1 kg }. Wie er mit diesem Wägesatz umgehen muß, zeigt die Tabelle 5.1.

Tabelle 5.1

Zu wägendes	Erforderliche Wägestücke				
Quantum in kg	16 kg	8 kg	4 kg	2 kg	1 kg
1					1
2				1	0
3				1	1
4			1	0	0
5			1	0	1
6			1	1	0
7			1	1	1
8		1	0	0	0
9		1	0	0	1
10		1	0	1	0
11		1	0	1	1
12		1	1	0	0
13		1	1	0	1
14		1	1	1	0
15		1	1	1	1
16	1	0	0	0	0
17	1	0	0	0	1
18	1	0	0	1	0
19	1	0	0	1	1
20	1	0	1	0	0
21	1	0	1	0	1
22	1	0	1	1	0
23	1	0	1	1	1
24	1	1	0	0	0
25	1	1	0	0	1
26	1	1	0	1	0
27	1	1	0	1	1
28	1	1	1	0	0
29	1	1	1	0	1
30	1	1	1	1	0
31	1	1	1	1	1

Mit dieser Tabelle hat man die Zahlen von 1 bis 31 aus dem Dezimalsystem in das
Dualsystem übersetzt, ohne es vielleicht zu bemerken. Sieht man sich die Tabelle genau an, so erkennt man nämlich, daß die Zahlen als Summen von Zweierpotenzen

dargestellt werden ($16 = 2^4$, $8 = 2^3$, $4 = 2^2$). Es ist nicht schwer einzusehen, daß dieses Verfahren fortsetzbar und auf diese Art jede natürliche Zahl zu bezeichnen ist. Wählen wir ein Beispiel:

$$730 \text{ (Basis Zehn)} = 512 + 128 + 64 + 16 + 8 + 2$$
$$= 2^9 + 2^7 + 2^6 + 2^4 + 2^3 + 2^1$$
$$= 1011011010 \text{ (Basis Zwei)}$$

Übungen

1. Übertragen Sie die folgenden Zahlen aus dem Dual- in das Dezimalsystem:

   a) 10,   b) 11,   c) 101,
   d) 1101,   e) 1010,   f) 11010,
   g) 10101,   h) 11110,   i) 111101,
   k) 101011,   l) 1001101,   m) 110010101,
   n) 110101011,   o) 111111,   p) 1000001,
   q) 111001010,   r) 111000110010, s) 1010101010101.

2. Übersetzen Sie die folgenden Zahlen aus dem Dezimal- in das Dualsystem:

   a) 3,   b) 7,   c) 11,
   d) 29,   e) 39,   f) 56,
   g) 63,   h) 126,   i) 132,
   k) 111,   l) 255,   m) 513,
   n) 608,   o) 768,   p) 777,
   q) 1024,   r) 10000,   s) 1000000.

Ein recht schneller Weg zur Übertragung aus dem Dezimalsystem in das Dualsystem ist der folgende: Man dividiert die Dezimalzahl wiederholt durch zwei mit Rest, bis man den Quotienten 0 erreicht. Das Verfahren soll an einem Beispiel erläutert werden:

730 (Basis Zehn) ist in das Dualsystem zu übertragen.

$$730 = 2 \cdot 365 + 0$$
$$365 = 2 \cdot 182 + 1$$
$$182 = 2 \cdot 91 + 0$$
$$91 = 2 \cdot 45 + 1$$
$$45 = 2 \cdot 22 + 1$$
$$22 = 2 \cdot 11 + 0$$
$$11 = 2 \cdot 5 + 1$$
$$5 = 2 \cdot 2 + 1$$
$$2 = 2 \cdot 1 + 0$$
$$1 = 2 \cdot 0 + 1$$

Die rechts stehenden Reste von unten nach oben gelesen geben die Zahl 730 im Dualsystem an:

$$730 \text{ (Basis Zehn)} = 1011011010 \text{ (Basis Zwei)}.$$

3. Erklären Sie die Methode des wiederholten Dividierens durch 2 und zeigen Sie,
daß sie immer zum Ziele führt.

Beachten Sie dabei: $13 = 2 \cdot 6 + 1$
$$= 2 \cdot (2 \cdot 3 + 0) + 1$$
$$= 2 \cdot [2 \cdot (2 + 1) + 0] + 1$$
$$= 1 \cdot 2^3 + 1 \cdot 2^2 + 0 \cdot 2^1 + 1 \cdot 2^0$$

4. Wiederholen Sie Aufgabe 2 und wenden Sie dieses Mal die Methode des wiederholten Dividierens durch 2 an.

5.3. Addition und Subtraktion im Dualsystem

Bei der Addition im Dezimalsystem übertragen wir für eine Zehn jeweils eine Eins
auf die nächste Stelle. Auch bei der Addition im Dualsystem müssen wir übertragen,
jedoch für jede Zwei eine Eins. Jede Übertragung kann man durch einen Strich kennzeichnen. Einige *Beispiele* sollen das Additionsverfahren verdeutlichen:

(1)   Basis Zwei   Basis Zehn

```
         1                              1 + 1 = 2
       + 1
       ───
        10
```

(2)   101 $5 + 3 = 8$

```
      + 11
      ────
      1000
```

(3)   101101 $45 + 23 = 68$

```
    + 10111
    ───────
   1000100
```

(4)   1101 $13 + 11 + 22 + 31 + 15 = 92$

```
      1011
     10110
     11111
   + 1111
   ───────
   1011100
```

Das Subtrahieren wollen wir zunächst an einem Beispiel im Zehnersystem veranschaulichen:

Will man von 631 die Zahl 158 subtrahieren, so fragt man nach derjenigen Zahl, die
zu 158 addiert 631 ergibt. Also

```
    158                          631
+    x   ist gleichbedeutend mit − 158
   ───                          ─────
    631                          x
```

Wir führen die Subtraktion folgendermaßen aus:

631	man rechnet	schreibt	und überträgt
− 158	8 + 3 = 11	3	1
‖	1 + 5 + 7 = 13	7	1
473	1 + 1 + 4 = 6	4	0

Diese sogenannte süddeutsche Methode wollen wir auch im Dualsystem anwenden.

Beispiel

1011000	man rechnet	schreibt	und überträgt
− 111111	1 + 1 = 10	1	1
‖‖‖	1 + 1 + 0 = 10	0	1
11001	1 + 1 + 0 = 10	0	1
	1 + 1 + 1 = 11	1	1
	1 + 1 + 1 = 11	1	1
	1 + 1 + 0 = 10	0	1
	1 + 0 + 0 = 1	keine Ziffer	0

Bildet man diese Differenz im Zehnersystem, so hat man $88 - 63 = 25$.

Übungen

Führen Sie jede der folgenden Additionen im Dualsystem aus. Übertragen Sie danach die Summanden und die Summe zur Kontrolle in das Dezimalsystem.

1. 101 + 11
2. 111 + 101
3. 1101 + 1001
4. 1010 + 1111
5. 10101 + 1010
6. 11011 + 10111
7. 110101101 + 101011101
8. 1110101101011 + 1101000110111
9. 1101 + 1011 + 1110
10. 1001 + 1101 + 1010
11. 1011 + 1111 + 1101 + 1001
12. 11101 + 10111 + 10001 + 11011
13. 1101111 + 1100011 + 1001111 + 1110011
14. 1 + 11 + 111 + 1111 + 11111 + 111111
15. 1111 + 1111
16. 1111 + 1111 + 1111 + 1111

Die folgenden Differenzen sind im Dualsystem zu bilden. Anschließend sollen die Ergebnisse durch Übertragung in das Dezimalsystem geprüft werden.

17. $101 - 11$
18. $1001 - 101$
19. $10000 - 1001$
20. $10101 - 1010$
21. $10000 - 111$
22. $1011001 - 101001$
23. $1100110 - 111111$
24. $10101100110101 - 10010011001001$
25. $11110 - 1111 - 1111$
26. $1111 - 101 - 101 - 101$
27. $100001 - 1011 - 1011 - 1011$
28. $1000000000 - 11111111$

5.4. Multiplikation und Division im Dualsystem

Die Aufgabe 15 aus Abschnitt 5.3 lieferte uns die Gleichung

$1111 + 1111 = 11110$ im Dualsystem.

Übertragen wir diese Aussage in das Dezimalsystem, so erhalten wir

$15 + 15 = 30.$

Eine Summe mit gleichen Summanden kann man aber kürzer als Produkt schreiben

$15 + 15 = 15 \cdot 2 = 30.$

Übersetzen wir diese Aussage in das Dualsystem, so haben wir

$1111 + 1111 = 1111 \cdot 10 = 11110.$

Hieran kann man erkennen, daß das „Anhängen einer Null" im Dualsystem die Multiplikation mit Zwei bedeutet.

Blicken wir auf die Aufgabe 16 aus Abschnitt 5.3, so finden wir folgende Gleichung im Dualsystem

$1111 + 1111 + 1111 + 1111 = 1111 \cdot 100 = 111100.$

Das „Anhängen von zwei Nullen" bedeutet im Dualsystem demnach die Multiplikation mit Vier.

Im Dualsystem führt man also die Multiplikation mit einer Zweierpotenz so aus, wie die Multiplikation mit einer Zehnerpotenz im Dezimalsystem. Daher können wir im Dualsystem so schriftlich multiplizieren, wie es uns vom Dezimalsystem her vertraut ist. Nur müssen wir beachten, daß im Dualsystem das „Kleine Einmaleins" allein aus $1 \cdot 1 = 1$ besteht.

Beispiele:

(1)
$$\underline{1111 \cdot 111}$$

```
  1111
   1111
    1111
    | | |
    | | | | |
 ───────────
  1101001
```

Kontrolle im Dezimalsystem
$15 \cdot 7 = 105$

(2)
$$\underline{1011 \cdot 1101}$$

```
  1011
   1011
      0
     1011
   | | | |
 ───────────
  10001111
```

Kontrolle im Dezimalsystem
$11 \cdot 13 = 143$

Das schriftliche Dividieren wollen wir, wie im Falle der Subtraktion, zuerst an einem Beispiel im Dezimalsystem erläutern:

$442 : 17 = x$ ist gleichbedeutend mit $442 = 17 \cdot x$; denn es wird die Zahl gesucht, die mit 17 multipliziert 442 ergibt. Wir führen diese Division nun folgendermaßen aus:

$$442 = 17 \cdot 26$$

```
 34
 ───
 102
 102
 ───
  ·/·
```

Da wir das schriftliche Multiplizieren im Dualsystem kennen, wissen wir auch, wie das schriftliche Dividieren auszuführen ist.

Beispiel:

$100001 : 1011 = x$ ist gleichbedeutend mit
$100001 = 1011 \cdot x$, daher schreiben wir jetzt

$$100001 = 1011 \cdot 11$$

```
 1011
 ─────
  1011
  1011
 ─────
  ·/·
```

Kontrolle im Dezimalsystem
$33 = 11 \cdot 3$

Übungen

Berechnen Sie die folgenden Produkte und Quotienten im Dualsystem und machen Sie danach die Probe im Dezimalsystem.

1. $110 \cdot 10$
2. $1001 \cdot 100$
3. $1111 \cdot 1000$
4. $111 \cdot 11$

5.	$1011 \cdot 1010$	**6.**	$11111 \cdot 1110$
7.	$111111 \cdot 11111$	**8.**	$101101 \cdot 10111$
9.	$1010101 \cdot 101010$	**10.**	$11100101 \cdot 1001101$
11.	$110 : 10$	**12.**	$1000 : 100$
13.	$11000 : 1000$	**14.**	$1111 : 11$
15.	$111111 : 1001$	**16.**	$1111001 : 1011$
17.	$10000100 : 10110$	**18.**	$10001100 : 100011$
19.	$100100001 : 10001$	**20.**	$1111101000 : 1100100$

5.5. Rationale Zahlen in der Dualschreibweise

Im Dezimalsystem gilt:

$$123{,}476 = 1 \cdot 10^2 + 2 \cdot 10^1 + 3 \cdot 10^0 + 4 \cdot 10^{-1} + 7 \cdot 10^{-2} + 6 \cdot 10^{-3}$$
$$= 1 \cdot 100 + 2 \cdot 10 + 3 \cdot 1 + 4 \cdot \tfrac{1}{10} + 7 \cdot \tfrac{1}{100} + 6 \cdot \tfrac{1}{1000}.$$

Entsprechend schreibt man rationale Zahlen im Dualsystem:

$$111{,}111 \text{ (Basis Zwei)} = 1 \cdot 2^2 + 1 \cdot 2^1 + 1 \cdot 2^0 + 1 \cdot 2^{-1} + 1 \cdot 2^{-2} + 1 \cdot 2^{-3}$$
$$= 1 \cdot 4 + 1 \cdot 2 + 1 \cdot 1 + 1 \cdot \tfrac{1}{2} + 1 \cdot \tfrac{1}{4} + 1 \cdot \tfrac{1}{8}.$$

Fassen wir diese Überlegung zusammen, so erhalten wir:

$$111{,}111 \text{ (Basis Zwei)} = 7\tfrac{7}{8} \quad \text{(Basis Zehn)}$$
$$= 7{,}875 \text{ (Basis Zehn)}.$$

Die Übersetzung der nicht ganzen rationalen Zahlen aus dem Dezimal- in das Dualsystem ist nicht so leicht wie bei den natürlichen Zahlen. In einigen einfachen Fällen kann man die Übertragung schnell ausführen, wie die Beispiele der Tabelle 5.2 zeigen.

Tabelle 5.2

Dezimalschreibweise	Dualschreibweise
$2{,}5 = 2 + \tfrac{1}{2}$	$10{,}1$
$3{,}75 = 3 + \tfrac{1}{2} + \tfrac{1}{4}$	$11{,}11$
$4{,}875 = 4 + \tfrac{1}{2} + \tfrac{1}{4} + \tfrac{1}{8}$	$100{,}111$
$11{,}0625 = 11 + \tfrac{1}{16}$	$1011{,}0001$

Wenn jedoch eine Zahl nicht als Summe einer natürlichen Zahl und Potenzen von $\tfrac{1}{2}$ geschrieben werden kann, so wird die Übertragung schwieriger. Soll z.B. 0,7 aus dem Dezimal- in das Dualsystem übersetzt werden, so muß man beachten, daß $0{,}7 = 7 : 10$

gilt. Den Quotienten überträgt man aus dem Dezimal- in das Dualsystem und berechnet ihn dann. Wir müssen also die Gleichung 111 = 1010 · x (Basis Zwei) lösen.

$$
\begin{array}{l}
111{,}0 = 1010 \cdot 0{,}1011001100\ldots \\
\underline{101\,0} \\
\quad 10\,000 \\
\quad \underline{1\,010} \\
\qquad 1100 \\
\qquad \underline{1010} \\
\qquad\quad 10000 \\
\qquad\quad \underline{1010} \\
\qquad\qquad 1100 \\
\qquad\qquad \underline{1010} \\
\qquad\qquad\quad 10000
\end{array}
$$

Man hat somit die endliche Dezimalzahl 0,7 als unendliche periodische Dualzahl zu schreiben:

$$0{,}7 \text{ (Basis Zehn)} = 0{,}10\overline{1100} \text{ (Basis Zwei)}$$

Für die Multiplikation und die Division der rationalen Zahlen in der Dualschreibweise ergeben sich jetzt keine weiteren Schwierigkeiten, da wir in der Dezimalschreibweise multiplizieren können.

Beispiele:

(1)   Multiplizieren Sie 1101,101 mit 11,011 (Basis Zwei) und kontrollieren Sie durch Übertragung in das Dezimalsystem. Zunächst berechnen wir:

$$
\begin{array}{l}
1101101 \cdot 11011 \\
\quad 1101101 \\
\quad\; 1101101 \\
\qquad\qquad 0 \\
\quad\; 1101101 \\
\quad\;\; \underline{1101101} \\
101101111111
\end{array}
$$

Beachten wir, daß die beiden gegebenen Zahlen je drei Stellen hinter dem Komma aufweisen, so müssen in ihrem Produkt sechs Stellen nach dem Komma auftreten und wir erhalten in der Dualschreibweise:

$$1101{,}101 \cdot 11{,}011 = 101101{,}111111.$$

Nun übertragen wir die Zahlen in die normale Bruchschreibweise:

$$13\tfrac{5}{8} \cdot 3\tfrac{3}{8} = \frac{109}{8} \cdot \frac{27}{8} = \frac{2943}{64} = 45\tfrac{63}{64}$$

Und natürlich gilt auch: 101101,111111 (Basis Zwei)

$$= 45 + \tfrac{1}{2} + \tfrac{1}{4} + \tfrac{1}{8} + \tfrac{1}{16} + \tfrac{1}{32} + \tfrac{1}{64} \text{ (Basis Zehn)}$$

$$= 45\,\tfrac{63}{64} \text{ (Basis Zehn).}$$

(2) Dividieren Sie 1,1011101 durch 1,101 (Basis Zwei) und machen Sie die Probe
im Dezimalsystem.

Es gilt: 1,1011101 : 1,101 = 1101,1101 : 1101. Somit ist die Gleichung
1101,1101 = 1101 · x zu lösen:

$$1101,1101 = 1101 · 1,0001$$
$$\underline{1101}$$
$$0\,1101$$
$$\underline{1101}$$
$$·/·$$

Der gesuchte Quotient ist folglich 1,1011101 : 1,101 = 1,0001. In der normalen
Bruchschreibweise haben wir:

$$1\,\frac{93}{128} : 1\,\frac{5}{8} = \frac{221}{128} : \frac{13}{8} = \frac{221}{128} \cdot \frac{8}{13} = \frac{17}{16} = 1\,\frac{1}{16}\ .$$

Übungen

1. Die folgenden rationalen Zahlen sind in der Dualschreibweise gegeben. Schreiben
Sie diese 1.) im Zehnersystem in der üblichen Form als Bruch und 2.) als Dezimalzahl.

    a) 1,1,   b) 11,01
    c) 101,101,   d) 0,0101,
    e) 10,1101,   f) 110,1011,
    g) 1010,11011,   h) 1,00011,
    i) 10111,00111,   k) 111,111,
    l) 1,11111,   m) 11010,011011.

2. Übertragen Sie die folgenden rationalen Zahlen in die Dualschreibweise.

    a) $1\,\frac{1}{2}$,   b) $2\,\frac{1}{4}$,   c) $3\,\frac{1}{8}$,
    d) $5\,\frac{3}{8}$,   e) $7\,\frac{5}{8}$,   f) $11\,\frac{11}{16}$,
    g) $14\,\frac{31}{32}$,   h) $17\,\frac{3}{64}$,   i) $127\,\frac{127}{128}$.

3. Geben Sie die folgenden Dezimalzahlen im Dualsystem an.

    a) 1,25,   b) 3,75,   c) 0,5,
    d) 6,875,   e) 7,625,   f) 3,0625,
    g) 7,5625,   h) 0,15625,   i) 0,265625.

4. Für die folgenden Dezimalzahlen ist die Dualschreibweise anzugeben. Dabei sind
bis zu fünf Stellen nach dem Komma zu bestimmen.

    a) 0,1,   b) 0,2,   c) 0,3,
    d) 0,5,   e) 0,9,   f) 0,13,
    g) 2,8875,   h) 3,14,   i) 10,01.

5. Berechnen Sie die folgenden Produkte und Quotienten. (Die Zahlen sind im
    Dualsystem gegeben.)

a) $1,1 \cdot 0,1$,   b) $10,01 \cdot 1,1$,
c) $11,01 \cdot 0,11$,   d) $1,011 \cdot 1,01$,
e) $1,11 \cdot 0,011$,   f) $10,0101 \cdot 1,101$,
g) $1,111 \cdot 11,11$,   h) $101,101 \cdot 11,0101$,
i) $1,1 : 0,1$,   k) $101,1 : 0,01$,
l) $110,111 : 1,01$,   m) $10010,011 : 1,11$,
n) $1111,0111 : 1,101$,   o) $1,1 : 0,00011$,
p) $1010,1001 : 0,1101$,   q) $10000,101111 : 1,0101$.

5.6. Anwendung der Dualschreibweise

Für den normalen Gebrauch im täglichen Leben ist das Dezimalsystem sicherlich bequemer als die Dualschreibweise der Zahlen, schon weil wir Menschen uns an das
Dezimalsystem gewöhnt haben. Bei vielen Gelegenheiten ist es aber heute von großem
Vorteil, daß uns das Dualsystem in die Lage versetzt, jede Zahl mit Hilfe von nur
zwei Symbolen, 0 und 1, zu schreiben. Man kann die Ziffer „1" darstellen durch
einen stromdurchflossenen Leiterkreis, eine aufleuchtende Lampe oder einen Summton;
die „0" kann dann repräsentiert werden durch einen stromlosen Leiterkreis, eine nicht-
leuchtende Lampe oder eine kurze Pause oder Stille. Es ist auf diese Weise möglich,
umfangreiche Rechnungen mit Hilfe von vielen Stromkreisen durchzuführen, wobei
jeder Kreis eine Stelle repräsentiert und das Fließen oder Nichtfließen eines Stromes
die Ziffern „1" oder „0" darstellt. Nach diesem Prinzip sind die elektronischen Digital-
rechner konstruiert. Die hohe Geschwindigkeit des elektrischen Stromes und der Schalt-
vorgänge in transistorisierten Computern läßt diese Geräte Rechnungen in Bruchteilen
einer Sekunde ausführen, für die mehrere Menschen ohne die neuen Hilfsmittel Stunden
benötigen würden.

Man kann sich von den Vorteilen dieses Prinzips recht gut überzeugen, wenn man einen
auf dem Markt befindlichen „Spielzeug-Computer" kauft oder selbst ein solches Gerät
nach Vorlagen baut.

Es sind auch Experimente durchgeführt worden, bei denen man mit Hilfe von Morse-
apparaten Signale übermittelt und einen Code verwendet, der die Buchstaben mit Hilfe
der beiden Ziffern 0 und 1 darstellt. Die am meisten benutzten Buchstaben werden
dabei natürlich durch die einfachsten Dualzahlen repräsentiert. Man spricht bei solcher
Darstellung von Binär-Code.

5.7. Der Rechenstab zur Basis Zwei

Ohne großen Zeitaufwand können sich Schüler im Werkunterricht oder sogar im Hause
einen Rechenstab anfertigen, der die Multiplikation mit ausreichender Genauigkeit ge-
stattet. Die Konstruktion wird durch die folgenden Angaben verständlich und kann als
Hausaufgabe gegeben werden.

Zuerst ist eine Wertetabelle zu der Funktion $x \to 2^x$ aufzustellen. Für x setzt man die Zahlen 0, 1, 2, 3, 4 ein und errechnet die zugehörigen Funktionswerte. Um die Genauigkeit des künftigen Rechenstabes zu verbessern, wählt man für x noch Zwischenwerte. Es ergibt sich dann etwa die Tabelle 5.3.

Tabelle 5.3

x	0	$\frac{1}{2}$	1	$1\frac{1}{2}$	2	$2\frac{1}{2}$	3	$3\frac{1}{2}$	4
2^x	1	1,4	2	2,8	4	5,7	8	11,3	16

Trägt man die Zahlenpaare $(x, 2^x)$ in ein rechtwinkliges Koordinatensystem ein, so erhält man einen Graphen, der dem des Bildes 5.1 gleicht.

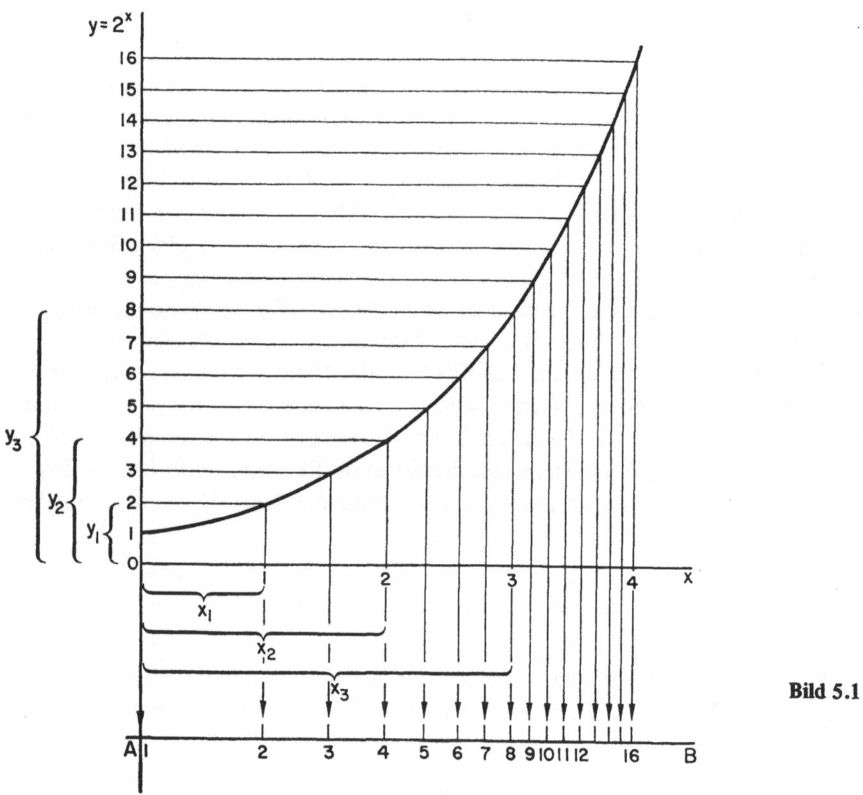

Bild 5.1

Ein einfaches Beispiel kann die Arbeitsweise des Rechenstabes veranschaulichen. Wir betrachten das Produkt:

$$2 \cdot 4 = 8$$

oder in anderer Form

$$2^1 \cdot 2^2 = 2^3$$

oder auch

$$y_1 \cdot y_2 = y_3 \ (\text{Bild } 5.1)$$

Um das Produkt zu berechnen, brauchen wir nur die Exponenten zu addieren:

$$1 + 2 = 3$$

oder

$$x_1 + x_2 = x_3 \ (\text{Bild } 5.1)$$

Wir erkennen daran: Will man Zahlen der y-Achse miteinander multiplizieren, so
addiert man einfach die zugehörigen Zahlen der x-Achse, deren Summe dann das
Produkt auf der y-Achse bestimmt. Markiert man die horizontale Achse nicht mit
den x-Werten, sondern mit den zugehörigen y-Werten, so wird das Produkt zweier
Zahlen repräsentiert durch die Länge der Strecke, die man erhält, wenn man die
Strecken, die den Faktoren zugeordnet sind, aneinanderfügt. Dies ist das Prinzip
nach dem der Rechenstab konstruiert wird. Die Strecke AB in Bild 5.1 ist entsprechend
unterteilt.

Die Skala AB wird nun auf zwei gleiche Stücke Zeichenpapier übertragen, wie es das
Bild 5.2 zeigt. Wenn man diese beiden Skalen gegeneinander verschiebt, so kann man
die Produkte und die Quotienten von einfachen Zahlen direkt ablesen. Zuletzt klebt
man die beiden Skalen auf passende Holz- oder Kunststoffstücke, die man mit einer
Nut versieht, so daß die beiden Skalen leicht gegeneinander verschoben werden können.

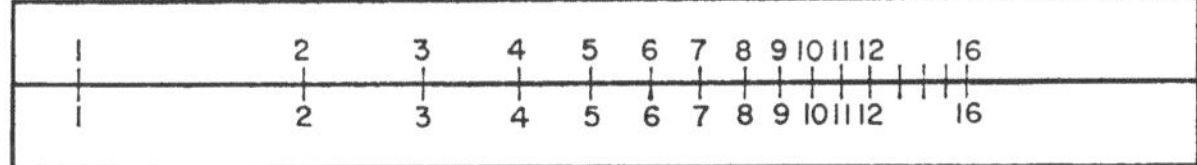

Bild 5.2

5.8. Andere Ziffernsysteme

Nicht immer wird das Zehnersystem bei unseren täglichen Rechnungen zugrunde gelegt.
Wenn der Engländer bisher in seiner Währung rechnete, so mußte er beachten, daß zwölf
Pennies einen Schilling ergaben. Will man Sekunden und Minuten addieren, so ist die
Basis sechzig zu berücksichtigen.

In diesem Abschnitt wollen wir uns damit befassen, wie Zahlen, die in einem beliebigen System gegeben sind, in ein anderes übertragen werden. Im Dezimalsystem haben wir die Stellenwerte:

$$\ldots 10^3 \; 10^2 \; 10^1 \; 10^0 \; \frac{1}{10^1} \; \frac{1}{10^2} \; \frac{1}{10^3} \ldots$$

und im Dualsystem:

$$\ldots 2^3 \; 2^2 \; 2^1 \; 2^0 \; \frac{1}{2^1} \; \frac{1}{2^2} \; \frac{1}{2^3} \ldots$$

im Dreiersystem hat man:

$$\ldots 3^3 \; 3^2 \; 3^1 \; 3^0 \; \frac{1}{3^1} \; \frac{1}{3^2} \; \frac{1}{3^3} \ldots$$

und im Ziffernsystem zur Basis n (n $\in$ N) erhält man die Stellenwerte:

$$\ldots n^3 \; n^2 \; n^1 \; n^0 \; \frac{1}{n^1} \; \frac{1}{n^2} \; \frac{1}{n^3} \ldots$$

Abgesehen von den Stellenwerten stimmen die Verfahren zur schriftlichen Addition, Subtraktion, Multiplikation und Division mit denen überein, die wir von der Dezimalschreibweise her kennen.

Beispiele:

(1) Die folgenden Zahlen sollen aus der Dezimaldarstellung in das Ziffernsystem übertragen werden, dessen Basis angegeben ist:

a) 174; Basis 6,

b) 248; Basis 5,

c) 100; Basis 3,

d) $24\frac{19}{49}$; Basis 7,

e) 1475; Basis 12.

a) $174 = 4 \cdot 6^2 + 5 \cdot 6^1 + 0 \cdot 6^0 = 450$ (Basis 6),

b) $248 = 1 \cdot 5^3 + 4 \cdot 5^2 + 4 \cdot 5^1 + 3 \cdot 5^0 = 1443$ (Basis 5),

c) $100 = 1 \cdot 3^4 + 2 \cdot 3^2 + 1 \cdot 3^0 = 10201$ (Basis 3),

d) $24\frac{19}{49} = 3 \cdot 7^1 + 3 \cdot 7^0 + 2 \cdot \frac{1}{7} + 5 \cdot \frac{1}{49} = 33{,}25$ (Basis 7),

e) $1475 = \text{zehn} \cdot 12^2 + 2 \cdot 12^1 + \text{elf} \cdot 12^0 = z2e$ (Basis 12),

wobei „z" und „e" neue Ziffern sind, die den Zahlen Zehn und Elf des Dezimalsystems entsprechen

(2) Das Volk in einer Sage hat ein Stellenwertsystem für Zahlen, in dem die Symbole unseren Zahlen wie in Tabellen 5.4 zugeordnet sind:

Tabelle 5.4

✕	✕̄	⋎̲	◸✕	⊠	✕✕	✕⋎	✕⋎̲	✕◸	✕⊠	...
0	1	2	3	4	5	6	7	8	9	..

Im Dezimalsystem sollen geschrieben werden:

a) ⧅ ⊼ ⧖ b) ⊠ ╳ ⧅

In das neue System sollen die folgenden Dezimalzahlen übertragen werden:

c) 32, d) 186.

e) Bilden Sie die Summe von ⧅ ⊼ ⧖ und ⊠ ⧅ ╳.

Man bemerkt sicher sogleich, daß das fremdartige System die Basis Fünf hat.

a) ⧅ ⊼ ⧖ entspricht 312 (Basis 5) oder 82 (Basis 10),

b) ⊠ ╳ ⧅ entspricht 403 (Basis 5) oder 103 (Basis 10),

c) 32 (Basis 10) = 112 (Basis 5) oder ⊼ ⊼ ⧖,

d) 186 (Basis 10) = 1221 (Basis 5) oder ⊼ ⧖ ⧖ ⊼,

e) ⧅ ⊼ ⧖ + ⊠ ⧅ ╳ entspricht 312 + 430 (Basis 5) oder 1242 (Basis 5) oder in den fremdartigen Ziffern ⊼ ⧖ ⊠ ⧖.

Übungen

1. Übertragen Sie die folgenden Zahlen aus dem Dezimal- in das Dreiersystem:
   a) 9, b) 12, c) 17, d) 51, e) 111.
2. Übertragen Sie die folgenden Dezimalzahlen in das Ziffernsystem zur Basis 5:
   a) 30, b) 124, c) 689, d) 700, e) 1000.
3. Übertragen Sie die folgenden Dezimalzahlen in das System zur Basis 6:
   a) 18, b) 40, c) 96, d) 250, e) 1302.
4. Übertragen Sie die folgenden Dezimalzahlen in das System zur Basis 8:
   a) 56, b) 63, c) 77, d) 100, e) 577.
5. Schreiben Sie die folgenden Dezimalzahlen in dem System, dessen Basis angegeben ist:
   a) 17; Basis 3, b) 128; Basis 12, c) 288; Basis 7,
   d) 31; Basis 4, e) 500; Basis 9, f) 362; Basis 8,
   g) 42; Basis 5, h) 375; Basis 6, i) 401; Basis 20.
6. Übertragen Sie die folgenden Dualzahlen in das System, dessen Basis angegeben ist:
   a) 11011; Basis 3, b) 10101; Basis 5, c) 11101011011; Basis 8.
7. Zeigen Sie, daß man mit Hilfe einer Apothekerwaage und einem Satz aus je einem Wägestück von 1 g, 3 g, 9 g, 27 g, 81 g, . . . jede ganze Grammanzahl wägen kann, wenn man die Wägestücke auf beide Schalen legen darf.
8. Bekannt sei ein Ziffernsystem, das unserem wie in Tabelle 5.5 entspricht

Tabelle 5.5

|	+	工	王	⊼	ə	+|	++	+工	+王	
0	1	2	3	4	5	6	7	8	9	. . .

Schreiben Sie die Dezimalzahlen 11 und 94 in dem neuen System und übertragen Sie ⊖ + ⊟ und ⊠ ⊥ ⊥ in die Dezimalschreibweise. Subtrahieren Sie ⊠ | ⊥ von ⊖ ⊟ +

9. Wir wollen annehmen, daß in sehr fernen Zeiten Archäologen Ausgrabungen machen und von unseren Ziffern nur fünf verschiedene Symbole finden — nämlich 7, 4, 2, 8, 3 — und diese wie folgt verwenden:

An die Stelle der heutigen Zahlen

0	1	2	3	4	5	6	7	8	9	...

setzen sie

7	4	2	8	3	47	44	42	48	43	...

Einem Kind dieser zukünftigen Zeiten werden folgende Prüfungsaufgaben gestellt, wobei die Verknüpfungszeichen, die heutige Bedeutung haben:

$$4)\ \ \begin{array}{r} 873 \\ +\ 423 \\ \hline \end{array} \qquad 2)\ \ \begin{array}{r} 32 \\ -\ 84 \\ \hline \end{array} \qquad 8)\ 48 \cdot 3 \qquad 3)\ 424 : 43$$

Welche Antworten muß das Kind aufschreiben?

6. Gruppen

Der Titel dieses Kapitels mag manchen Leser ziemlich verwirren. Dennoch wollen wir nicht mit einer genauen Definition des Begriffs Gruppe beginnen. Doch einige vorausgehende einführende Bemerkungen können sicherlich helfen, das Rätselhafte der Überschrift etwas zu erhellen.

Grundsätzlich darf man sagen, daß die Gruppe eine besondere Art Menge ist. In den bisher behandelten Kapiteln begegneten uns Mengen, in denen die Elemente zwar gleichartige Objekte waren, aber nicht in näherer Beziehung zueinander standen. Über die Menge { Maren, Susanne, Juliane } kann man nur sagen, daß die Elemente Mädchennamen sind. Wir stießen aber auch auf Mengen, die sich dadurch auszeichneten, daß wir ihre Elemente addieren, multiplizieren oder auf eine andere vorgeschriebene Art und Weise verknüpfen durften. Solche Mengen und ihre Eigenschaften werden wir näher untersuchen und dabei zu der Definition der *Gruppe* kommen.

Der Begriff der Gruppe ist in vielen Bereichen der Mathematik sehr wichtig und fruchtbar. Die Anwendung der Gruppentheorie in der Kristallographie, der Genetik und der Quantenmechanik hat die Wissenschaftler zu wesentlichen Fortschritten und Entdeckungen geführt. In der Mathematik ist die Gruppentheorie von großem Wert bei der Untersuchung der Lösbarkeit von algebraischen Gleichungen und der große norwegische Mathematiker Abel hat mit Hilfe der Gruppentheorie nachgewiesen, daß es nicht möglich ist, die Gleichungen von fünften und höherem Grade allgemein zu lösen.

Viele Gebiete der Gruppentheorie sind mit Symmetrien und Mustern, die sich in der Mathematik ergeben, verbunden. In diesem Kapitel soll uns die Betrachtung einiger einfacher Symmetrieverhältnisse in der Geometrie zu der Definition der Gruppe führen.

6.1. Die Symmetrie und das Alphabet

Wir wollen uns die großen lateinischen Druckbuchstaben anschauen. Einige von ihnen, wie z. B. F und G lassen keine Symmetrie erkennen. Doch A und M, aber auch B und K sind symmetrisch (Bild 6.1). A und M haben jeweils eine vertikale Symmetrieachse, während B und K zu einer horizontalen Achse symmetrisch sind. Dreht man die Buchstaben B und K um 180° um die eingezeichnete horizontale Achse, so bleiben sie unverändert. Eine solche Drehung um 180° oder *Halbdrehung um eine horizontale Achse* wollen wir mit p bezeichnen. Die Buchstaben A und M bleiben dagegen unverändert oder invariant bei einer *Halbdrehung um eine vertikale Achse*. Diese Bewegung bezeichnen wir mit q. Man kann die vorliegenden Bewegungen aber auch als *Spiegelungen* auffassen. Der Buchstabe A wird auf sich selbst gespiegelt (oder auf sich selbst abgebildet) durch einen dünnen, durchsichtigen, beidseitig reflektierenden Spiegel, den man entlang der gestrichelten Linie in dem Bild 6.1 senkrecht zur Zeichenebene aufstellt. B wird auf sich selbst abgebildet, wenn man den Spiegel auf die horizontale Achse stellt.

Bild 6.1

An dem Buchstaben N kann man noch eine dritte Art von Symmetrie erkennen. Die
Bewegung p führt N über in И , die Bewegung q erzeugt dasselbe Bild. Machen wir
aber zuerst die Bewegung p und lassen darauf q folgen, so erhalten wir wieder N. Doch
gibt es eine nicht zusammengesetzte Bewegung, die N auf sich selbst abbildet: Es ist
die Drehung von 180° oder *Halbdrehung in der Zeichenebene* um die Achse, die durch
den in dem Bild 6.1 angegebenen Punkt geht und senkrecht auf der Zeichenebene
steht. Diese spezielle Bewegung werden wir mit r bezeichnen.

Folgende Schreibweise zeigt uns die Zusammenhänge:

$$p\,(N) \to И$$

und somit

$$q\,[p\,(N)] \to N,$$

anders geschrieben

$$q \circ p\,(N) \to N.$$

Es ist aber auch

$$r\,(N) \to N,$$

also

$$q \circ p = r.$$

Man kann leicht sehen, daß in diesem Falle auch $p \circ q = r$ gilt.

Zu beachten ist, daß $q \circ p$ bedeutet: *Zuerst wird die Bewegung* p *ausgeführt und
darauf folgt die Bewegung* q. Somit besagt $q \circ p = r$: *Die Bewegung die durch die
Verknüpfung von* p *und* q *entsteht ist zu ersetzen durch die Bewegung* r, *wir erhalten
dieselbe Endlage.*

Sehen wir uns andere Buchstaben des Alphabetes an, so finden wir weitere symmetrische
Buchstaben. H ist invariant gegenüber den drei Bewegungen p, q und r. Andererseits ist
J gegenüber keiner dieser Bewegungen invariant. Um aber auch die unsymmetrischen

Buchstaben in unsere Übersicht einfügen zu können, führen wir eine triviale Bewegung „I" ein, die man die *Identität* oder die *identische Bewegung* nennt. Die identische Bewegung kann aufgefaßt werden als eine Volldrehung oder als Vorschrift: „Verändern Sie nichts". Jetzt können wir sagen, daß jeder Buchstabe des großen Alphabets invariant ist gegenüber mindestens einer der Bewegungen aus der Menge $\{I, p, q, r\}$. Beachten Sie, daß die Bewegung p durch eine nochmalige gleiche Drehung rückgängig gemacht werden kann. Es gilt somit $p \circ p = p^2 = I$. Wenn eine Bewegung x verknüpft mit einer Bewegung y die Identität ergibt ($y \circ x = I$), so nennt man y das *Inverse* von x. Für unsere drei Bewegungen p, q und r sieht man sofort, daß sie jeweils ihr eigenes Inverses sind.

Übungen

Wir betrachten das große lateinische Alphabet in Druckschrift.

1. Welche Buchstaben sind gegenüber p invariant?
2. Welche Buchstaben sind gegenüber q invariant?
3. Welche Buchstaben sind gegenüber r invariant?
4. Welche Buchstaben sind gegenüber allen drei Bewegungen p, q, r invariant?
5. Zeichnen Sie den Buchstaben J, wie er nach jeder der folgenden Bewegungen erscheint:

a) p,	b) q,	c) r,
d) I,	e) p^2,	f) q^2,
g) r^2,	h) $p \circ q$,	i) $q \circ p$,
j) $r \circ p$,	k) $p \circ r$,	l) $q \circ r$,
m) $r \circ q$,	n) $I \circ p$,	o) $I \circ q$,
p) $I \circ r$,	q) $p \circ I$,	r) $q \circ I$,
s) $r \circ I$,	t) I^2.	

Stellen Sie fest, welche der Bewegungen p, q, r oder I mit den zusammengesetzten Bewegungen aus e) bis t) übereinstimmt (also gleich ist). Mit dieser Kenntnis vervollständigen Sie die „Verknüpfungstafel" der Tabelle 6.1.

Tabelle 6.1

$\circ$	I	p	q	r	erste Bewegung
I	.	.	.	.	
zweite p	.	.	.	.	
Bewegung q	.	.	.	.	
r	.	.	.	.	

6.2. Gruppen in der Geometrie

Wir wollen jetzt die Symmetrieverhältnisse am Rechteck untersuchen oder anders gesagt die Menge der Bewegungen, die das Rechteck invariant lassen. Dabei werden wir erkennen, daß diese Menge eine Gruppe im Sinne der Mathematik ist, und sprechen daher schon jetzt von der *Bewegungsgruppe des Rechtecks* oder einfacher der *Gruppe des Rechtecks.* Ist uns das Problem gestellt, eine rechteckige Glasscheibe in einen Fensterrahmen gleicher Größe einzusetzen, so gibt es mehrere Möglichkeiten für die Lage der Scheibe. Wie viele sind es?

Wenn wir ein Rechteck aus Glas, Plexiglas oder einem anderen durchsichtigen Material nehmen und die Ecken mit X, 0, +, H kennzeichnen, so sehen wir, daß es genau vier Möglichkeiten gibt, um dieses Rechteck in einen Rahmen derselben Form einzusetzen. In Bild 6.2 geben die Pfeile die Bewegungen an, die eine Lage in die andere überführen.

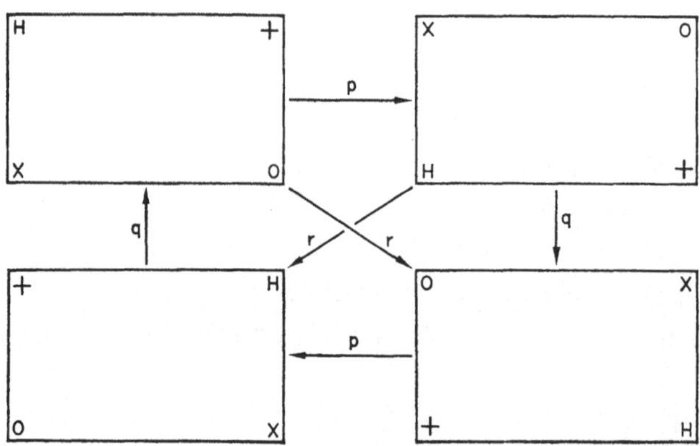

Bild 6.2

Man kann sich leicht von der Richtigkeit dieser Angaben überzeugen, und davon, daß bei jeder der Bewegung I, p, q, r deren Bedeutung in 6.1 festgelegt worden ist, die einzelnen Buchstaben nur ihre Stellung verändern können, doch selbst invariant bleiben. Weiterhin erkennt man die Verknüpfungen zwischen den angegebenen Bewegungen:

$$p^2 = q^2 = r^2 = I, \quad p \circ q = q \circ p = r,$$
$$p \circ r = r \circ p = q, \quad q \circ r = r \circ q = p,$$

und selbstverständlich

$$I^2 = I, \; I \circ p = p \circ I = p, \; I \circ q = q \circ I = q, \; I \circ r = r \circ I = r.$$

Die Gesamtheit der eben gebildeten Verknüpfungen kann man auf einem Blick übersehen, wenn sie in einer Verknüpfungstafel zusammengestellt werden (Tabelle 6.2).

Tabelle 6.2

	$\circ$	I	p	q	r	erste Bewegung
	I	I	p	q	r	
zweite	p	p	I	r	q	
Bewegung	q	q	r	I	p	
	r	r	q	p	I	

Die Beschäftigung mit der Menge { I, p, q, r }, in der wir eine Verknüpfung „○" eingeführt haben, die bei p ○ q besagt „auf die Bewegung q folgt die Bewegung p", führen
uns zu vier Eigenschaften dieser Menge:

1. Die Verknüpfung von je zwei Elementen der Menge ist wieder ein Element dieser
   Menge. Man sagt auch, *die Menge ist gegenüber der festgelegten Verknüpfung abge-
   schlossen.*

2. Es gilt das Assoziativgesetz, d. h. für je drei Elemente a, b, c dieser Menge gilt:
   a ○ (b ○ c) = (a ○ b) ○ c.
   Z.B. p ○ (q ○ r) = p ○ p = I und (p ○ q) ○ r = r ○ r = I.
   Wenn man alle möglichen Kombinationen von je drei Elementen der Menge untersucht, kann man die Gültigkeit des Assoziativgesetzes nachweisen.

   Für die Verknüpfung von Bewegungen gilt sogar stets das Assoziativgesetz (siehe z. B. Hahn
   „Mathematik 7. Schuljahr"), wir brauchen also bei Bewegungen das Assoziativgesetz nicht
   mehr nachzuprüfen.

3. Es gibt genau ein Element in der Menge, das mit jedem Element der Menge verknüpft
   dieses unverändert läßt. *Man spricht vom neutralen Element der Menge, bezüglich
   der Verknüpfung,* in unserem Falle ist es die identische Abbildung I.
   I ○ I = I, I ○ p = p ○ I = p, I ○ q = q ○ I = q, I ○ r = r ○ I = r.

4. Zu jedem Element der Menge gibt es genau ein *inverses Element.* In der Tat ist im
   vorliegenden Falle ja sogar jedes Element zu sich selbst invers.
   p ○ p = I, q ○ q = I, r ○ r = I, I ○ I = I.

Jede Menge, für deren Elemente eine Verknüpfung festgelegt ist, die die Eigenschaften
1 bis 4 erfüllt, heißt eine *Gruppe* bezüglicher dieser Verknüpfung. Diese vier Eigenschaften werden *Gruppenpostulate* genannt. Nun hat die Gruppe des Rechtecks noch
eine weitere Eigenschaft, die aber nicht von jeder Gruppe erfüllt werden muß. In der Bewegungsgruppe des Rechtecks gilt das *Kommutativgesetz,* d. h. für je zwei Elemente a, b
der Gruppe gilt a ○ b = b ○ a.

Aus der Arithmetik kennen wir das Kommutativgesetz für die Addition und für die
Multiplikation der Zahlen.
Z.B.: 2 + 3 = 3 + 2 = 5 und 2 · 3 = 3 · 2 = 6.
Für je zwei natürliche Zahlen a und b gilt: a + b + a, ab = ba. Sind Subtraktion und
Division kommutativ?
In der Mengen-Algebra lernten wir auch Kommutativgesetze kennen: A ∩ B = B ∩ A
und A ∪ B = B ∪ A gilt für alle Mengen.
Im Falle der vier Elemente I, p, q, r sahen wir, daß p ○ q = q ○ p, p ○ r = r ○ p usw.
richtig ist. Später werden wir jedoch Mengen und zugehörige Verknüpfungen kennen-
lernen, die nicht kommutativ sind, und sehen, daß nicht jede Gruppe kommutativ ist.
Gruppen, für die wie im Falle der Bewegungsgruppe des Rechtecks das Kommutativgesetz gilt, nennt man *kommutative Gruppen* oder auch *abelsche Gruppen.*

Anmerkung: In Aufgabe 5 der Übungen 6.1 wurde die Gruppe des Rechtecks oder auch eines
rechteckigen Stücks Papier beschrieben mit dem Buchstaben J betrachtet. Es war nicht die Gruppe
des Buchstabens J, der keine Symmetrieachsen besitzt.

Übungen

1. ABC ist ein gleichseitiges Dreieck. Das Bild 6.3 zeigt einige Möglichkeiten, wie
    man es in einen Rahmen derselben Form einsetzen kann. Die Bewegung ω
    bedeutet: „Drehen Sie das Dreieck im Gegenuhrzeigersinn um 120° um eine
    Achse, die durch seinen Schwerpunkt S geht und senkrecht zur Dreiecksebene
    steht. Vervollständigen Sie die Verknüpfungstafel (Tabelle 6.3),

Tabelle 6.3

$\circ$	I	ω	ω^2
I	.	.	.
ω	.	.	.
ω^2	.	.	.

und zeigen Sie, daß die Bewegungen I, ω, ω^2 eine kommutative Gruppe bilden.
(Diese Gruppe nennt man die „Drehgruppe des gleichseitigen Dreiecks".)

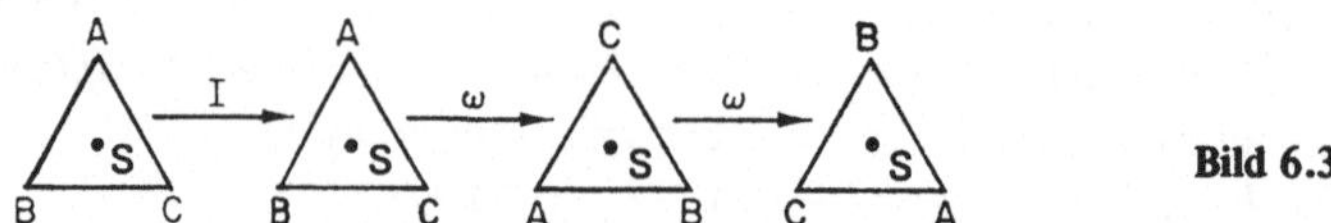

Bild 6.3

2. Bild 6.3 gibt nicht alle Möglichkeiten an, wie das gleichseitige Dreieck ABC in
    einen gleich großen Rahmen eingefügt werden kann. Es gibt noch drei andere.
    Diese Bewegungen werden durch Bild 6.4 dargestellt:

    Halbdrehung um die Senkrechte zu BC durch A: p,
    Halbdrehung um die Senkrechte zu AC durch B: q,
    Halbdrehung um die Senkrechte zu AB durch C: r.

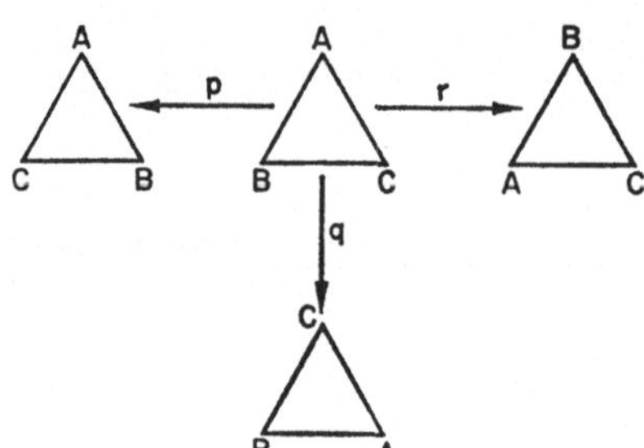

Bild 6.4

Zwei Beispiele sollen den Zusammenhang zwischen den verschiedenen Bewegungen des gleichseitigen Dreiecks verdeutlichen.

Folgt auf p die Bewegung q, so ergibt sich die Lage $\overset{B}{\underset{C \quad A}{\triangle}}$. Führt man die

Drehung ω^2 aus, so ergibt sich dieselbe Lage. Also gilt: $q \circ p = \omega^2$.

Entsprechend findet man für $p \circ q$ und ω die Lage $\overset{C}{\underset{A \quad B}{\triangle}}$. Also gilt: $p \circ q = \omega$.

Betrachten Sie alle Verknüpfungen von je zwei Bewegungen aus der Menge
$\{I, \omega, \omega^2, p, q, r\}$ und vervollständigen Sie dabei die Verknüpfungstafel
(Tabelle 6.4).

Tabelle 6.4

	$\circ$	I	ω	ω^2	p	q	r	erste Bewegung
	I	.	.	.	.	.	.	
	ω	.	ω^2	.	.	.	.	
zweite	ω^2	.	.	.	.	.	.	
Bewegung	p	.	.	.	.	ω	.	
	q	.	.	.	ω^2	.	.	
	r	.	.	.	.	.	.	

Zeigen Sie, daß a) die Verknüpfung von je zwei Elementen der Menge wieder
ein Element dieser Menge ist, b) das Assoziativgesetz gilt (3 Beispiele), c) es genau
ein neutrales Element gibt und d) jedes Element genau ein Inverses hat. Weisen
Sie ferner durch ein Beispiel nach, daß die Verknüpfung der Elemente nicht
kommutativ ist. Kurz gesagt, es ist zu zeigen, daß die Menge $\{I, \omega, \omega^2, p, q, r\}$
bei der genannten Verknüpfung eine nicht-abelsche Gruppe bildet.

Diese Gruppe umfaßt alle Bewegungen, die das gleichseitige Dreieck in sich selbst
überführen, man nennt sie die Bewegungsgruppe des gleichseitigen Dreiecks.

3. Eine quadratische Glasscheibe kann auf genau acht Arten in einen Rahmen
gleicher Größe eingesetzt werden, diese acht Möglichkeiten zeigt das Bild 6.5.

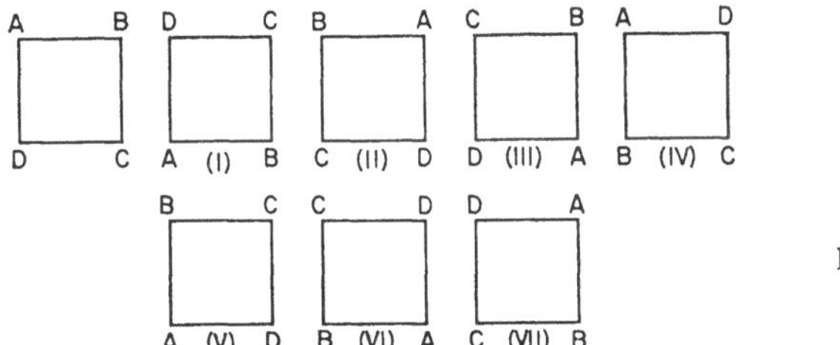

Bild 6.5

Die sieben Veränderungen [(I) bis (VII)] ergeben sich aus folgenden Bewegungen:
(I)   Halbdrehung um die horizontale Symmetrieachse: p,
(II)   Halbdrehung um die vertikale Symmetrieachse: q,
(III)   Halbdrehung um die Diagonale DB: r,
(IV)   Halbdrehung um die Diagonale AC: s,
(V)   Drehung von 90° im Gegenuhrzeigersinn um eine zur Rechtecksecksebene
        senkrechte Achse durch den Schnittpunkt der Diagonalen: ω,
(VI)   Drehung von 180° im Gegenuhrzeigersinn um die gleiche Achse: ω^2,
(VII)   Drehung von 270° im Gegenuhrzeigersinn um die gleiche Achse: ω^3.

Die Drehung von 0^0 um eine zur Rechtecksebene senkrechte Achse durch den Schnittpunkt der Diagonalen läßt das Quadrat punktweise fest, sie ist die identische Bewegung und wird mit I bezeichnet.

Beachten Sie, daß in den verschiedenen Aufgaben, die Buchstaben nicht dieselben Bewegungen bezeichnen müssen und die identische Bewegung durch eine Drehung von 360° im Gegenuhrzeigersinn ersetzt werden kann, d. h. hier $\omega^4 = I$.

a) Betrachten Sie zuerst die Menge $\{I, \omega, \omega^2, \omega^3\}$. Konstruieren Sie die zugehörige Verknüpfungstafel und zeigen Sie, daß die vier Bewegungen eine kommutative Gruppe bilden.

b) Kontrollieren Sie jetzt die in der Tabelle 6.5 angegebenen Eintragungen und vervollständigen Sie diese Verknüpfungstafel für die Menge $\{p, q, r, s\}$.

Tabelle 6.5

$\circ$	p	q	r	s	erste Bewegung
p	I	ω^2	ω^3	ω	
q	.	I	ω	ω^3	
r	.	.	I	ω^2	
s	.	.	.	I	

zweite Bewegung

Ist $\{p, q, r, s\}$ eine Gruppe?

c) Überprüfen Sie die Tabelle 6.6 und vervollständigen Sie die Tabelle 6.7.

Tabelle 6.6

$\circ$	I	ω	ω^2	ω^3	erste Bewegung
p	p	s	q	r	
q	q	r	p	s	
r	r	p	s	q	
s	s	q	r	p	

zweite Bewegung

Tabelle 6.7

$\circ$	p	q	r	s	erste Bewegung
I	.	.	.	.	
ω	.	.	.	.	
ω^2	.	.	.	.	
ω^3	.	.	.	.	

zweite Bewegung

d) Vervollständigen Sie nun zum Schluß die Verknüpfungstafel (Tabelle 6.8) für die ganze Menge $\{I, \omega, \omega^2, \omega^3, p, q, r, s\}$, wobei Sie die Ergebnisse aus a), b) und c) verwenden werden.

Tabelle 6.8

$\circ$	I	ω	ω^2	ω^3	p	q	r	s
I	.	.	.	.	.	.	.	.
ω	.	.	.	.	.	.	.	.
ω^2	.	.	.	.	.	.	.	.
ω^3	.	.	.	.	.	.	.	.
p	p	s	q	r	I	ω^2	ω^3	ω
q	q	r	p	s	.	I	ω	ω^3
r	r	p	s	q	.	.	I	ω^2
s	s	q	r	p	.	.	.	I

Wenn Sie diese Tafel genau ausgefüllt haben, sind Sie in der Lage zu zeigen, daß die Menge $\{$ I, ω, ω^2, ω^3, p, q, r, s $\}$ eine Gruppe ist. Man nennt sie die Bewegungsgruppe des Quadrates.

6.3. Gruppen in der Arithmetik

Zählt man im Dezimalsystem, so hat man:

$$1, 2, 3, 4, 5, 6, 7, 8, 9, 10, 11, 12, \ldots$$

Zählt man jedoch im Fünfersystem, so ergibt sich:

$$1, 2, 3, 4, 10, 11, 12, 13, 14, 20, 21, 22, \ldots$$

Berücksichtigen wir in der zweiten Folge nur die Ziffern der Einerstelle, so haben wir

$$1, 2, 3, 4, 0, 1, 2, 3, 4, 0, 1, 2, \ldots$$

Es sind die Reste, die bei der Division der natürlichen Zahlen durch 5 entstehen. Mit Hilfe dieser Reste kann man eine Einteilung der natürlichen Zahlen in fünf Klassen vornehmen, man spricht von den *„Restklassen modulo 5“*:

$$\overline{0} = \{ 5, 10, 15, 20, 25, \ldots \}$$
$$\overline{1} = \{ 1, \ 6, 11, 16, 21, \ldots \}$$
$$\overline{2} = \{ 2, \ 7, 12, 17, 22, \ldots \}$$
$$\overline{3} = \{ 3, \ 8, 13, 18, 23, \ldots \}$$
$$\overline{4} = \{ 4, \ 9, 14, 19, 24, \ldots \}$$

Für die Restklassen modulo 5 führt man eine „Addition“ ein, die durch die Additionstafel der Tabelle 6.9 gegeben ist.

Tabelle 6.9

+	$\overline{0}$	$\overline{1}$	$\overline{2}$	$\overline{3}$	$\overline{4}$	mod 5
$\overline{0}$	$\overline{0}$	$\overline{1}$	$\overline{2}$	$\overline{3}$	$\overline{4}$	
$\overline{1}$	$\overline{1}$	$\overline{2}$	$\overline{3}$	$\overline{4}$	$\overline{0}$	
$\overline{2}$	$\overline{2}$	$\overline{3}$	$\overline{4}$	$\overline{0}$	$\overline{1}$	
$\overline{3}$	$\overline{3}$	$\overline{4}$	$\overline{0}$	$\overline{1}$	$\overline{2}$	
$\overline{4}$	$\overline{4}$	$\overline{0}$	$\overline{1}$	$\overline{2}$	$\overline{3}$	

Die Menge dieser fünf Restklassen schreibt man als $\{\,\overline{0}, \overline{1}, \overline{2}, \overline{3}, \overline{4}\,\text{mod } 5\,\}$.
Betrachten Sie diese Menge und die zugehörige Additionstafel, so werden Sie feststellen:

(1) Die Summe von je zwei Elementen der Menge ist wieder ein Element derselben Menge.

(2) Für die Addition gilt das Assoziativgesetz.

(3) Es gibt genau ein neutrales Element in dieser Menge, denn es gilt:
$\overline{0} + \overline{1} = \overline{1} + \overline{0} = \overline{1}$; $\overline{0} + \overline{2} = \overline{2} + \overline{0} = \overline{2}$; usw.

(4) Zu jedem Element dieser Menge existiert genau ein Inverses, das ebenfalls zu der Menge gehört. Z.B.: Das Inverse zu $\overline{3}$ ist $\overline{2}$, denn $\overline{3} + \overline{2} = \overline{2} + \overline{3} = \overline{0}$ und es ist kein weiteres Element vorhanden, das zu $\overline{3}$ addiert $\overline{0}$ ergibt. Die Restklasse $\overline{0}$ hat natürlich $\overline{0}$ als Inverses.

Die Eigenschaften (1) bis (4) sind aber nun genau die Gruppenpostulate. Somit bilden die Restklassen modulo 5 eine additive Gruppe. Selbstverständlich bildet auch die Menge der ganzen Zahlen eine additive Gruppe, doch besteht diese aus unendlich vielen Elementen und man schreibt die Menge in der Form $\{\ldots -3, -2, -1, 0, 1, 2, 3, \ldots\}$
Die Additionstafel dieser *unendlichen Gruppe* kann man natürlich nicht aufschreiben, dennoch weiß man, daß die vier Gruppenpostulate erfüllt sind:

(1) Die Summe von je zwei ganzen Zahlen ist wieder eine ganze Zahl.

(2) Es gilt das Assoziativgesetz der Addition.

(3) Es gibt genau ein neutrales Element, nämlich 0.

(4) Jedes Element hat genau ein Inverses, denn zu a ist $(-a)$ invers, da $a + (-a) = 0$ gilt.

Wir wollen nun wieder zu den Restklassen modulo 5 zurückkehren. In dieser Menge können wir ebenfalls eine „Multiplikation" festlegen, die durch die Multiplikationstafel (Tabelle 6.10) bestimmt ist. Man kann leicht erkennen, wie diese Multiplikation der Restklassen modulo 5 mit der Multiplikation der natürlichen Zahlen zusammenhängt.

Tabelle 6.10

$\cdot$	$\overline{0}$	$\overline{1}$	$\overline{2}$	$\overline{3}$	$\overline{4}$	mod 5
$\overline{0}$	$\overline{0}$	$\overline{0}$	$\overline{0}$	$\overline{0}$	$\overline{0}$	
$\overline{1}$	$\overline{0}$	$\overline{1}$	$\overline{2}$	$\overline{3}$	$\overline{4}$	
$\overline{2}$	$\overline{0}$	$\overline{2}$	$\overline{4}$	$\overline{1}$	$\overline{3}$	
$\overline{3}$	$\overline{0}$	$\overline{3}$	$\overline{1}$	$\overline{4}$	$\overline{2}$	
$\overline{4}$	$\overline{0}$	$\overline{4}$	$\overline{3}$	$\overline{2}$	$\overline{1}$	

Man erkennt sofort, daß $\overline{1}$ das neutrale Element ist, da $\overline{1}$ als einzige Restklasse jedes Element bei der Multiplikation unverändert läßt. Nun zeigt ein Blick auf die Tabelle 6.10 auch, daß die Restklassen modulo 5 keine multiplikative Gruppe bilden, weil $\overline{0}$ kein inverses Element besitzt und somit das vierte Gruppenpostulat nicht erfüllt wird. Wenn man jedoch das Element $\overline{0}$ ausschließt, so erhält man die Menge $\{\,\overline{1}, \overline{2}, \overline{3}, \overline{4} \text{ mod } 5\,\}$, die bezüglich der Multiplikation eine Gruppe ist.

Übungen

Untersuchen Sie die folgenden Mengen und zeigen Sie, welche von ihnen bezüglich der Addition Gruppen sind.

1. Die Restklassen modulo 3.
2. Die Restklassen modulo 6.
3. Die Restklassen modulo 8.
4. Die positiven rationalen Zahlen (Brüche).
5. Die negativen ganzen Zahlen.
6. Die reellen Zahlen.
7. Bilden die Teilmengen einer gegebenen Grundmenge bezüglich der Vereinigung eine Gruppe?
8. Bilden die Teilmengen einer gegebenen Grundmenge bezüglich des Durchschnitts eine Gruppe?

Betrachten Sie die folgenden Mengen und stellen Sie fest, welche von ihnen bezüglich der Multiplikation Gruppen sind.

9. Die Restklassen modulo 3 ($\overline{0}$ ausgeschlossen).
10. Die Restklassen modulo 4 ($\overline{0}$ ausgeschlossen).
11. Die Restklassen modulo 6 ($\overline{0}$ ausgeschlossen)
12. Die Restklassen modulo 7 ($\overline{0}$ ausgeschlossen).
13. Die Restklassen modulo 8 ($\overline{0}$ ausgeschlossen).

(Können Sie aus den Antworten zu den Aufgaben 9 bis 13 eine Gesetzmäßigkeit ablesen, nach der zu entscheiden ist, welche Restklassenmengen Multiplikationsgruppen bilden?)

14. Die Potenzen von 2 mit ganzzahligen Exponenten: $\left\{ \ldots 2^3, 2^2, 2^1, 2^0, \dfrac{1}{2^1}, \dfrac{1}{2^2}, \dfrac{1}{2^3}, \ldots \right\}$
15. Die positiven rationalen Zahlen.
16. Die reellen Zahlen.
17. Die reellen Zahlen ohne die 0.

6.4. Gruppen in der Algebra

Gewisse Mengen von Funktionen bilden Gruppen, wenn man als Verknüpfung die Substitution der einen in die andere Funktion festlegt. Die meisten dieser Mengen würden den Rahmen dieses Buches überschreiten. Doch gibt es ein recht einfaches Beispiel, das in diesem Abschnitt behandelt werden soll.

Wir betrachten vier Funktionen mit der Menge der rationalen Zahlen ohne 0 als Definitionsbereich, die durch $f_1(x) = x$, $f_2(x) = -x$, $f_3(x) = \frac{1}{x}$ und $f_4(x) = -\frac{1}{x}$ gegeben sind.

Unter der Verknüpfung „$f_2 \circ f_3$" soll verstanden werden $x \to f_2\,[f_3(x)]$. Nun bedeutet f_3 die Abbildung $x \to \frac{1}{x}$, d.h. für einen speziellen Fall $2 \to \frac{1}{2}$.

Entsprechend gibt f_2 die Abbildung $x \to -x$ oder auch $\frac{1}{x} \to -\frac{1}{x}$.
Somit erhält man:

$$f_2\,[f_3(x)] = f_2\left(\frac{1}{x}\right) = -\frac{1}{x} = f_4(x),$$

das bedeutet

$$f_2 \circ f_3 = f_4.$$

Um $f_4 \circ f_2$ zu bestimmen, bilden wir:

$$f_4\,[f_2(x)] = f_4(-x) = -\frac{1}{-x} = \frac{1}{x} = f_3(x),$$

also

$$f_4 \circ f_2 = f_3.$$

Übungen

Drücken Sie jeder der folgenden Verknüpfungen durch eine einzige Funktion aus.

1. $f_2 \circ f_4$	2. $f_3 \circ f_2$	3. $f_3 \circ f_3$
4. $f_3 \circ f_4$	5. $f_4 \circ f_3$	6. $f_4 \circ f_4$
7. $f_1 \circ f_1$	8. $f_1 \circ f_2$	9. $f_1 \circ f_3$
10. $f_1 \circ f_4$	11. $f_4 \circ f_1$	12. $f_2 \circ f_2$

Vervollständigen Sie nun die Verknüpfungstafel (Tabelle 6.11) und zeigen Sie, daß die Menge $\{f_1, f_2, f_3, f_4\}$, deren Elemente Funktionen sind, eine kommutative Gruppe bildet. Wie heißt das neutrale Element?

Tabelle 6.11

$\circ$	f_1	f_2	f_3	f_4
f_1	$\cdot$	$\cdot$	$\cdot$	$\cdot$
f_2	$\cdot$	$\cdot$	$\cdot$	$\cdot$
f_3	$\cdot$	$\cdot$	$\cdot$	$\cdot$
f_4	$\cdot$	$\cdot$	$\cdot$	$\cdot$

6.5. Untergruppen

Wir haben gesehen, daß Mengen, die mindestens ein Element besitzen, nichtleere Teilmengen enthalten, und ferner, daß jede Gruppe eine nichtleere Menge ist. Kann man dann sagen, daß jede nichtleere Teilmenge einer Gruppe ebenfalls eine Gruppe ist? Mit anderen Worten, ist jede Teilmenge einer Gruppe eine *„Untergruppe"*? Es ist nicht schwer zu erkennen, daß diese Frage mit nein beantwortet werden muß. Betrachten Sie dazu nochmals die Mengen $\{\overline{0}, \overline{1}, \overline{2}, \overline{3}, \overline{4} \bmod 5\}$ bezüglich der Addition und $\{\overline{1}, \overline{2}, \overline{3}, \overline{4} \bmod 5\}$ bezüglich der Multiplikation. $\{\overline{1}, \overline{2}, \overline{3} \bmod 5\}$ ist in beiden als Teilmenge enthalten. Bei Verknüpfungen finden wir $\overline{2} + \overline{3} = \overline{0}$ und $\overline{2} \cdot \overline{2} = \overline{4}$, doch weder $\overline{0}$ noch $\overline{4}$ sind Elemente der genannten Teilmenge. Somit bildet $\{\overline{1}, \overline{2}, \overline{3} \bmod 5\}$ weder eine additive noch eine multiplikative Gruppe. In der Tat besitzen die beiden Restklassengruppen modulo 5 keine echten Untergruppen, außer $\{\overline{0} \bmod 5\}$ bzw. $\{\overline{1} \bmod 5\}$, wie man zeigen kann.

Betrachten wir nun die Bewegungsgruppe des Rechtecks (Tabelle 6.12). Aus dieser Tabelle 6.12 kann man die Verknüpfungstafel der Tabelle 6.13a herausziehen.

Tabelle 6.12

$\circ$	I	p	q	r
I	I	p	q	r
p	p	I	r	q
q	q	r	I	p
r	r	q	p	I

Tabelle 6.13a

$\circ$	I
I	I

Die Tafel der Tabelle 6.13a gehört zu der trivialen Bewegungsgruppe $\{J\}$, sie ist die Bewegungsgruppe jeder Figur, die unsymmetrisch ist, z. B. der Buchstabe J.

Tabelle 6.13b

$\circ$	I	p
I	I	p
p	p	I

Die zu Tabelle 6.13b gehörige Gruppe $\{I, p\}$ ist z. B. die Bewegungsgruppe des Buchstaben B, der genau eine Symmetrie aufweist, nämlich die zu einer horizontalen Achse.

Tabelle 6.13c

$\circ$	I	q
I	I	q
q	q	I

Zu Tabelle 6.13c gehört die Gruppe $\{I, q\}$, die z.B. Bewegungsgruppe des Buchstaben A ist, der ja genau zu einer vertikalen Achse symmetrisch ist.

Tabelle 6.13d

$\circ$	I	r
I	I	r
r	r	I

Zu Tabelle 6.13d gehört die Gruppe $\{I, r\}$, sie ist unter anderem die Bewegungsgruppe der Buchstaben N und S, die beide nur bei einer Halbdrehung invariant sind.

Das Rechteck besitzt alle Symmetrien, die durch die genannten Verknüpfungstafeln ausgedrückt werden und somit erscheinen die den einzelnen Symmetrien zugeordneten Gruppen als Untergruppen in der Bewegungsgruppe des Rechtecks.

Übungen

1. Betrachten Sie die Verknüpfungstafel der Gruppe $\{f_1, f_2, f_3, f_4\}$, die in den Übungen zu 6.4 aufgestellt werden sollte, und geben Sie alle Untergruppen an.

2. Zeigen Sie, daß die Bewegungsgruppe des Quadrates $\{I, \omega, \omega^2, \omega^3, p, q, r, s\}$, welche aus der Aufgabe 3 von 6.2 bekannt ist, die Bewegungsgruppe des Rechtecks als Untergruppe enthält. Geben Sie alle weiteren Untergruppen an.

3. Zeigen Sie, daß die Gruppe der Bewegungen des gleichseitigen Dreiecks $\{I, \omega, \omega^2, p, q, r\}$ (6.2 Aufgabe 2) die Drehgruppe $\{I, \omega, \omega^2\}$ (6.2 Aufgabe 1) als Untergruppe enthält. Hat die Bewegungsgruppe des gleichseitigen Dreiecks noch andere nichttriviale Untergruppen?

4. Bestimmen Sie zwei Untergruppen der Additionsgruppe der reellen Zahlen.

5. Bestimmen Sie zwei Untergruppen der Multiplikationsgruppe der reellen Zahlen. (Die 0 ist hier natürlich ausgeschlossen.)

6. Die Menge der ganzen Zahlen (0 ausgeschlossen) bildet keine Multiplikationsgruppe. Geben Sie eine Teilmenge an, die eine multiplikative Gruppe ist.

7. Bilden Sie die Additionstafel der Restklassengruppe $\{\overline{0}, \overline{1}, \overline{2}, \overline{3}, \overline{4}, \overline{5} \bmod 6\}$ und zeigen Sie, daß die Gruppe Untergruppen von zwei und drei Elementen enthält. Geben Sie diese an. (Beachten Sie, daß 2 und 3 Teiler von 6 sind.) Die Anzahl der Elemente einer Gruppe nennt man auch ihre Ordnung, somit sollen also Untergruppen der Ordnung 2 und der Ordnung 3 bestimmt werden.

8. Zeigen Sie, daß die Restklassenmenge $\{\overline{1}, \overline{3}, \overline{5}, \overline{7} \bmod 8\}$ eine multiplikative Gruppe ist. Geben Sie ferner ihre drei Untergruppen der Ordnung 2 an.

6.6. Isomorphe Gruppen

Wenn man verschiedene Gruppen gleicher Ordnung betrachtet und von der Eigenart ihrer Elemente absieht, so stellt man häufig fest, daß ihre Verknüpfungstafeln eine bemerkenswerte Verwandschaft erkennen lassen. Die Entdeckung von Bindegliedern zwischen verschiedenen Gebieten der Mathematik, kann den Weg zu weiteren Fortschritten weisen, und gerade hier liegt ein wertvoller Aspekt der Gruppentheorie.

Als ein Beispiel betrachten wir die Gruppe der Drehungen des gleichseitigen Dreiecks $\{I, \omega, \omega^2\}$ und die additive Restklassengruppe $\{\bar{0}, \bar{1}, \bar{2} \bmod 3\}$. Ihre Verknüpfungstafeln kennen wir, sie sind in Tabelle 6.14 wiedergegeben.

Tabelle 6.14

$\circ$	I	ω	ω^2
I	I	ω	ω^2
ω	ω	ω^2	I
ω^2	ω^2	I	ω

(a)

$+$	$\bar{0}$	$\bar{1}$	$\bar{2}$
$\bar{0}$	$\bar{0}$	$\bar{1}$	$\bar{2}$
$\bar{1}$	$\bar{1}$	$\bar{2}$	$\bar{0}$
$\bar{2}$	$\bar{2}$	$\bar{0}$	$\bar{1}$

mod 3

(b)

Wenn wir in der Tafel (a) I durch $\bar{0}$, ω durch $\bar{1}$ und ω^2 durch $\bar{2}$ ersetzen, so erhalten wir die Tafel (b). Führen wir die umgekehrte Zuordnung in der Verknüpfungstafel (b) durch, so entsteht (a). Man kann also sagen, die beiden Verknüpfungstafeln (die Gruppen) haben dieselbe Struktur. Um diesen Zusammenhang auszudrücken, verwendet man ein griechisches Wort, das gleichförmig bedeutet. Die beiden Gruppen sind bezüglich der eineindeutigen Abbildung $I \leftrightarrow \bar{0}$, $\omega \leftrightarrow \bar{1}$, $\omega^2 \leftrightarrow \bar{2}$ *„isomorph"*.

Übungen

1. Zeigen Sie, daß die Bewegungsgruppe $\{I, \omega, \omega^2, \omega^3\}$ aus Aufgabe 3 a), Abschnitt 6.2 und die multiplikative Restklassengruppe $\{\bar{1}, \bar{2}, \bar{3}, \bar{4} \bmod 5\}$ zueinander isomorph sind.

2. Beweisen Sie, daß die in Abschnitt 6.4 betrachtete Gruppe $\{f_1, f_2, f_3, f_4\}$, deren Elemente spezielle Funktionen sind, zu der multiplikativen primen Restklassengruppe $\{\bar{1}, \bar{3}, \bar{5}, \bar{7} \bmod 8\}$ isomorph ist.

3. $\{I, \omega, \omega^2, \omega^3, \omega^4, \omega^5\}$ ist eine Drehgruppe, wenn man unter ω eine Drehung von $60°$ im Gegenuhrzeigersinn um einen festen Punkt in einer Ebene versteht. Zeigen Sie, daß diese Gruppe isomorph ist zu der additiven Restklassengruppe $\{\bar{0}, \bar{1}, \bar{2}, \bar{3}, \bar{4}, \bar{5} \bmod 6\}$.

4. Können Sie das Ergebnis der Aufgabe 3 verallgemeinern?

5. Zeigen Sie, daß die additive Restklassengruppe modulo 8 eine Untergruppe der Ordnung 4 besitzt und diese wiederum eine Untergruppe der Ordnung 2.

6. Bestimmen Sie von den beiden in Aufgabe 2 genannten Gruppen die Untergruppen und geben Sie an, welche dieser gefundenen Untergruppen zueinander isomorph sind.

7. Das Bild 6.6 gibt den Teil eines Kleinkinderspielzeuges wieder, in dessen Öffnun-
    gen Bausteine derselben Gestalt eingesetzt werden sollen. Wie viele Möglichkeiten
    gibt es jeweils, um die passenden Steine in die mit A, B, C, D, E und F be-
    zeichneten Rahmen einzufügen? Formulieren Sie Ihre Antwort mit Mitteln der
    Gruppentheorie. Sind Gruppen, die durch die Symmetrien der einzelnen Figuren
    bestimmt werden, zueinander isomorph? Ist irgendeine dieser Gruppen Unter-
    gruppe einer anderen?

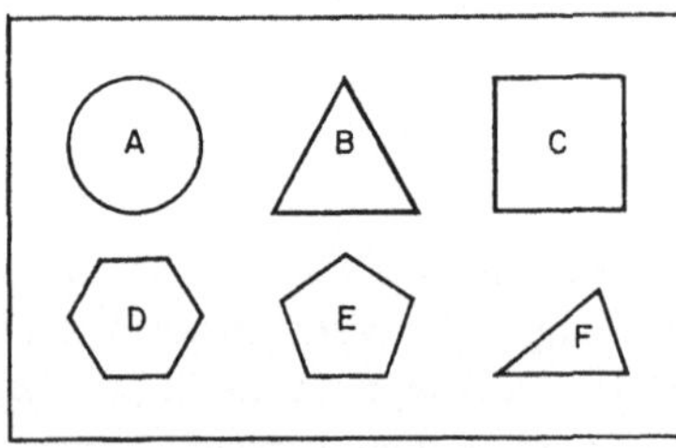

Bild 6.6

7. Matrizen

7.1. Matrizen und Bewegungen

Wir wollen uns nochmals mit einem Problem befassen, das uns aus Kapitel 6 vertraut ist, doch nun von einem anderen Standpunkt aus. Wie wir dort gesehen haben, kann man eine rechteckige Glasscheibe in einen Rahmen derselben Form auf genau vier verschiedene Arten einsetzen. Wir können die Stellung wählen, die in Bild 7.1(a) gezeigt wird; dreht man das Rechteck aus dieser Lage um einen Winkel von 180° um seine horizontale Symmetrieachse (Bewegung p), so erhält man die Stellung (b); die Bewegung q, eine Drehung um 180° um die vertikale Symmetrieachse, führt das Rechteck aus der Lage (a) in die Lage (c); schließlich kann man das Rechteck aus der Stellung (a) in die Stellung (d) bringen, wenn man es um eine zur Zeichenebene senkrechte Achse durch den Punkt 0 um 180° dreht (Bewegung r).

Der Punkt A_0, in Koordinatenschreibweise (x_0, y_0), geht bei der Bewegung p in den Punkt $A_1 (x_1, y_1)$ über, mit

$$x_1 = x_0$$
$$y_1 = - y_0 \tag{1}$$

oder auch

$$x_1 = 1\, x_0 + 0\, y_0$$
$$y_1 = 0\, x_0 - 1\, y_0$$

Das System der beiden letzten Gleichungen ist etwas kompakter zu schreiben als

$$\begin{pmatrix} x_1 \\ y_1 \end{pmatrix} = \begin{pmatrix} 1 & 0 \\ 0 & -1 \end{pmatrix} \begin{pmatrix} x_0 \\ y_0 \end{pmatrix} \tag{2}$$

Nach der Schreibweise kann man denken, $\begin{pmatrix} 1 & 0 \\ 0 & -1 \end{pmatrix}$ multipliziert mit $\begin{pmatrix} x_0 \\ y_0 \end{pmatrix}$ ergibt $\begin{pmatrix} x_1 \\ y_1 \end{pmatrix}$, und in der Tat werden wir im Abschnitt 7.2 eine solche Multiplikation einführen. Die Darstellung (2) wollen wir aber lesen als:

$$\begin{pmatrix} 1 & 0 \\ 0 & -1 \end{pmatrix} \textit{transformiert} \begin{pmatrix} x_0 \\ y_0 \end{pmatrix} \text{ in } \begin{pmatrix} x_1 \\ y_1 \end{pmatrix}$$

oder Punkt A_0 in Punkt A_1.

Die Bewegung (Abbildung) p des letzten Kapitels wird durch $\begin{pmatrix} 1 & 0 \\ 0 & -1 \end{pmatrix}$ ausgedrückt, wenn wir das Rechteck in ein kartesisches Koordinatensystem legen, wie es das Bild 7.1 zeigt.

Den Ausdruck $\begin{pmatrix} 1 & 0 \\ 0 & -1 \end{pmatrix}$ nennt man eine *Matrix*. Einfach gesprochen, ist eine Matrix ein rechteckiges Schema von Zahlen oder Elementen. Beispiele für Matrizen sind:

$$\begin{pmatrix} a & b \\ c & d \\ e & f \end{pmatrix}, \begin{pmatrix} 1 & 2 & 3 \\ 4 & 0 & -2 \end{pmatrix}, \begin{pmatrix} x_0 \\ y_0 \end{pmatrix}, (p \quad q \quad r), \begin{pmatrix} 1 & 2 \\ 3 & 4 \end{pmatrix}.$$

Die vertikalen Reihen einer Matrix nennt man *Spalten*, die horizontalen *Zeilen. Hat eine Matrix l Zeilen und m Spalten, so spricht man von einer (l, m)-Matrix.* Unsere Beispiele stellen somit dar: (3,2)-, (2,3)-, (2,1)-, (1,3)- und (2,2)-Matrizen. Man nennt eine Matrix quadratisch, wenn die Anzahl der Spalten und die Anzahl der Reihen übereinstimmen.

Eine Matrix ist keine Zahl, doch kann sie verwendet werden wie eine spezielle Abbildung. Daher wollen wir vorläufig die Matrix

$$\begin{pmatrix} 1 & 0 \\ 0 & -1 \end{pmatrix} \text{ mit p bezeichnen.}$$

In diesem Kapitel werden wir uns hauptsächlich mit (2,2)-Matrizen befassen und solchen, die nur aus einer Zeile oder einer Spalte von jeweils zwei Elementen bestehen.

Übungen

Versuchen Sie die folgenden Aufgaben zu lösen, bevor Sie den Rest des Abschnittes 7.1 lesen. Die Fragen beziehen sich stets auf das Bild 7.1. Gehen Sie bei Ihrer Beantwortung jeweils in drei Schritten vor:

Schreiben Sie zuerst die geforderten Gleichungen in der Form (1) von Seite 95 nieder.

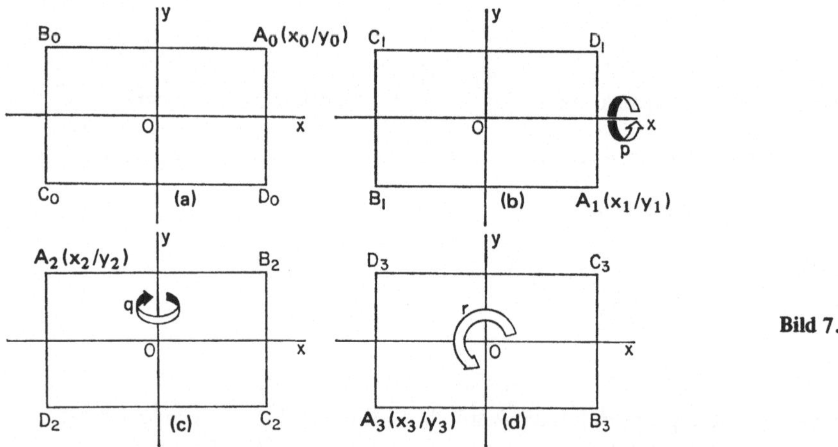

Bild 7.1

Geben Sie diese dann mit Hilfe der Matrizenschreibweise (2) wieder und schreiben Sie schließlich nur die Matrix auf, die der geforderten Transformation entspricht.

1. Gesucht ist die Matrix, die den Punkt A_0 in den Punkt A_2 transformiert.

2. Welche Matrix transformiert den Punkt A_0 in den Punkt A_3?

3. Durch welche Matrix wird die Transformation des Punktes A_2 in den Punkt A_3 beschrieben?

4. Bestimmen Sie die Matrix, die den Punkt A_1 in den Punkt A_3 transformiert.

5. Welche Matrix beschreibt die Abbildung von A_0 auf sich?

Lassen Sie uns nun sehen, ob Sie die Aufgaben richtig gelöst haben.

Die folgenden Gleichungen bestimmen die Transformation des Punktes A_0 in den Punkt A_2:

$$x_2 =, - x_0$$
$$y_2 = y_0$$

oder

$$x_2 = - x_0 + 0\, y_0$$
$$y_2 = 0\, x_0 + y_0$$

oder auch

$$\begin{pmatrix} x_2 \\ y_2 \end{pmatrix} = \begin{pmatrix} -1 & 0 \\ 0 & 1 \end{pmatrix} \begin{pmatrix} x_0 \\ y_0 \end{pmatrix} .$$

Somit transformiert die Matrix $\begin{pmatrix} -1 & 0 \\ 0 & 1 \end{pmatrix}$ den Punkt $\begin{pmatrix} x_0 \\ y_0 \end{pmatrix}$ in den Punkt $\begin{pmatrix} x_2 \\ y_2 \end{pmatrix}$ oder A_0 in A_2.

Dies entspricht aber genau der Bewegung q und daher wollen wir $\begin{pmatrix} -1 & 0 \\ 0 & 1 \end{pmatrix}$ mit q bezeichnen.

Zu der Transformation von A_0 in A_3 gehören:

$$x_3 = -x_0$$
$$y_3 = -y_0$$

oder

$$\begin{pmatrix} x_3 \\ y_3 \end{pmatrix} = \begin{pmatrix} -1 & 0 \\ 0 & -1 \end{pmatrix} \begin{pmatrix} x_0 \\ y_0 \end{pmatrix} .$$

Die Bewegung r entspricht dieser Transformation, und wir bezeichnen $\begin{pmatrix} -1 & 0 \\ 0 & -1 \end{pmatrix}$ mit r.

Die Matrix, welche A_2 in A_3 transformiert, ist dieselbe, die A_0 in A_1 transformiert.

Also lautet die Antwort der Aufgabe 3 $\begin{pmatrix} 1 & 0 \\ 0 & -1 \end{pmatrix}$ oder p. Die Lösung der Aufgabe 4 ist die Matrix $\begin{pmatrix} -1 & 0 \\ 0 & 1 \end{pmatrix}$ oder q, da q A_1 auf A_3 und A_0 auf A_2 abbildet.

Wenn man A_0 in sich selbst transformiert, hat man die Gleichungen:

$$x_0 = x_0$$

$$y_0 = y_0$$

oder

$$\begin{pmatrix} x_0 \\ y_0 \end{pmatrix} = \begin{pmatrix} 1 & 0 \\ 0 & 1 \end{pmatrix} \begin{pmatrix} x_0 \\ y_0 \end{pmatrix}.$$

Diese Matrix, die zu der identischen Abbildung gehört und somit jeden Punkt unverändert läßt, bezeichnen wir mit E.

Wir nennen die Matrix $\begin{pmatrix} 1 & 0 \\ 0 & 1 \end{pmatrix}$ *Einheitsmatrix,* da sie bei der Transformation jeden

Punkt der Ebene unverändert läßt, und eine entsprechende Wirkung hat, wie die Zahl 1 bei der Multiplikation von Zahlen.

Neben der Einheitsmatrix erhält noch die Matrix $\begin{pmatrix} 0 & 0 \\ 0 & 0 \end{pmatrix}$ einen besonderen Namen. Diese

Matrix transformiert jeden Punkt der Ebene, wobei A_0, A_1, A_2 und A_3 natürlich eingeschlossen sind, in den Ursprung des Koordinatensystems, also in den Punkt (0/0). Da die Zahl Null bei der Multiplikation eine entsprechende Eigenschaft hat, spricht man von der *Nullmatrix.*

Im folgenden Kapitel werden wir sehen, daß man Matrizen „multiplizieren" kann.

7.2. Matrizenmultiplikation

Im Kapitel 6 haben wir gefunden, daß die Bewegung p gefolgt von der Bewegung q die Bewegung r ergab, wir schrieben daher $q \circ p = r$. Man sollte nun erwarten, daß man die Transformation durch die Matrix r erhält, wenn man zuerst die Transformation durch die Matrix p ausführt und dann die Transformation durch die Matrix q folgen läßt. Mit anderen Worten müßte man in der Lage sein, folgende Gleichung aufzustellen:

$$\begin{pmatrix} -1 & 0 \\ 0 & 1 \end{pmatrix} \begin{pmatrix} 1 & 0 \\ 0 & -1 \end{pmatrix} = \begin{pmatrix} -1 & 0 \\ 0 & -1 \end{pmatrix}.$$

Man kann den Tatbestand auch so formulieren: Der Punkt A_0 wird auf den Punkt A_3 abgebildet, einmal über A_1 und einmal direkt. Schreibt man den ersten Weg in der Form (2) von Seite 115, so ergibt sich:

$$\begin{pmatrix} x_1 \\ y_1 \end{pmatrix} = \begin{pmatrix} 1 & 0 \\ 0 & -1 \end{pmatrix} \begin{pmatrix} x_0 \\ y_0 \end{pmatrix}$$

und

$$\begin{pmatrix} x_3 \\ y_3 \end{pmatrix} = \begin{pmatrix} -1 & 0 \\ 0 & 1 \end{pmatrix} \begin{pmatrix} x_1 \\ y_1 \end{pmatrix}$$

zusammengefaßt:

$$\begin{pmatrix} x_3 \\ y_3 \end{pmatrix} = \begin{pmatrix} -1 & 0 \\ 0 & 1 \end{pmatrix}\begin{pmatrix} 1 & 0 \\ 0 & -1 \end{pmatrix}\begin{pmatrix} x_0 \\ y_0 \end{pmatrix}$$

Die direkte Transformation von A_0 in A_3 wird dagegen beschrieben durch:

$$\begin{pmatrix} x_3 \\ y_3 \end{pmatrix} = \begin{pmatrix} -1 & 0 \\ 0 & -1 \end{pmatrix}\begin{pmatrix} x_0 \\ y_0 \end{pmatrix}$$

Somit ergibt sich wie oben erwartet

$$\begin{pmatrix} -1 & 0 \\ 0 & 1 \end{pmatrix}\begin{pmatrix} 1 & 0 \\ 0 & -1 \end{pmatrix} = \begin{pmatrix} -1 & 0 \\ 0 & -1 \end{pmatrix},$$

nur stellt sich die Frage, wie ist eine Multiplikation der Matrizen zu definieren, so daß die obige Gleichung stimmt.

Wir wollen die bisher betrachteten Transformationen verallgemeinern, da wir dann leichter erkennen können, wie die Multiplikation zu definieren ist.
Es sei:

$$x_2 = Ax_1 + By_1 \quad \text{und} \quad x_1 = ax_0 + by_0$$
$$y_2 = Cx_1 + Dy_1 \qquad y_1 = cx_0 + dy_0$$

wobei A, B, C, D, a, b, c und d aus der Menge der rationalen Zahlen sind. Setzt man die beiden Transformationen zusammen, so erhält man:

$$x_2 = A\,(ax_0 + by_0) + B\,(cx_0 + dy_0)$$
$$y_2 = C\,(ax_0 + by_0) + D\,(cx_0 + dy_0)$$

und nach Umformung:

$$x_2 = (Aa + Bc)\,x_0 + (Ab + Bd)\,y_0$$
$$y_2 = (Ca + Dc)\,x_0 + (Cb + Dd)\,y_0$$

Für die zugehörigen Matrizen muß dann gelten:

$$\begin{pmatrix} A & B \\ C & D \end{pmatrix}\begin{pmatrix} a & b \\ c & d \end{pmatrix} = \begin{pmatrix} Aa + Bc & Ab + Bd \\ Ca + Dc & Cb + Dd \end{pmatrix}$$

oder

$$K\,L = M,$$

wenn die Matrizen entsprechend bezeichnet werden.

Hiermit wollen wir das Produkt zweier Matrizen definieren und müssen uns daher das Bildungsgesetz ganz genau ansehen.

Das Element, das in der ersten Zeile und in der ersten Spalte von M steht, ist die Summe der Produkte der zugehörigen Elemente der ersten Zeile von K und der ersten Spalte von L.

$$\left.\begin{array}{ccc} A & B & a \\ \text{1. Zeile} & & c \end{array}\right\} \text{1. Spalte} \quad \rightarrow \quad \begin{pmatrix} Aa + Bc & \ldots \\ \ldots & \ldots \end{pmatrix}.$$

In der Tat ist jedes Element in dem „Produkt" M auf eine entsprechende Art gebildet.

$$\left.\begin{array}{ccc} & & a \\ C & D & c \\ \text{2. Zeile} & & \end{array}\right\} \text{1. Spalte} \quad \rightarrow \quad \begin{pmatrix} \ldots & \ldots \\ Ca + Dc & \ldots \end{pmatrix}.$$

Kontrollieren Sie selbst die Bildung der beiden anderen Elemente von M !

Wenden wir diese Multiplikationsvorschrift auf die beiden speziellen Matrizen q und p an, so erhalten wir:

$$\begin{pmatrix} -1 & 0 \\ 0 & 1 \end{pmatrix}\begin{pmatrix} 1 & 0 \\ 0 & -1 \end{pmatrix} = \begin{pmatrix} -1 \cdot 1 + 0 \cdot 0 & -1 \cdot 0 + 0 \cdot (-1) \\ 0 \cdot 1 + 1 \cdot 0 & 0 \cdot 0 + 1 \cdot (-1) \end{pmatrix} = \begin{pmatrix} -1 & 0 \\ 0 & -1 \end{pmatrix},$$

wie verlangt war.

Wenn Sie sich noch einmal die Verknüpfungstafel der Bewegungsgruppe $\{I, p, q, r\}$ aus Kapitel 6 (Tabelle 6.2) ansehen, so finden Sie, daß diese Gruppe kommutativ ist und also gilt $q \circ p = p \circ q = r$.

Ziehen wir zum Vergleich die zugehörigen Matrizen heran, so finden wir in Übereinstimmung mit der Verknüpfung der Bewegungen:

$$\begin{pmatrix} -1 & 0 \\ 0 & 1 \end{pmatrix}\begin{pmatrix} 1 & 0 \\ 0 & -1 \end{pmatrix} = \begin{pmatrix} 1 & 0 \\ 0 & -1 \end{pmatrix}\begin{pmatrix} -1 & 0 \\ 0 & 1 \end{pmatrix} = \begin{pmatrix} -1 & 0 \\ 0 & -1 \end{pmatrix}$$

Daraus darf man aber keinesfalls schließen, daß die Matrizenmultiplikation stets kommutativ ist. Betrachten wir die beiden Matrizen K und L und bilden K L und auch L K, so erhalten wir:

$$\begin{pmatrix} A & B \\ C & D \end{pmatrix}\begin{pmatrix} a & b \\ c & d \end{pmatrix} = \begin{pmatrix} Aa + Bc & Ab + Bd \\ Ca + Dc & Cb + Dd \end{pmatrix}$$

aber

$$\begin{pmatrix} a & b \\ c & d \end{pmatrix}\begin{pmatrix} A & B \\ C & D \end{pmatrix} = \begin{pmatrix} Aa + Cb & Ba + Db \\ Ac + Cd & Bc + Dd \end{pmatrix}$$

Diese beiden Produkte stimmen nicht überein. Ein weiteres Beispiel erhält man, wenn man die beiden Matrizen $\begin{pmatrix} 1 & 0 \\ 1 & 1 \end{pmatrix}$ und $\begin{pmatrix} 1 & 1 \\ 0 & 1 \end{pmatrix}$ multipliziert.

Anmerkung: Die hier eingeführte Multiplikationsvorschrift kann man auf beliebige Matrizen verallgemeinern. Sind A und B Matrizen, so ist das Element in der r-ten Zeile und der s-ten Spalte von AB die Summe der Produkte der zugehörigen Elemente der r-ten Zeile von A und der s-ten Spalte von B. Ist A eine (l, m)-Matrix und B eine (m, n)-Matrix, so erhält man AB als (l, n)-Matrix. Man sieht leicht, daß das Produkt BA nur dann gebildet werden kann, wenn l = n ist. In diesem Falle ist BA eine [(m, m)-reihige] quadratische Matrix und AB ist eine [(l, l)-reihige] quadratische Matrix. Somit können AB und BA nicht nur aus verschiedenen Elementen bestehen, sondern sie haben auch noch verschieden Reihenanzahlen, wenn A und B nicht quadratisch sind.

Übungen

1. Bilden Sie die Produkte AB und BA für $A = \begin{pmatrix} 1 & 2 \\ 0 & 3 \end{pmatrix}$ und $B = \begin{pmatrix} 2 & 1 \\ 4 & 3 \end{pmatrix}$.

2. Wie heißen die Matrizen CD und DC, wenn $C = \begin{pmatrix} 2 & -1 \\ 1 & 2 \end{pmatrix}$ und $D = \begin{pmatrix} 3 & 2 \\ 2 & 1 \end{pmatrix}$.

3. Es seien $L = \begin{pmatrix} 1 & -2 \\ -3 & 4 \end{pmatrix}$ und $M = \begin{pmatrix} 5 & 0 \\ -1 & 3 \end{pmatrix}$, bilden Sie LM und ML.

4. Bilden Sie für $P = \begin{pmatrix} 1 & 0 \\ 0 & -1 \end{pmatrix}$ die Matrix PP (oder P^2 geschrieben). Was bedeutet die zu P gehörige Transformation geometrisch? Können Sie ohne weitere Rechnung die Matrizen P^{10} und P^{11} angeben?

5. Geben Sie die durch die folgenden Produkte bestimmten Matrizen an. Bemühen Sie sich, die Matrizen nach Möglichkeit ohne langwierige Rechnung zu finden.

a) $\begin{pmatrix} -1 & 0 \\ 0 & 1 \end{pmatrix}^2$

b) $\begin{pmatrix} -1 & 0 \\ 0 & 1 \end{pmatrix}\begin{pmatrix} -1 & 0 \\ 0 & -1 \end{pmatrix}$

c) $\begin{pmatrix} 1 & 0 \\ 0 & -1 \end{pmatrix}\begin{pmatrix} -1 & 0 \\ 0 & -1 \end{pmatrix}$

d) $\begin{pmatrix} -1 & 0 \\ 0 & -1 \end{pmatrix}^3$

e) $\begin{pmatrix} a & b \\ c & d \end{pmatrix}\begin{pmatrix} 1 & 0 \\ 0 & 1 \end{pmatrix}$

f) $\begin{pmatrix} a & b \\ c & d \end{pmatrix}\begin{pmatrix} 0 & 0 \\ 0 & 0 \end{pmatrix}$

6. Es seien $A = \begin{pmatrix} 1 & 1 \\ 2 & 2 \end{pmatrix}$ und $B = \begin{pmatrix} 1 & -1 \\ -1 & 1 \end{pmatrix}$ gegeben. Was fällt Ihnen bei den beiden Matrizen AB und BA auf?

7. Das Bild 7.2 zeigt einen Strahl von O durch P_0 und seine Lagen, wenn man ihn im Gegenuhrzeigersinn um einen, zwei und drei rechte Winkel gedreht hat.

Beweisen Sie, daß $\begin{aligned} x_1 &= -y_0 \\ y_1 &= x_0 \end{aligned}$ und dadurch P_0 auf P_1 abgebildet oder in P_1 transformiert wird, wenn man die Matrix $A = \begin{pmatrix} 0 & -1 \\ 1 & 0 \end{pmatrix}$ anwendet.

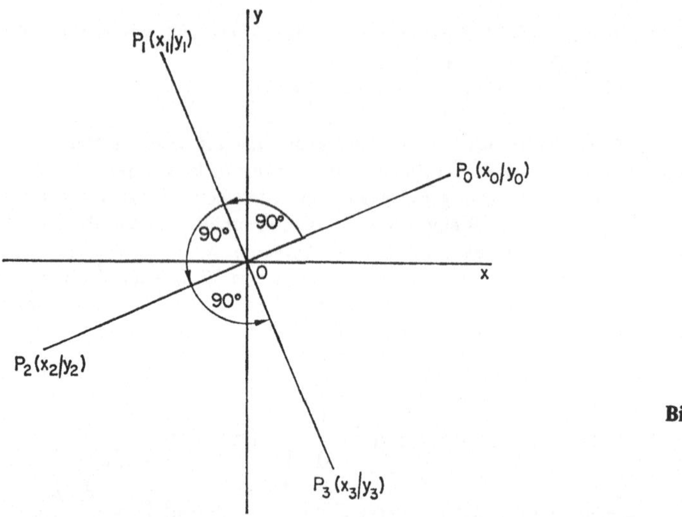

Bild 7.2

Bestimmen Sie nun:

a) die Matrix B, die P_0 in P_2 transformiert,

b) die Matrix C, die P_0 in P_3 transformiert,

c) die Matrix E, die P_0 in sich selbst transformiert.

Beweisen Sie, daß die Menge $\{E, A, B, C\}$, die aus diesen vier Matrizen besteht. bezüglich der Matrizenmultiplikation eine Gruppe bildet. Zeigen Sie ferner, daß diese Gruppe zu der Gruppe der Drehungen des Quadrates $\{I, \omega, \omega^2, \omega^3\}$ isomorph ist. ω bedeutet eine Drehung von $90°$ im Gegenuhrzeigersinn um eine Achse, die senkrecht zur Quadratebene durch den Schnittpunkt der Diagonalen des Quadrates geht ($\omega^4 = 1$).

8. Gegeben seien die Punkte $P(1/1)$ und $Q(2/2)$. Transformieren Sie diese beiden Punkte mit Hilfe der folgenden Matrizen:

a) $\begin{pmatrix} 1 & 0 \\ 0 & 1 \end{pmatrix}$ b) $\begin{pmatrix} 1 & 0 \\ 0 & -1 \end{pmatrix}$ c) $\begin{pmatrix} -1 & 0 \\ 0 & 1 \end{pmatrix}$

d) $\begin{pmatrix} \dfrac{1}{\sqrt{2}} & \dfrac{-1}{\sqrt{2}} \\ \dfrac{1}{\sqrt{2}} & \dfrac{1}{\sqrt{2}} \end{pmatrix}$ e) $\begin{pmatrix} 1 & -1 \\ 1 & 1 \end{pmatrix}$ f) $\begin{pmatrix} 2 & 0 \\ 0 & 2 \end{pmatrix}$

g) $\begin{pmatrix} 2 & 1 \\ 1 & 2 \end{pmatrix}$.

Beschreiben Sie für jeden Fall die Veränderung der Strecke PQ. Verwenden Sie dazu die Begriffe Verschiebung, Spiegelung, Drehung und Längenänderung.

9. Es sei $x_3 = x_2 + y_2$; $x_2 = x_1 + 2y_1$; $x_1 = 2x_0 - y_0$;

$y_3 = x_2 - y_2$; $y_2 = 2x_1 - y_1$; $y_1 = x_0 + 2y_0$.

Drücken Sie x_3 und y_3 mit Hilfe von x_0 und y_0 aus. Welche Matrix transformiert

$$\begin{pmatrix} x_0 \\ y_0 \end{pmatrix} \text{ in } \begin{pmatrix} x_3 \\ y_3 \end{pmatrix} ?$$

10. Bilden Sie die Matrix, welche die Strecke OP so transformiert, daß jeweils genau die folgenden Veränderungen auftreten [0(0/0), P(1/1)]:

a) Verdoppelung der Länge,
b) Verdreifachung der Länge,
c) Spiegelung der Strecke an der x-Achse,
d) Spiegelung der Strecke an der y-Achse,
e) Drehung um den Punkt O im Gegenuhrzeigersinn um $180°$ in der Papierebene,
f) Drehung um den Punkt O im Gegenuhrzeigersinn um $90°$ in der Papierebene,
g) Drehung um den Punkt O im Gegenuhrzeigersinn um $45°$ in der Papierebene,
h) Drehung um den Punkt O im Gegenuhrzeigersinn um $90°$ in der Papierebene und Verdoppelung der Länge.

11. In welche Figur transformiert die Matrix $\begin{pmatrix} 1 & \frac{1}{2} \\ \frac{1}{2} & 1 \end{pmatrix}$, das durch die Punkte (0/0)·

(1/0); (1/1); (0/1) bestimmte Quadrat?

12. Welche Wirkung hat die Transformation mit der Matrix $\begin{pmatrix} 1 & 1 \\ 1 & 1 \end{pmatrix}$ auf das Quadrat aus Aufgabe 11?

7.3. Matrizenmultiplikation in der Arithmetik

Bestimmte Probleme der Arithmetik führen zu Rechnungen, die mit Hilfe der Multiplikation von Matrizen übersichtlich dargestellt werden können. Als Beispiel wollen wir die folgende Aufgabe betrachten.

In einer gewissen Kohlenzeche werden aus zwei Flözen A und B die Qualitäten 1 und 2 gefördert. Die einzelnen Förderleistungen pro Arbeitsschicht gibt die Tabelle 7.1 in Tonnen wieder:

Tabelle 7.1	Qualität 1	Qualität 2
Flöz A	4 000	2 000
Flöz B	1 000	3 000

Im Flöz A werden wöchentlich fünf Schichten und im Flöz B vier Schichten je Woche gearbeitet. Die Verkaufspreise betragen je Tonne 90 DM für Qualität 1 und 80 DM für Qualität 2. Bestimmen Sie:

1. die gesamte Fördermenge der Zeche in einer Woche,
2. den Verkaufswert der Kohle, die in einer Schicht gefördert wird,
3. den Verkaufswert der Kohle, die insgesamt in einer Woche gefördert wird.

Zu 1. Die wöchentliche Fördermenge der Zeche ist offensichtlich

$$\text{Qualität 1: } (5 \cdot 4\,000 + 4 \cdot 1\,000) = 24\,000 \text{ t}$$
$$\text{Qualität 2: } (5 \cdot 2\,000 + 4 \cdot 3\,000) = 22\,000 \text{ t}$$

Dieses Ergebnis kann man auch als Matrizenprodukt finden

$$(5 \quad 4) \begin{pmatrix} 4\,000 & 2\,000 \\ 1\,000 & 3\,000 \end{pmatrix}$$

denn die Multiplikationsvorschrift liefert

$$(5 \cdot 4\,000 + 4 \cdot 1\,000 \quad 5 \cdot 2\,000 + 4 \cdot 3\,000) = (24\,000 \quad 22\,000).$$

Zu 2. Für den Verkaufswert der Kohle je Schicht findet man in DM:

$$\text{Flöz A: } 90 \cdot 4\,000 + 80 \cdot 2\,000 = 520\,000$$
$$\text{Flöz B: } 90 \cdot 1\,000 + 80 \cdot 3\,000 = 330\,000$$

und zusammen 850 000 DM Verkaufswert einer gemeinsamen Schicht. Auch dieses Ergebnis kann man wiederum als Matrizenprodukt erhalten:

$$\begin{pmatrix} 4\,000 & 2\,000 \\ 1\,000 & 3\,000 \end{pmatrix} \begin{pmatrix} 90 \\ 80 \end{pmatrix} = \begin{pmatrix} 90 \cdot 4\,000 + 80 \cdot 2\,000 \\ 90 \cdot 1\,000 + 80 \cdot 3\,000 \end{pmatrix} = \begin{pmatrix} 520\,000 \\ 330\,000 \end{pmatrix}$$

Zu 3. Multipliziert man den Verkaufswert der Förderungsmenge je Schicht im Flöz A mit der Anzahl der dort wöchentlich gefahrenen Schichten, bildet das entsprechende Produkt für Flöz B und addiert die beiden Produkte, so ist die Summe der Verkaufswerte der gesamten Fördermenge einer Woche. Dieser beträgt somit in DM:

$$520\,000 \cdot 5 + 330\,000 \cdot 4 = 3\,920\,000.$$

Diese Zahl findet man aber ebenfalls beim Matrizenprodukt

$$(5 \quad 4) \begin{pmatrix} 520\,000 \\ 330\,000 \end{pmatrix}$$

Beginnt man mit den in der Aufgabe gemachten Angaben, so kann man die Antwort zur dritten Frage auch durch ein Matrizenprodukt von drei Faktoren finden

$$(5 \quad 4) \begin{pmatrix} 4\,000 & 2\,000 \\ 1\,000 & 3\,000 \end{pmatrix} \begin{pmatrix} 90 \\ 80 \end{pmatrix} .$$

Da die Matrizenmultiplikation assoziativ ist (wie man nachweisen kann), bleibt es sich gleich, ob man zuerst das Produkt der beiden vorderen Matrizen bildet und dann dieses mit der Spaltenmatrix $\begin{pmatrix} 90 \\ 80 \end{pmatrix}$ multipliziert oder die Zeilenmatrix (5 4) mit dem Produkt der beiden letzten Matrizen multipliziert.

Bei einem solchen Produkt aus drei Faktoren sagt der Mathematiker, der Faktor $\begin{pmatrix} 4\,000 & 2\,000 \\ 1\,000 & 3\,000 \end{pmatrix}$ wird *von links* mit (5 4) und *von rechts* mit $\begin{pmatrix} 90 \\ 80 \end{pmatrix}$ *multipliziert.*

Übungen

1. Zwei Sorten Lebensmittel (1 und 2) enthalten Vitamin A und Vitamin B. Den Vitamingehalt je Kilogramm gibt die Tabelle 7.2 in einer gewissen Einheit wieder. Bestimmen Sie den gesamten Vitamingehalt einer Lebensmittelmenge aus 5 kg der Sorte 1 und 6 kg der Sorte 2 als Matrizenprodukt. Die Preise der beiden Lebensmittelsorten betragen je Kilogramm 3,00 DM und 3,50 DM. Berechnen Sie mit Hilfe der Matrizenmultiplikation den Gesamtpreis der oben genannten Lebensmittelmenge.

Tabelle 7.2	Vitamin A	Vitamin B
Sorte 1	3	7
Sorte 2	2	9

2. Eine Kraftfahrzeuggesellschaft hat zwei Typen von Fabriken, die sowohl Personenwagen als auch Lastkraftwagen herstellen. Die wöchentlichen Produktionsziffern gibt die Tabelle 7.3 an. Die Gesellschaft besitzt fünf Fabriken vom Typ A und sieben vom Typ B. Die Verkaufspreise für einen PKW und einen LKW betragen 5 000 DM und 4 000 DM. Berechnen Sie mit Hilfe der Matrizenmultiplikation

   a) die wöchentliche Gesamtproduktion von beiden Modellen,
   b) den gesamten Verkaufswert, der in einer Woche fabrizierten Fahrzeuge.

Tabelle 7.3	Fabrik A	Fabrik B
PKW	200	300
LKW	400	100

3. Ein Architekt entwirft ein Bauprojekt von neun zweistöckigen Einzelhäusern und sechs Bungalows. Im Mittel sind für jedes zweistöckige Haus 1 600 Einheiten Material und 2 000 Arbeitsstunden erforderlich, bei einem Bungalow sind es 1 500 Einheiten und 1 800 Stunden. Die Arbeitsstunde wird mit 15 DM veranschlagt und die Materialeinheit im Mittel mit 50 DM. Verwenden Sie Matrizenprodukte und berechnen Sie

   a) die insgesamt erforderlichen Materialeinheiten und Arbeitsstunden,
   b) die Kosten für ein zweistöckiges Haus und die Kosten für einen Bungalow,
   c) die Kosten für das gesamte Projekt.

4. Zwei Fernsehanstalten, TV1 und TV2, senden beide Informations- und Unterhaltungsprogramme. TV1 hat zwei Sender und TV2 drei Sender. Alle Sender übertragen verschiedene Programme. Im Mittel bringt jeder Sender vom TV1 eine Stunde Informations- und drei Stunden Unterhaltungsprogramm je Tag; für die Sender der zweiten Anstalt sind es im Mittel zwei Stunden Informationsprogramm und eineinhalb Stunden Unterhaltung. Eine Stunde Sendung kostet 500 DM beim Informationsprogramm und 2 000 DM beim Unterhaltungsprogramm. Berechnen Sie mit Hilfe der Matrizenmultiplikation:

a) die täglichen Sendekosten für jeden Sender von TV1 und für jeden Sender von TV2,

b) die Anzahl der Stunden, der täglich von beiden Gesellschaften insgesamt ausgestrahlten Informations- und Unterhaltungsprogramme,

c) die täglichen Gesamtkosten, die für beide Gesellschaften zusammen entstehen.

5. In einer Autofabrik setzen sich die Herstellungskosten der Fahrzeuge aus drei Posten zusammen: Arbeitsstunden, Material und vorfabrizierte Teile. Für drei Typen gibt die Tabelle 7.4 die einzelnen Posten an.

Tabelle 7.4

	Arbeit (in Stunden)	Material (in Einheiten)	Vorfabrikation (in Einheiten)
Wagen-Typ A	40	100	50
Wagen-Typ B	80	150	80
Wagen-Typ C	100	250	100

Die Arbeitsstunde kostet 20 DM, die Materialeinheit 5 DM und eine Einheit Vorfabrikate 10 DM. Bestimmen Sie die gesamten Herstellungskosten, wenn 3 000, 2 000 und 1 000 Fahrzeuge der Typen A, B und C fabriziert werden. Verwenden Sie zur Berechnung die Matrizenmultiplikation. Das zugehörige Produkt besteht aus einer Zeilenmatrix von drei Elementen, einer (3,3)-Matrix und einer Spaltenmatrix von drei Elementen. Die Multiplikationsvorschrift entspricht derjenigen für zweireihige Matrizen.

7.4. Matrizenprodukte von drei Faktoren in der Geometrie [1])

Es ist manchmal bequemer, die Gleichungen der Kegelschnitte mit Hilfe von Matrizen zu schreiben. Die Gleichung eines Kreises, dessen Mittelpunkt im Ursprung (0/0) des kartesischen Koordinatensystems liegt und der den Radius r hat, lautet:

$$x^2 + y^2 = r^2$$

oder in Matrizenschreibweise:

$$(x \quad y) \begin{pmatrix} x \\ y \end{pmatrix} = r^2.$$

---

[1]) Beim ersten Durchlesen sollte dieser Abschnitt übergangen werden.

Die Gleichung eines Kegelschnittes, dessen Mittelpunkt im Punkte (0/0) liegt, kann stets in der Form $ax^2 + 2hxy + by^2 = c$ geschrieben werden oder mit Hilfe von Matrizen als

$$(x \ \ y) \begin{pmatrix} a & h \\ h & b \end{pmatrix} \begin{pmatrix} x \\ y \end{pmatrix} = c.$$

Übungen

1. Gegeben sei

$$(x \ \ y) \begin{pmatrix} 2 & -2{,}5 \\ -2{,}5 & 2 \end{pmatrix} \begin{pmatrix} x \\ y \end{pmatrix} = 0.$$

   Berechnen Sie das Matrizenprodukt und schreiben Sie die Aussagenform in möglichst einfacher Gestalt.

2. Wie heißt die Lösungsmenge von $(a \ \ 1) \begin{pmatrix} 1 & -2 \\ -2 & 3 \end{pmatrix} \begin{pmatrix} a \\ 1 \end{pmatrix} = 0$?

3. Zeichnen Sie die Graphen der folgenden Aussagenformen:

   a) $(x \ \ y) \begin{pmatrix} 1 & 0 \\ 0 & 4 \end{pmatrix} \begin{pmatrix} x \\ y \end{pmatrix} = 4,$

   b) $(x \ \ y) \begin{pmatrix} 1 & 0 \\ 0 & -1 \end{pmatrix} \begin{pmatrix} x \\ y \end{pmatrix} = 1.$

4. Schraffieren Sie die Gebiete in der x,y-Ebene, welche die Lösungsmengen der folgenden Aussagenformen darstellen:

   a) $(x \ \ y) \begin{pmatrix} x \\ y \end{pmatrix} \leqslant 1,$

   b) $(x \ \ y) \begin{pmatrix} 4 & 0 \\ 0 & 9 \end{pmatrix} \begin{pmatrix} x \\ y \end{pmatrix} \leqslant 36.$

5. Durch

$$\begin{pmatrix} u \\ v \end{pmatrix} = \begin{pmatrix} 1 & 0 \\ 0 & k \end{pmatrix} \begin{pmatrix} x \\ y \end{pmatrix} \quad \text{mit } 0 < k < 1$$

   ist eine Menge von Transformationen in der Ebene bestimmt. Zeigen Sie, daß der Einheitskreis mit der Gleichung $x^2 + y^2 = 1$ durch diese Transformationen auf Ellipsen abgebildet wird, deren große Halbachse die Länge 1 hat.

   Wenn Ihre Kenntnisse in der Geometrie ausreichen, so beantworten Sie die beiden folgenden Fragen:

   a) Wie muß k gewählt werden, damit der Flächeninhalt der Ellipse die Hälfte des Inhalts des Kreises ist?

   b) Welche Zahl muß für k eingesetzt werden, damit die lineare Exzentrizität der Ellipse $\frac{1}{2}$ ist?

7.5. Gleichheit von Matrizen

Wir haben festgestellt, daß eine Matrix als eine Transformation aufgefaßt werden kann.
Die Matrix ist keine Zahl. Wenn wir sagen, zwei Matrizen sind gleich, so meinen wir,
wenden wir die beiden auf denselben Punkt (x/y) an, so stimmen die Bilder überein.
In den Übungen der Abschnitte 7.1 und 7.2 haben wir gesehen, daß es vermutlich
immer eine und nur eine Transformation gibt, die einen vorgegebenen Punkt (x/y) in
einen weiteren fest gegebenen Punkt (u/v) überführt. Z.B. wird ein Punkt an der

x-Achse gespiegelt durch die Matrix $\begin{pmatrix} 1 & 0 \\ 0 & -1 \end{pmatrix}$ und durch keine andere Matrix. (Natür-

lich kann man diese Abbildung auch ohne eine Matrix beschreiben.) Verständlicherweise definiert man nun: Zwei Matrizen sind genau dann gleich, wenn

1. beide gleiche Zeilenanzahl und gleiche Spaltenanzahl haben und
2. die sich entsprechenden Elemente gleich sind.

Beispiele:

(I) $\quad \begin{pmatrix} 1 & 2 \\ 3 & 4 \end{pmatrix} = \begin{pmatrix} 1 & 2 \\ 3 & 4 \end{pmatrix},$

(II) $\quad \begin{pmatrix} 1 & 2 \\ 3 & 4 \end{pmatrix} \neq \begin{pmatrix} 1 & 2 & 0 \\ 3 & 4 & 0 \\ 0 & 0 & 0 \end{pmatrix}$

(III) $\quad \begin{pmatrix} 1 & 2 \\ 3 & 4 \end{pmatrix} \neq \begin{pmatrix} 1 & 3 \\ 2 & 4 \end{pmatrix}$

(IV) $\quad \begin{pmatrix} x + 2 \\ y - 4 \end{pmatrix} = \begin{pmatrix} 3 \\ 1 \end{pmatrix}$

ist gleichbedeutend mit

$x + 2 = 3$ und $y - 4 = 1$

und somit gleichbedeutend mit

$x = 1$ und $y = 5,$

(V) $\quad \begin{pmatrix} x + y & x - y \\ p + q & p - q \end{pmatrix} = \begin{pmatrix} 3 & 1 \\ 7 & 5 \end{pmatrix}$

ist gleichbedeutend mit

$x + y = 3,\ x - y = 1,\ p + q = 7,\ p - q = 5$

ist gleichbedeutend mit

$x = 2,\ y = 1,\ p = 6,\ q = 1.$

Übungen

1. Welche Zahlen müssen für die Variablen x, y, z eingesetzt werden, damit

$$\begin{pmatrix} x-3 \\ y+4 \\ z-2 \end{pmatrix} = \begin{pmatrix} 2 \\ 5 \\ 1 \end{pmatrix}$$

   richtig ist.

2. Bei welchen Einsetzungen für die Variablen x, y, a, b gilt

$$\begin{pmatrix} x-2y & 2x-y \\ a+b & a-b \end{pmatrix} = \begin{pmatrix} 0 & 3 \\ 7 & 1 \end{pmatrix} ?$$

3. Bestimmen Sie die Werte für w, x, y und z, wenn

$$\begin{pmatrix} x+y & 2x-y \\ y+z & w-x \end{pmatrix} = \begin{pmatrix} 3 & 0 \\ 5 & 3 \end{pmatrix} \text{ ist.}$$

4. Bestimmen Sie die Werte für x und y, wenn

$$(x^2 - y^2 \quad x + y) = (7 \quad 1) \text{ ist.}$$

5. Wie heißen die Werte für x, y, z und w, wenn

$$\begin{pmatrix} x^2-x & y^2 \\ z^2+4 & w^2 \end{pmatrix} = \begin{pmatrix} 2x+4 & y+2 \\ 4z & w \end{pmatrix} \text{ ist?}$$

7.6 Matrizenaddition

Betrachten Sie die beiden Spaltenmatrizen $\begin{pmatrix} a \\ b \end{pmatrix}$, $\begin{pmatrix} c \\ d \end{pmatrix}$. Was ist wohl gemeint, wenn man sagt, die beiden Matrizen werden „addiert"? In den vorausgegangenen Abschnitten dieses Kapitels haben wir durch solche Matrizen Punkte repräsentiert. Was könnte es bedeuten, Punkte werden „addiert"?

Nun findet man den Punkt $\begin{pmatrix} a \\ b \end{pmatrix}$ im kartesischen Koordinatensystem, wenn man im Ursprung (0/0) beginnt und a Einheiten entlang der x-Achse und dann b Einheiten in Richtung der y-Achse geht. Diesen Punkt P(a/b) erreicht man aber auch durch die direkte Verschiebung, zu der der *Vektor* **OP** gehört. Man kann also $\begin{pmatrix} a \\ b \end{pmatrix}$ als eine Schreibweise des Vektors **OP** auffassen, wenn P die Koordinaten a und b hat. Aus diesem Grunde spricht man auch manchmal von einem *Spaltenvektor*. Wenn wir nun

den Spaltenvektor $\begin{pmatrix} c \\ d \end{pmatrix}$ addieren, was bedeuten soll: „Wir nehmen eine weitere Verschiebung um c Einheiten in Richtung der x-Achse und danach eine Verschiebung um
d Einheiten in Richtung der y-Achse vor", so erreichen wir den Punkt R, der durch

den Spaltenvektor $\begin{pmatrix} a+c \\ b+d \end{pmatrix}$ repräsentiert wird. Und wieder kann man diese beiden

Verschiebungen durch eine direkte Verschiebung, die zu dem Vektor **PR** gehört,
ersetzen. Nun sind aber eine Verschiebung, die dem Vektor **OP** entspricht, und eine
folgende Verschiebung, die dem Vektor **PR** entspricht, gleichbedeutend mit einer
direkten von O nach R, also mit dem Vektor **OR**. Daher wollen wir jetzt schreiben:

$$\textbf{OP} + \textbf{PR} = \textbf{OR}, \tag{1}$$

was mit Spaltenmatrizen (oder Spaltenvektoren) geschrieben bedeutet:

$$\begin{pmatrix} a \\ b \end{pmatrix} + \begin{pmatrix} c \\ d \end{pmatrix} = \begin{pmatrix} a+c \\ b+d \end{pmatrix} \tag{2}$$

In Bild 7.3 sehen wir, daß der Vektor **OQ** durch $\begin{pmatrix} c \\ d \end{pmatrix}$ repräsentiert wird und somit

OQ = PR gilt. Wir erkennen ferner, daß OPRQ ein Parallelogramm ist. Unsere Additionsvorschrift für Matrizen ist also so gewählt worden, daß sie dem Parallelogramm-
Gesetz der Addition gehorcht. Die Gleichung (2) definiert die Addition von Spaltenmatrizen: „Die sich entsprechenden Elemente der beiden Summanden werden addiert".

Diese spezielle Vorschrift wollen wir jetzt übertragen auf beliebige Matrizen und haben
damit eine Additionsvorschrift für Matrizen, die aber gleichreihig sein müssen.

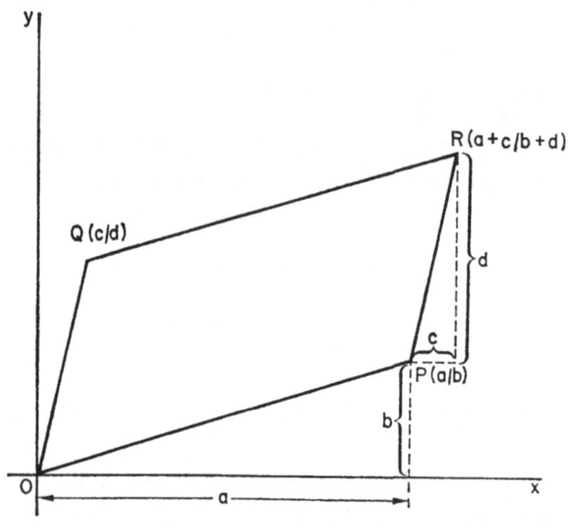

Bild 7.3

Beispiele:

(I) $\begin{pmatrix} 1 & 2 \\ 4 & -3 \end{pmatrix} + \begin{pmatrix} 0 & 6 \\ 3 & 2 \end{pmatrix} = \begin{pmatrix} 1 & 8 \\ 7 & -1 \end{pmatrix}$

(II) $\begin{pmatrix} 7 & 5 \\ 0 & 3 \end{pmatrix} - \begin{pmatrix} 2 & 4 \\ 1 & 3 \end{pmatrix} = \begin{pmatrix} 5 & 1 \\ -1 & 0 \end{pmatrix}$

(III) $\begin{pmatrix} 2 \\ 7 \\ 5 \end{pmatrix} + \begin{pmatrix} 6 \\ 1 \\ 4 \end{pmatrix} = \begin{pmatrix} 8 \\ 8 \\ 9 \end{pmatrix}$

(IV) $(1\ \ 2\ \ 3) + (2\ \ 0\ \ 4) = (3\ \ 2\ \ 7)$

(V) $2\begin{pmatrix} 1 & 2 \\ 3 & 4 \end{pmatrix} = \begin{pmatrix} 1 & 2 \\ 3 & 4 \end{pmatrix} + \begin{pmatrix} 1 & 2 \\ 3 & 4 \end{pmatrix} = \begin{pmatrix} 2 & 4 \\ 6 & 8 \end{pmatrix}$

(VI) $\lambda\begin{pmatrix} 1 & 2 \\ 3 & 4 \end{pmatrix} = \underbrace{\begin{pmatrix} 1 & 2 \\ 3 & 4 \end{pmatrix} + \ldots + \begin{pmatrix} 1 & 2 \\ 3 & 4 \end{pmatrix}}_{\lambda\ \text{Summanden}} = \begin{pmatrix} \lambda & 2\lambda \\ 3\lambda & 4\lambda \end{pmatrix}$

Übungen

1. Es seien

$$X = \begin{pmatrix} 1 & 3 \\ 4 & 2 \end{pmatrix}, \ Y = \begin{pmatrix} 4 & -2 \\ 0 & 5 \end{pmatrix}, \ Z = \begin{pmatrix} 3 & -1 \\ 1 & 3 \end{pmatrix}.$$

Bestimmen Sie die folgenden Matrizen:

a) $X + Y$, b) $X + Z$, c) $Y + Z$,
d) $2X$, e) $3Y$, f) $4Z$,
g) $X - Y$, h) $Y - 2Z$, i) $2X + 3Y - 4Z$.

2. Bestimmen Sie die Lösungen der folgenden Matrizengleichungen:

a) $A + \begin{pmatrix} 2 & 4 \\ 3 & 5 \end{pmatrix} = \begin{pmatrix} 7 & 2 \\ 0 & 1 \end{pmatrix}$,

b) $2A - \begin{pmatrix} 1 & 4 \\ 3 & 7 \end{pmatrix} = \begin{pmatrix} 3 & 2 \\ 5 & 1 \end{pmatrix}$,

c) $3A + \begin{pmatrix} 1 & 2 & 3 \\ 4 & 7 & 9 \\ 0 & 2 & 1 \end{pmatrix} = \begin{pmatrix} 10 & 8 & 0 \\ -2 & 4 & 3 \\ 3 & -1 & 16 \end{pmatrix}$,

d) $A + \begin{pmatrix} 1 \\ 2 \\ 3 \end{pmatrix} = 2\begin{pmatrix} 3 \\ 5 \\ 4 \end{pmatrix} - 3\begin{pmatrix} 1 \\ 0 \\ 2 \end{pmatrix}$,

e) $A + (-2\ \ 4\ \ 7) = (2\ \ 5\ \ -4) - (1\ \ 0\ \ 2)$.

3. Gegeben seien zwei Spaltenvektoren $X = \begin{pmatrix} 1 \\ 3 \end{pmatrix}$ und $Y = \begin{pmatrix} 3 \\ 1 \end{pmatrix}$. Bestimmen Sie die folgenden Spaltenvektoren und stellen Sie sie graphisch im kartesischen Koordinatensystem dar:

a) $X + Y$, b) $X - Y$, c) $\frac{1}{2}(X + Y)$,

d) $2X + Y$, e) $\frac{1}{3}(2X + Y)$, f) $\frac{1}{3}(X + 2Y)$,

g) $3X - Y$, h) $X - 3Y$, i) $\frac{1}{5}(2X + 3Y)$.

Was fällt Ihnen bei den Ergebnissen von c), e), f) und i) auf, wenn Sie die Spaltenvektoren als Punkte im kartesischen Koordinatensystem ansehen?

4. Wiederholen Sie die Aufgabe 3, verwenden Sie jetzt aber ein Parallelkoordinatensystem, bei dem die Achsen einen Winkel von 60° miteinander bilden. Zeigen Sie, daß die Vektoraddition unabhängig ist von dem Winkel zwischen den Achsen und die Ergebnisse zu c), e), f) und i) dieselbe geometrische Bedeutung behalten.

5. P, Q, R seien die drei Spaltenvektoren $\begin{pmatrix} 4 \\ 1 \end{pmatrix}$, $\begin{pmatrix} -1 \\ 4 \end{pmatrix}$, $\begin{pmatrix} -6 \\ 7 \end{pmatrix}$. Stellen Sie sie graphisch im kartesischen Koordinatensystem als Vektoren **OP, OQ, OR** dar.

a) Zeigen Sie, daß Q der Mittelpunkt der Strecke PR ist.

b) Zeigen Sie, daß $Q - P = R - Q$ ist.

c) Zeigen Sie, daß $Q = \frac{1}{2}(P + R)$ ist.

d) Der Spaltenvektor $\frac{1}{5}(2P + 3Q)$ soll im kartesischen Koordinatensystem durch **OS** repräsentiert werden. Zeigen Sie dann, daß der Punkt S die Strecke PQ im Verhältnis 3:2 teilt.

e) Zeigen Sie, daß die beiden Vektoren **OP** und **OQ** senkrecht zueinander stehen.

f) Berechnen Sie die beiden Matrizenprodukte $(-1 \quad 4)\begin{pmatrix} 4 \\ 1 \end{pmatrix}$ und $(4 \quad 1)\begin{pmatrix} -1 \\ 4 \end{pmatrix}$.

Was fällt Ihnen bei den Antworten zu a), b) und c) auf? Besteht ein Zusammenhang zwischen den Ergebnissen von e) und f)? Kann man die Aussage von d) verallgemeinern?

7.7. Die inverse Matrix

Im Kapitel 6 haben wir gesehen, daß es in jeder Bewegungsgruppe zu jeder einzelnen Bewegung eine gab, die diese wieder „rückgängig" machte. Die so genau bestimmte Bewegung konnte die Ausgangsbewegung selbst sein oder eine andere, doch auf jeden Fall lag diese Abbildung in der Gruppe. In diesem Kapitel haben wir festgestellt, daß jede (2,2)-Matrix (wir nennen sie kurz A) als eine Transformation (Abbildung) aufgefaßt werden kann. Wir suchen jetzt diejenige (2,2)-Matrix B, die die durch A bestimmte Transformation „rückgängig" macht. Nun wissen wir, daß die identische Transformation, bei der jeder Punkt auf sich selbst abgebildet wird, durch die Einheitsmatrix $\begin{pmatrix} 1 & 0 \\ 0 & 1 \end{pmatrix}$

(wir nennen sie zur Abkürzung E) bestimmt ist. Somit suchen wir zu jeder gegebenen Matrix A eine Matrix B so, daß BA = E ist. Wenn wir B gefunden haben, so wollen wir nach der aus der Arithmetik bekannten Schreibweise $B = A^{-1}$ setzen (also $A^{-1} A = E$). Um die gesuchte Matrix zu finden, kann man einen brauchbaren Weg einschlagen, der über das Lösen eines Gleichungssystems führt.

Wir gehen aus von:

$$ax + by = p,$$

$$cx + dy = q$$

oder in Matrizenform:

$$\begin{pmatrix} a & b \\ c & d \end{pmatrix} \begin{pmatrix} x \\ y \end{pmatrix} = \begin{pmatrix} p \\ q \end{pmatrix}.$$

Bezeichnen wir dann $\begin{pmatrix} a & b \\ c & d \end{pmatrix}$ mit A und die gesuchte *inverse Matrix* mit A^{-1}, so haben wir

$$A \begin{pmatrix} x \\ y \end{pmatrix} = \begin{pmatrix} p \\ q \end{pmatrix}$$

und damit

$$A^{-1} A \begin{pmatrix} x \\ y \end{pmatrix} = A^{-1} \begin{pmatrix} p \\ q \end{pmatrix}$$

also

$$E \begin{pmatrix} x \\ y \end{pmatrix} = A^{-1} \begin{pmatrix} p \\ q \end{pmatrix}$$

oder

$$\begin{pmatrix} x \\ y \end{pmatrix} = A^{-1} \begin{pmatrix} p \\ q \end{pmatrix}$$

Wir müssen somit eine Matrix A^{-1} finden, die der letzten Gleichung genügt.

Bevor Sie die folgenden Betrachtungen über die inverse Matrix lesen, versuchen Sie in einigen konkreten Fällen A^{-1} zu bestimmen und dabei eine Gesetzmäßigkeit zur Bildung der inversen Matrix zu erkennen.

Übungen

1. Wie heißt die inverse Matrix zu:

a) $\begin{pmatrix} 2 & 3 \\ 1 & 2 \end{pmatrix}$,   b) $\begin{pmatrix} 3 & 1 \\ 2 & 1 \end{pmatrix}$,   c) $\begin{pmatrix} -1 & 0 \\ 0 & -1 \end{pmatrix}$,

d) $\begin{pmatrix} 1 & 0 \\ 0 & -1 \end{pmatrix}$,   e) $\begin{pmatrix} -1 & 0 \\ 0 & 1 \end{pmatrix}$,   f) $\begin{pmatrix} 1 & 0 \\ 0 & 1 \end{pmatrix}$,

g) $\begin{pmatrix} 2 & 3 \\ 4 & -1 \end{pmatrix}$,   h) $\begin{pmatrix} 4 & -2 \\ 3 & 1 \end{pmatrix}$.

Was fällt Ihnen bei den Ergebnissen zu c), d), e) und f) auf? Hätten Sie diese auch hinschreiben können, ohne die Gleichung, der A^{-1} genügen muß, zu kennen?

2. Gibt es inverse Matrizen zu:

a) $\begin{pmatrix} 2 & 4 \\ 1 & 2 \end{pmatrix}$,
b) $\begin{pmatrix} 3 & 1 \\ 6 & 2 \end{pmatrix}$,
c) $\begin{pmatrix} 1 & -1 \\ -1 & 1 \end{pmatrix}$.

Können Sie ein Gesetz formulieren, das besagt, wann zu einer Matrix A keine inverse existiert? Was bedeutet es algebraisch und geometrisch, wenn es zu einer Matrix keine inverse gibt?

Konnten Sie die obigen Aufgaben richtig beantworten, so brauchen Sie die folgenden Erörterungen eigentlich nicht zu lesen. Hatten Sie Schwierigkeiten, so dürfen Sie die nächsten Betrachtungen auf keinen Fall übergehen.

Wir beginnen wieder mit dem Gleichungssystem:

$$ax + by = p$$
$$cx + dy = q.$$

Die erste Gleichung multiplizieren wir mit d und die zweite mit b. Dann subtrahieren wir die so gewonnenen Gleichungen voneinander:

$$dax + dby = dp$$
$$\underline{bcx + bdy = bq}$$
$$x(da - bc) = dp - bq$$
$$x = \frac{dp - bq}{da - bc}. \quad \text{Hierbei muß } da - bc \neq 0 \text{ erfüllt sein!}$$

Entsprechend findet man:

$$y = \frac{-pc + qa}{da - bc}.$$

Zusammengefaßt haben wir:

$$\begin{pmatrix} x \\ y \end{pmatrix} = \frac{1}{ad - bc} \begin{pmatrix} d & -b \\ -c & a \end{pmatrix} \begin{pmatrix} p \\ q \end{pmatrix}.$$

Somit ist die inverse Matrix zu $\begin{pmatrix} a & b \\ c & d \end{pmatrix}$ gefunden, sie ist:

$$\frac{1}{ad - bc} \begin{pmatrix} d & -b \\ -c & a \end{pmatrix}.$$

Man nennt $ad - bc$ die Determinante der Matrix $\begin{pmatrix} a & b \\ c & d \end{pmatrix}$ und schreibt dafür auch $\begin{vmatrix} a & b \\ c & d \end{vmatrix}$.

Ist die Determinante von A Null, so gibt es die inverse Matrix A^{-1} nicht, man kann dann kein eindeutiges Lösungspaar für das Gleichungssystem

$$ax + by = p$$
$$cx + dy = q$$

finden.

Eine Matrix, deren Determinante Null ist, nennt man eine *singuläre Matrix*.

Beispiele:

(I)   Lösen Sie das Gleichungssystem

$$2x + 3y = 7$$
$$3x - y = 5 \,,$$

das in Matrizenschreibweise lautet

$$\begin{pmatrix} 2 & 3 \\ 3 & -1 \end{pmatrix} \begin{pmatrix} x \\ y \end{pmatrix} = \begin{pmatrix} 7 \\ 5 \end{pmatrix}.$$

Die inverse Matrix zu

$$\begin{pmatrix} 2 & 3 \\ 3 & -1 \end{pmatrix} \text{ ist } -\frac{1}{11} \begin{pmatrix} -1 & -3 \\ -3 & 2 \end{pmatrix}.$$

Somit haben wir das äquivalente Gleichungssystem:

$$\begin{pmatrix} x \\ y \end{pmatrix} = -\frac{1}{11} \begin{pmatrix} -1 & -3 \\ -3 & 2 \end{pmatrix} \begin{pmatrix} 7 \\ 5 \end{pmatrix}$$

$$= -\frac{1}{11} \begin{pmatrix} -22 \\ -11 \end{pmatrix}$$

$$= \begin{pmatrix} 2 \\ 1 \end{pmatrix},$$

und die Lösung ist unmittelbar abzulesen.

(II)   Lösen Sie das Gleichungssystem

$$2x + 4y = 7$$
$$x + 2y = 3$$

In diesem Falle gilt

$$\begin{vmatrix} 2 & 4 \\ 1 & 2 \end{vmatrix} = 2 \cdot 2 - 4 \cdot 1 = 0.$$

Da die Determinante der Matrix $\begin{pmatrix} 2 & 4 \\ 1 & 2 \end{pmatrix}$ Null ist, existiert die inverse Matrix nicht und das Gleichungssystem ist nicht eindeutig lösbar. Diese Tatsache wird besonders einleuchtend, wenn man die Graphen der beiden Gleichungen zeichnet. Es sind zwei parallele Geraden, die keinen Punkt gemeinsam haben. Somit gibt es für das obige Gleichungssystem kein Lösungspaar.

(III) Lösen Sie das Gleichungssystem

$$3x + 5y = 8$$

$$9x + 15y = 24$$

Auch hier ist die Determinante Null und die Matrix $\begin{pmatrix} 3 & 5 \\ 9 & 15 \end{pmatrix}$ hat kein Inverses.

Zeichnet man die Graphen für diese beiden Gleichungen, so erhält man zwei parallele Geraden, die aber zusammenfallen. Somit gibt es für das obige Gleichungssystem unendlich viele Lösungspaare.

Übungen

3. Lösen Sie die folgenden Gleichungssysteme in den Variablen x und y. Bestimmen Sie dabei jedesmal die zugehörige inverse Matrix.

a) $\begin{matrix} 2x + y = 4 \\ x + y = 3 \end{matrix}$, b) $\begin{matrix} 3x + y = 9 \\ 5x + 2y = 16 \end{matrix}$, c) $\begin{matrix} 4x + 3y = 5 \\ x + y = 2 \end{matrix}$,

d) $\begin{matrix} 2x + y = 4 \\ x + 2y = 5 \end{matrix}$, e) $\begin{matrix} 3x + 2y = 1 \\ 2x - 3y = 5 \end{matrix}$, f) $\begin{matrix} 4x - y = 9 \\ x - 2y = 4 \end{matrix}$,

g) $\begin{matrix} x + 3y = 6 \\ 2x + y - 1 = 6 \end{matrix}$ h) $\begin{matrix} 2x - y = p + 3q \\ 3x + y = 2(2p + q). \end{matrix}$

4. Wie heißt das Inverse der Matrix $\begin{pmatrix} 4 & -2 \\ 3 & 1 \end{pmatrix}$? Verwenden Sie diese inverse Matrix beim Lösen der folgenden Gleichungssysteme in den Variablen x und y:

a) $\begin{matrix} 4x - 2y = p \\ 3x + y = q \end{matrix}$, b) $\begin{matrix} 2x - y = 6 \\ 3x + y = 14 \end{matrix}$, c) $\begin{matrix} y = 2x \\ y = 5 - 3x \end{matrix}$,

d) $4x - 2y = 5 = 6x + 2y.$

5. $A = \begin{pmatrix} 5 & 3 \\ 3 & 2 \end{pmatrix} , B = \begin{pmatrix} 2 & 1 \\ 1 & 1 \end{pmatrix}.$

Bestimmen Sie

a) A^{-1} , b) B^{-1} , c) AB ,

d) BA , e) $(AB)^{-1}$, f) $B^{-1}A^{-1}$,

g) $A^{-1}B^{-1}$, h) $A^{-1}A$.

Was können Sie über die Produkte dieser beiden Matrizen A und B aussagen?

6. $A = \begin{pmatrix} 2 & 3 \\ 1 & 2 \end{pmatrix}$, $B = \begin{pmatrix} 1 & 1 \\ 1 & 2 \end{pmatrix}$.

Bestimmen Sie

a) A^{-1},   b) B^{-1},   c) AB,

d) BA,   e) $(AB)^{-1}$,   f) $B^{-1}A^{-1}$,

g) $(BA)^{-1}$,   h) $A^{-1}B^{-1}$.

Was fällt Ihnen bei diesen Produkten auf?

7. Gegeben seien die beiden Matrizen $A = \begin{pmatrix} 2 & 1 \\ 1 & 2 \end{pmatrix}$, $B = \begin{pmatrix} 3 & 2 \\ 2 & 3 \end{pmatrix}$.

Beachten Sie, daß in beiden Fällen die Summen der Elemente in jeder Zeile und Spalte der Matrix gleich sind.

Wir haben hier ganz einfache Beispiele für fast magische Matrizen, in echten magischen Matrizen muß auch die Summe der Diagonalen mit den anderen Summen übereinstimmen.

Untersuchen Sie die folgenden Matrizen:

a) AB,   b) A^{-1},   c) B^{-1},   d) $(AB)^{-1}$.

Die Summe jeder Zeile und jeder Spalte wollen wir bei diesen Matrizen ihre magische Zahl nennen. Dann hat A die magische Zahl 3 und wie heißt die magische Zahl von A^{-1}? Wie lauten die magischen Zahlen der anderen Matrizen? Erkennen Sie einen Zussammenhang?

Versuchen Sie zu beweisen, daß das Produkt von je zwei fast magischen (2,2)-Matrizen und das Inverse einer solchen Matrix stets wieder fast magisch ist. Verwenden Sie beim Beweis die zwei Matrizen

$$\begin{pmatrix} a & h \\ h & a \end{pmatrix} \text{ und } \begin{pmatrix} b & k \\ k & b \end{pmatrix}.$$

8. Vertauscht man in einer Matrix A die Zeilen mit den Spalten, so erhält man die *transponierte Matrix* A'. (Später werden wir sehen, daß zwischen den beiden Matrizen A' und A^{-1} ein Zusammenhang besteht. Bei einigen sehr wichtigen Matrizen, die *orthogonal* genannt werden, gilt $A' = A^{-1}$.) Wenn

$$A = \begin{pmatrix} a & b \\ c & d \end{pmatrix}, \quad \text{so} \quad A' = \begin{pmatrix} a & c \\ b & d \end{pmatrix}.$$

Setzen Sie jetzt

$$P = \begin{pmatrix} 2 & 3 \\ 1 & 4 \end{pmatrix} \quad \text{und} \quad Q = \begin{pmatrix} 1 & 4 \\ 2 & 3 \end{pmatrix}$$

voraus und bilden Sie dann:

a) P',   b) Q',   c) PQ,

d) $(PQ)'$,   e) $P'Q'$,   f) $Q'P'$.

Was fällt Ihnen bei diesen Matrizen auf?

9. Wenden Sie die durch

$$x = au + bv$$

$$y = cu + dv$$

bestimmte Transformation auf die Gleichung $x^2 + y^2 = 1$ an.
Zeigen Sie: Ist

$$\binom{x}{y} = A\binom{u}{v}, \quad \text{dann ist} \quad (x\ y) = (u\ v)\,A', \quad \text{wobei } A = \begin{pmatrix} a & b \\ c & d \end{pmatrix}.$$

Somit können Sie nachweisen, daß die am Anfang geforderte Transformation
die Gleichung des Einheitskreises in der Form

$$(x\ y)\binom{x}{y} = 1$$

überführt in die Gleichung

$$(u\ v)\,A'A\binom{u}{v} = 1.$$

Verwenden Sie diese Darstellung zur Transformation der Gleichung $x^2 + y^2 = 1$
durch

$$x = 4u - 2v$$

$$y = 3u + v$$

Transformieren Sie nun die Gleichung $x^2 + y^2 = 1$ nach der Vorschrift

$$\binom{x}{y} = \begin{pmatrix} \dfrac{1}{\sqrt{2}} & \dfrac{-1}{\sqrt{2}} \\[2mm] \dfrac{1}{\sqrt{2}} & \dfrac{1}{\sqrt{2}} \end{pmatrix} \binom{u}{v}.$$

Können Sie das Ergebnis deuten?

10. Zum Chiffrieren von Nachrichten werde jedem Buchstaben des Alphabets eine
Zahl von 1 bis 26 nach folgendem Schema zugeordnet:

A	B	C	D	E	F	G	H	I
7	16	24	14	1	22	25	17	12
J	K	L	M	N	O	P	Q	R
13	18	6	20	4	3	23	26	10
S	T	U	V	W	X	Y	Z	
11	2	9	5	15	19	8	21	

Um die Mitteilungen zusätzlich zu verschlüsseln, transformiert man sie mit Hilfe
der Matrix $\begin{pmatrix} 2 & 1 \\ 1 & 1 \end{pmatrix}$.

Hierzu ein Beispiel: Dem Wort VETO entspricht die Zahlenkombination 5123, diese schreibt man als

$$\begin{pmatrix} 5 & 1 \\ 2 & 3 \end{pmatrix}.$$

Die weitere Verschlüsselung ergibt:

$$\begin{pmatrix} 2 & 1 \\ 1 & 1 \end{pmatrix}\begin{pmatrix} 5 & 1 \\ 2 & 3 \end{pmatrix} = \begin{pmatrix} 12 & 5 \\ 7 & 4 \end{pmatrix},$$

was der Buchstabenkombination IVAN entspricht. IVAN ist somit das Code-Wort für VETO. Das Code-Wort wird später durch die inverse Matrix entschlüsselt:

$$\begin{pmatrix} 1 & -1 \\ -1 & 2 \end{pmatrix}\begin{pmatrix} 12 & 5 \\ 7 & 4 \end{pmatrix} = \begin{pmatrix} 5 & 1 \\ 2 & 3 \end{pmatrix}.$$ Man erhält wieder VETO.

Multipliziert der Chiffreur oder die Chiffriermaschine versehentlich von rechts mit der Code-Matrix, so erhält man

$$\begin{pmatrix} 5 & 1 \\ 2 & 3 \end{pmatrix}\begin{pmatrix} 2 & 1 \\ 1 & 1 \end{pmatrix} = \begin{pmatrix} 11 & 6 \\ 7 & 5 \end{pmatrix} \text{ oder SLAV.}$$

Welches Wort findet man, wenn das Wort SLAV ordnungsgemäß entschlüsselt wird?

Ergeben sich beim Multiplizieren der Matrizen Zahlen die größer als 26 oder kleiner als 0 sind, so subtrahiert oder addiert man einfach ein Vielfaches von 26, so daß sich eine Zahl zwischen 1 und 26 ergibt. Auch hierzu ein Beispiel: Chiffriert werden soll das Wort ZINN, dem die Matrix $\begin{pmatrix} 21 & 12 \\ 4 & 4 \end{pmatrix}$ entspricht.

$$\begin{pmatrix} 2 & 1 \\ 1 & 1 \end{pmatrix}\begin{pmatrix} 21 & 12 \\ 4 & 4 \end{pmatrix} = \begin{pmatrix} 46 & 28 \\ 25 & 16 \end{pmatrix} \text{ und vereinfacht } \begin{pmatrix} 20 & 2 \\ 25 & 16 \end{pmatrix},$$

und das bedeutet MTGB.

Bestimmen Sie die Code-Wörter zu:

a) ETON,   b) RING,   c) HECK,   d) AUTO.

Entschlüsseln Sie die Buchstabenkombinationen:

e) QFRX,   f) HCRF,   g) TJWI,   h) BEQQ.

8. Vektoren

8.1. Punkte, Verschiebungen, Pfeile und Vektoren

In Bild 8.1 sind mehrere Punkte in einem Koordinatensystem gegeben. Wir bezeichnen
sie mit A, B, C, D, E, F, G, H, I und J. Jeder Punkt ist eindeutig bestimmt durch ein
Zahlenpaar, das festlegt um wieviel Einheiten man in Richtung der x-Achse und in
Richtung der y-Achse gehen muß, um vom Ursprung O zu dem Punkt zu gelangen.

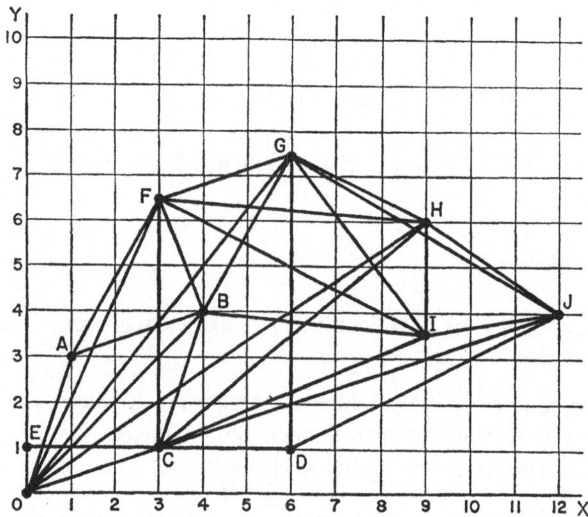

Bild 8.1

Umgekehrt bestimmt jeder *Punkt* eindeutig ein *geordnetes Zahlenpaar.* Wir können
also z. B. schreiben:

A (1/3), B (4/4), C (3/1).

Man kann die Punkte durch *Parallelverschiebungen* der Ebene (kürzer: *Verschiebungen*)
ineinander überführen. Die Verschiebung, die den Punkt O in den Punkt A überführt,
wird durch den *Pfeil* (O, A) charakterisiert. (Wir nennen O den Fußpunkt und A die
Spitze des Pfeiles.) Bei derselben Verschiebung geht aber der Punkt C in den Punkt B
über, d. h. die Pfeile (O, A) und (C, B) bestimmen dieselbe Verschiebung. Betrachten
wir die Pfeile (F, G), (A, B) und (O, C), so erkennen wir, daß diese Pfeile gleiche
Richtung und gleiche Länge haben und genau eine Verschiebung bestimmen. Man
sieht also, zu einer Verschiebung gehört eine Menge von Pfeilen, die gleichgerichtet
und gleichlang sind, man nennt sie auch parallelgleich. Umgekehrt bestimmt eine
solche Pfeilmenge genau eine Verschiebung.

Kann man eine Menge so in Teilmengen unterteilen, daß jedes Element in genau einer
Teilmenge liegt, so spricht man von einer Klasseneinteilung und nennt die Teilmengen
Klassen. Bestimmt man in der Menge der Pfeile Teilmengen nach der Vorschrift: *„Jeder
Pfeil bildet mit den zu ihm gleichgerichteten und gleich langen Pfeilen eine Teilmenge",*
so erhält man eine Klasseneinteilung.

Jede Klasse gleichgerichteter und gleich langer Pfeile wollen wir Vektor nennen: Der
Vektor in dem der Pfeil (P, Q) liegt, soll mit **PQ** bezeichnet werden. Wenden wir diese
Bezeichnungsvorschrift auf Bild 8.1 an, so finden wir z.B.:

OA = CB und **FG = AB = OC.**

Verschiebungen und Vektoren sind also einander eineindeutig zugeordnet.

Sind Vektoren in einem Koordinatensystem gegeben, so kann man sie mit Hilfe von
geordneten Zahlenpaaren schreiben. Dabei gibt die erste Zahl an, um wieviel Einheiten
man in Richtung der x-Achse verschieben muß, und die zweite Zahl legt die Verschiebung in Richtung der y-Achse fest. Einige Beispiele sollen diese Schreibweise verdeutlichen:

$$\mathbf{OA} = (1,3), \quad \mathbf{FG} = (3,1), \quad \mathbf{CJ} = (9,3), \quad \mathbf{JH} = (-3,2), \quad \mathbf{GI} = (3,-4),$$

$$\mathbf{BA} = (-3,-1), \quad \mathbf{CD} = (3,0), \quad \mathbf{DG} = (0, 6\tfrac{1}{2}).$$

(Beachten Sie (1,3) bezeichnet in diesem Kapitel einen Vektor, (1/3) dagegen einen
Punkt.)

8.2. Vektoraddition

Wir wollen jetzt sehen, was geschieht, wenn man zwei Verschiebungen nacheinander
ausführt. Beginnen wir mit der Verschiebung, die zu dem Vektor **OA** gehört, und
lassen dann die Verschiebung folgen, die dem Vektor **AB** entspricht, so erhalten wir
wieder eine Verschiebung. Diese Verschiebung, die durch das Nacheinanderausführen
entsteht, gehört zu dem Vektor **OB**. Wir haben hiermit eine Verknüpfung der Vektoren
festgelegt, die wir als Addition schreiben wollen:

AB + OA – OB

(Beachten Sie: **AB + OA** bedeutet, „führen Sie erst die zu **OA** gehörige Verschiebung
aus und anschließend die zu **AB** gehörige". Diese Reihenfolge haben wir auch bei der
Verküpfung von Transformationen im Kapitel 7 gewählt.)
Wenn wir die Vektoren als geordnete Zahlenpaare schreiben, so erhalten wir:

$$(3,1) + (1,3) = (4,4).$$

Im weiteren Verlaufe unserer Betrachtungen werden wir Vektoren auch mit kleinen
halbfett gedruckten Buchstaben bezeichnen. Wir setzen dann z.B.

OA = CB = a, AB = OC = b, OB = c.

Da die Pfeile, die einen Vektor bilden, alle die gleiche Länge und dieselbe Richtung haben, sagt man auch, daß der Vektor diese Länge und Richtung hat. Wenn man den Satz des Pythagoras kennt, kann man die Länge eines Vektors $\mathbf{d} = (r, s)$ berechnen zu $\sqrt{r^2 + s^2}$ und schreibt: $|\mathbf{d}| = \sqrt{r^2 + s^2}$.

Aus dem Bild 8.1 haben wir eben abgelesen:

$$\mathbf{AB} + \mathbf{OA} = \mathbf{OB} \quad \text{oder} \quad (3,1) + (1,3) = (4,4),$$

weiter sehen wir:

$$\mathbf{CB} + \mathbf{OC} = \mathbf{OB} \quad \text{oder} \quad (1,3) + (3,1) = (4,4).$$

Wir finden

$$\mathbf{a} + \mathbf{b} = \mathbf{c} \quad \text{und} \quad \mathbf{b} + \mathbf{a} = \mathbf{c},$$

also gilt

$$\mathbf{a} + \mathbf{b} = \mathbf{b} + \mathbf{a}.$$

In diesem Falle dürfen wir somit bei der Addition die Summanden vertauschen. Es ist leicht zu beweisen, daß die Vektoraddition eine kommutative Verknüpfung ist. Seien r, s, u und v relle Zahlen, so gilt für zwei Vektoren:

$$
\begin{aligned}
(r, s) + (u, v) &= (r + u, s + v) && \text{Additionsvorschrift} \\
&= (u + r. \, v + s) && \text{Kommutativgesetz der Addition} \\
& && \text{für reelle Zahlen} \\
&= (u, v) + (r, s) && \text{Additionsvorschrift}
\end{aligned}
$$

Vergleichen wir die beiden Vektoren $\mathbf{CD}$ und $\mathbf{CE}$, so sehen wir $\mathbf{CD} = (3,0)$ und $\mathbf{CE} = (-3,0)$, denn um C in E zu überführen, muß man in Richtung der x-Achse um drei Einheiten zurückverschieben. Die Addition dieser beiden Vektoren ergibt

$$\mathbf{CE} + \mathbf{CD} = (-3,0) + (3,0) = (0,0).$$

Den Vektor (0,0) nennen wir den *Nullvektor*. Die Pfeile, die in dem Nullvektor liegen, haben keine Länge und keine Richtung und sind von der Form (P, P). Dem Nullvektor entspricht die Verschiebung, die jeden Punkt festläßt, also die identische Abbildung. Die Summe der beiden Vektoren $\mathbf{CE}$ und $\mathbf{CD}$ ist der Nullvektor, da beide die gleiche Länge und entgegengesetzte Richtung haben. Wir sagen $\mathbf{CE}$ ist der inverse Vektor von $\mathbf{CD}$ und umgekehrt. Man sieht sofort, daß es zu jedem Vektor $\mathbf{PQ}$ genau einen inversen gibt, nämlich $\mathbf{QP}$. Den inversen Vektor zu $\mathbf{PQ}$ bezeichnet man mit $-\mathbf{PQ}$. (Diese Schreibweise übernimmt man von der Addition der reellen Zahlen.) Für unsere beiden Vektoren $\mathbf{CE}$ und $\mathbf{CD}$ gilt somit:

$$\mathbf{CD} = -\mathbf{CE} = \mathbf{EC} \quad \text{oder} \quad (3,0) = -(-3,0)$$

und

$$\mathbf{CE} = -\mathbf{CD} = \mathbf{DC} \quad \text{oder} \quad (-3,0) = -(3,0).$$

Der Vektor **a** *und sein inverser Vektor* − **a** *sind parallel, haben gleiche Länge doch entgesetzte Richtung.*

Jetzt wollen wir noch untersuchen, wie man die mehrfache Addition von gleichen Vektoren vereinfacht schreiben kann. Nehmen wir z.B. den Vektor **OC** viermal als Summanden, so gilt:

$$\mathbf{OC} + \mathbf{OC} + \mathbf{OC} + \mathbf{OC} = (3,1) + (3,1) + (3,1) + (3,1) = (12,4) = \mathbf{OJ}.$$

Als sinnvoll bietet sich folgende Schreibweise an:

$$4 \cdot (3,1) = (12,4) \quad \text{oder auch} \quad 4 \cdot \mathbf{OC} = \mathbf{OJ},$$

da man den Vektor **OC** viermal als Summanden nimmt. Liest man $4 \cdot (3,1)$ als „multipliziere jede Zahl des Paares $(3,1)$ mit dem Fakor 4", so kommt man zu demselben Ergebnis. Da die Vektoren $(3,1)$ und $(12,4)$ dieselbe Richtung haben, der zweite Vektor aber die vierfache Länge des ersten, kann man sagen, multipliziert man einen Vektor mit der Zahl 4, so erhält man einen gleichgerichteten Vektor von vierfacher Länge. Übertragen wir diese Art der Multiplikation auf andere Zahlen und Vektoren, so finden wir z.B. $2\frac{1}{2} \cdot \mathbf{OE} = 2\frac{1}{2} \cdot (0, 1) = (0, 2\frac{1}{2}) = \mathbf{IH}$. Wieder haben beide dieselbe Richtung und ihre Längen verhalten sich wie 1 zu $2\frac{1}{2}$.

Die an den beiden Beispielen durchgeführten Überlegungen veranlassen uns zu der folgenden Definition:

$$\lambda(r, s) = (\lambda r, \lambda s) \quad \text{wobei} \quad \lambda \in \mathbf{R}^{+}.$$

Aus der Zeichnung erkennt man, daß (r, s) und $\lambda(r, s)$ dieselbe Richtung haben. Nach dem Satz des Pythagoras findet man für ihre Längen $\sqrt{r^2 + s^2}$ bzw. $\sqrt{(\lambda r)^2 + (\lambda s)^2} = \lambda \sqrt{r^2 + s^2}$. Zusammenfassend darf man daher sagen: *Die Vektoren* **a** *und* λ**a** *(mit* $\lambda \in \mathbf{R}^{+}$) *haben dieselbe Richtung, ihre Längen stehen im Verhältnis* $1:\lambda$.

Bevor Sie mit den Übungen beginnen, wollen wir uns noch einige zusammengesetzte Verschiebungen in Bild 8.1 ansehen. Die Definition der Addition von Vektoren ermöglicht uns, den Vektor **OJ** als Summe mehrerer Vektoren zu schreiben:

$$\mathbf{OA} + \mathbf{AF} + \mathbf{FG} + \mathbf{GH} + \mathbf{HJ} =$$
$$= (1,3) + (2,3\tfrac{1}{2}) + (3,1) + (3, -1\tfrac{1}{2}) + (3, -2)$$
$$= (1 + 2 + 3 + 3 + 3, \; 3 + 3\tfrac{1}{2} + 1 - 1\tfrac{1}{2} - 2)$$
$$= (12,4)$$
$$= \mathbf{OJ}$$

$$\mathbf{OC} + \mathbf{CD} + \mathbf{DJ} = (3,1) + (3,0) + (6,3)$$
$$= (12,4)$$
$$= \mathbf{OJ}.$$

Übungen

Die Aufgaben 1 bis 6 beziehen sich auf das Bild 8.1.

1. Schreiben Sie als geordnete Zahlenpaare:

    a) **OF**, b) **OG**, c) **OH**, d) **OD**, e) **BG**,

    f) **BH**, g) **IJ**, h) **IG**, i) **IB** k) **BC**,

    l) **BA**, m) **GD**, n) **DJ**, o) **CJ**, p) **AE**.

2. Schreiben Sie die folgenden Vektoren in der Form **PQ** ohne das Zeichen „−":

    a) −**BD**, b) −**FI**, c) −**HE**, d) −**BE**.

3. Verwenden Sie nur die in Bild 8.1 bezeichneten Punkte.

    a) Welche Pfeile sind zu (O, C) parallelgleich?

    b) Welche Pfeile sind zu (O, A) parallelgleich?

    c) Welche Pfeile liegen in dem Vektor **AF**?

    d) Welche Vektoren haben die gleiche Richtung wie der Vektor **BJ**?

    e) Welche Vektoren sind mit dem Vektor **GD** gleichgerichtet?

    f) Welche Vektoren haben die gleiche Länge wie der Vektor **CB**?

    g) Welche Vektoren haben die gleiche Länge wie der Vektor **BD**, aber nicht die
       gleiche Richtung wie **BD**?

4. Schreiben Sie die folgenden Summen als einen Vektor:

    a) **OA** + **AF**, b) **FG** + **GH**, c) **CD** + **DH**,

    d) **BG** + **GH** + **HJ**, e) **BI** + **IH** + **HF**,

    f) **OA** + **AF** + **FH** + **HI** + **IJ** + **JD** + **DB**,

    g) **OB** − **CB**, h) **OH** − **CH**, i) **BC** − **IC**,

    k) **IC** − **BC**, l) **CD** + **CE**, m) **GJ** − **CJ**,

    n) **OH** + **HI** − **GI** − **BG**, o) **OC** + **CF** − **IF** − **DI** + **DE**,

    p) **AF** + **FB** + **BA**, q) **IJ** + **JI**,

    r) **OA** + **AF** + **FG** + **GH** + **HJ** + **JD** + **DC** + **CO**.

5. Schreiben Sie in den folgenden Ausdrücken die Vektoren **PQ** als geordnete
    Zahlenpaare und geben Sie dann jeweils als ein geordnetes Zahlenpaar den Vektor
    an, der durch die Ausdrücke gegeben ist:

    a) $\frac{1}{2}$ (**OA** + **OC**), b) $\frac{1}{5}$ (2 · **BH** + 3 · **BI**), c) $\frac{1}{11}$ (10 · **BF** + **BC**),

    d) $\frac{1}{13}$ (6 · **BG** + 7 · **BD**), e) $\frac{1}{2}$ (**CB** − **DC**),

    f) **OA** − 2 · **AF** + 3 · **FG**, g) $\frac{1}{3}$ (**OA** + **OB** + **OC**),

    h) **OJ** − 4 · **OC**.

    i) Zeigen Sie, daß a) ein Vektor **OK** ist, wobei der Punkt K, die Strecke AC
       halbiert.

    k) Zeigen Sie, daß b) ein Vektor **BL** ist, wobei der Punkt L die Strecke HI im
       Verhältnis 3:2 teilt.

l) Zeigen Sie, daß c) ein Vektor **BM** ist, wobei der Punkt M die Strecke FC im Verhältnis 1:10 teilt.

m) Zeigen Sie, daß d) ein Vektor **BN** ist, wobei N die Strecke GD im Verhältnis 7:6 teilt.

n) Zeigen Sie, daß e) ein Vektor **CP** ist, wobei P der Mittelpunkt der Strecke BD ist.

o) Zeigen Sie, daß g) ein Vektor **OQ** ist, wobei Q der Schwerpunkt des Dreiecks ABC ist (der Schwerpunkt ist der Schnittpunkt der Seitenhalbierenden eines Dreiecks).

6. Im Abschnitt 8.6 werden wir das Skalarprodukt zweier Vektoren behandeln. Sind zwei Vektoren (a, b) und (c, d) gegeben, so kann man ihr Skalarprodukt (a, b) (c, d) definieren als das folgende Matrizenprodukt

$$(a \quad b) \begin{pmatrix} c \\ d \end{pmatrix} = ac + bd.$$

Das Skalarprodukt **PQ** · **RS** ist genau dann gleich 0, wenn die beiden Vektoren senkrecht zueinander stehen.

Betrachten wir z.B. die beiden Vektoren **CD** = (3,0) und **HI** = $(0,2\frac{1}{2})$, so finden wir **CD** · **HI** = 0. (Man spricht von einem Skalarprodukt, weil das Produkt ein Skalar, eine Zahl, ist.)

Zeigen Sie mit Hilfe dieser Tatsache, daß jeweils folgende zwei Vektoren senkrecht zueinander stehen:

a) **AC, OB,**   b) **OH, BD,**   c) **OE, EC,**   d) **CD, DG.**

8.3. Vektoren ohne Koordinatensystem

Die Erkenntnisse des Abschnittes 8.2 wollen wir jetzt in einer etwas abweichenden Form nochmals betrachten. In Bild 8.1 haben wir ein kartesisches Koordinatensystem verwendet, doch sind die gefundenen Ergebnisse unabhängig vom Koordinatensystem. (Vergleichen Sie die Addition von Matrizen im Abschnitt 7.6.) Wir wollen in den folgenden Abschnitten Vektoren betrachten, ohne dabei ein Koordinatensystem zu verwenden. Die Vektoren werden mit Hilfe von halbfett gedruckten Buchstaben a, b, c oder auch in der Form **PQ, QR** usw. geschrieben. Hierbei können zwei verschiedene Pfeile (P, Q) und (S, R) denselben Vektor a repräsentieren, wenn sie parallelgleich sind.

Die Länge eines Vektors a nennt man den *Betrag von* a und schreibt dafür | a |. Ein Vektor, dessen Betrag 1 ist, nennt man *Einheitsvektor*. Hat ein Vektor den Betrag 0, so spricht man vom *Nullvektor*, wir schreiben **0**. Zwei Vektoren a und b sind gleich, wenn sie gleichen Betrag und gleiche Richtung haben; man schreibt dann a = b. Stimmen zwei Vektoren in ihrem Betrag überein und haben entgegengesetzte Richtung, so bezeichnet man sie mit a und −a. Ist a = **PQ**, so ist −a = **QP**.

In dem Parallelogramm SRQP des Bildes 8.2 setzen wir a = **PQ** und b = **QR**. Dann gilt **PQ** = **SR** = a und **QR** = **PS** = b.

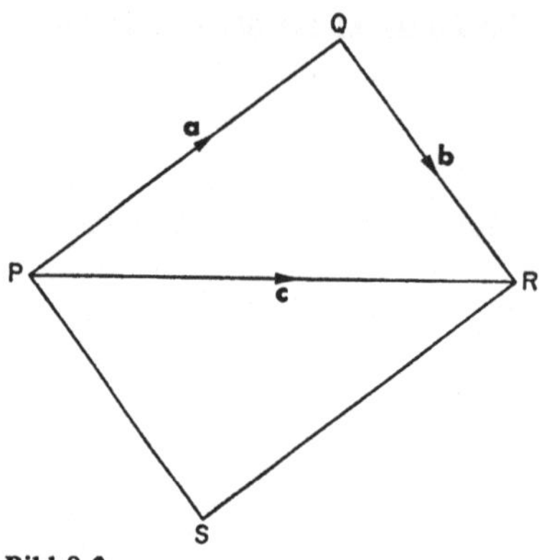

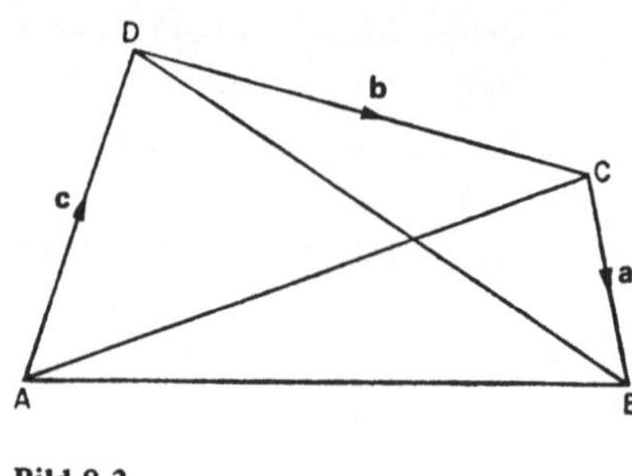

Bild 8.3

Bild 8.2

Betrachten wir die zu den Vektoren gehörenden Verschiebungen und verknüpfen diese, so finden wir:

$$\mathbf{QR} + \mathbf{PQ} = \mathbf{PR} \text{ d. h. } \mathbf{b} + \mathbf{a} = \mathbf{c} \text{ mit } \mathbf{PR} = \mathbf{c}$$

und

$$\mathbf{SR} + \mathbf{PS} = \mathbf{PR} \text{ d. h. } \mathbf{a} + \mathbf{b} = \mathbf{c}.$$

Wie schon im Abschnitt 8.2 sehen wir, für je zwei Vektoren **a** und **b** gilt $\mathbf{a} + \mathbf{b} = \mathbf{b} + \mathbf{a}$. *Die Addition der Vektoren ist kommutativ.*

Im Viereck ABCD des Bildes 8.3 setzen wir $\mathbf{AD} = \mathbf{c}$, $\mathbf{DC} = \mathbf{b}$ und $\mathbf{CB} = \mathbf{a}$. Betrachten wir nun hier einige Verschiebungen und die ihnen entsprechenden Vektoren, so finden wir:

$$\mathbf{AB} = \mathbf{DB} + \mathbf{AD} = (\mathbf{CB} + \mathbf{DC}) + \mathbf{AD} =$$
$$= (\mathbf{a} + \mathbf{b}) + \mathbf{c}$$

und

$$\mathbf{AB} = \mathbf{CB} + \mathbf{AC} = \mathbf{CB} + (\mathbf{DC} + \mathbf{AD}) =$$
$$= \mathbf{a} + (\mathbf{b} + \mathbf{c}).$$

Wir sehen also, für je drei Vektoren **a**, **b** und **c** gilt

$$(\mathbf{a} + \mathbf{b}) + \mathbf{c} = \mathbf{a} + (\mathbf{b} + \mathbf{c}).$$

Die Addition von Vektoren ist assoziativ.

Ist k eine positive Zahl und *l* ein Vektor, so ist $k \cdot l$ ein Vektor, der dieselbe Richtung wie *l* hat und für dessen Betrag gilt $|k \cdot l| = k|l|$. Die beiden Dreiecke des Bildes 8.4 ABC und A′B′C′ sind ähnlich und die Vektoren **AB** und **BC** parallel zu A′C′ und B′C′. Daher sind auch die beiden Vektoren **AC** und **A′C′** parallel. (Dies folgt aus einem Satz über ähnliche Dreiecke.)

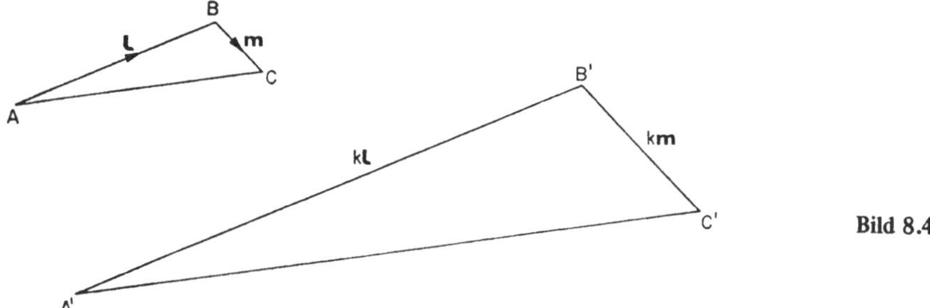

Bild 8.4

Verwenden wir die Bezeichnungen des Bildes 8.4, so haben wir:

$$\mathbf{AC} = \mathbf{m} + \mathit{l}$$

und

$$\mathbf{A'C'} = k \cdot \mathbf{AC} = k(\mathbf{m} + \mathit{l}).$$

Andererseits gilt aber auch nach den Sätzen über ähnliche Dreiecke:

$$\mathbf{A'C'} = \mathbf{B'C'} + \mathbf{A'B'} = k \cdot \mathbf{BC} + k \cdot \mathbf{AB} = k\,\mathbf{m} + k\,\mathit{l}.$$

Wir sehen, für eine positive Zahl k und zwei Vektoren m, l gilt:

$$k(\mathbf{m} + \mathit{l}) = k\,\mathbf{m} + k\,\mathit{l}.$$

Die Multiplikation eines Vektors mit einer positiven Zahl ist distributiv. Man erkennt auch sofort, daß diese Multiplikation kommutativ ist.

8.4. Anwendungen in der Elementaren Geometrie

Beispiele:

(1)　Im Dreieck ABC des Bildes 8.5 seien die Punkte X, Y, Z die Mittelpunkt der drei Seiten AB, AC und BC. Zeigen Sie, daß die Seiten des Dreiecks XYZ zu den entsprechenden Seiten des Dreiecks CBA parallel sind.

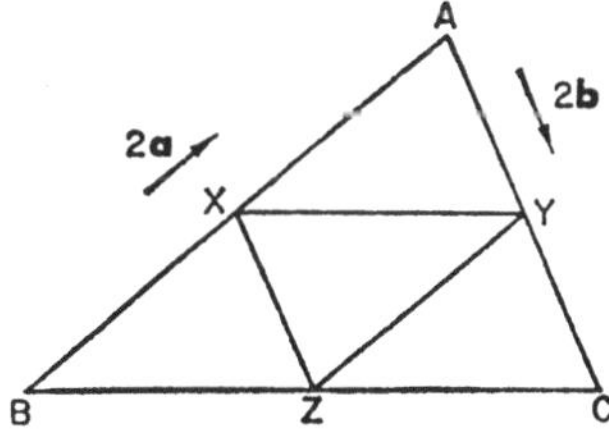

Bild 8.5

Wir betrachten die durch die sechs Punkte bestimmten Vektoren und setzen

$$\mathbf{BA} = 2\mathbf{a}, \quad \mathbf{AC} = 2\mathbf{b}.$$

Dann gilt

$$\mathbf{BX} = \mathbf{XA} = \mathbf{a} \quad \text{und} \quad \mathbf{AY} = \mathbf{YC} = \mathbf{b}.$$

Nun ist

$$XY = AY + XA = b + a$$

und

$$BC = AC + BA = 2b + 2a = 2(b + a).$$

Wir haben also gefunden,

$$BC \text{ ist aprallel zu } XY \text{ und } |BC| = 2|XY|.$$

Da $BC = 2a + 2b$ und Z der Mittelpunkt von der Strecke BC ist, gilt

$$ZC = a + b.$$

Für den Vektor ZY finden wir daher:

$$ZY = CY + ZC =$$
$$= ZC + CY =$$
$$= a + b + (-b) =$$
$$= a.$$

Somit ist $BA = 2 \cdot ZY$ und wir haben gefunden: Die Vektoren BA und ZY sind zueinander parallel und ihre Beträge stehen im Verhältnis $2:1$. Entsprechend finden wir $2 \cdot XZ = AC$ und haben damit die uns gestellte Aufgabe gelöst.

(2) Gegeben seien drei Punkte P, Q, R einer Geraden und ein Punkt A außerhalb dieser Geraden. Die Vektoren AP, AQ und AR werden mit a, b und c bezeichnet. Für die Beträge der Vektoren PR und RQ soll gelten $|PR| : |RQ| = l : m$. Stellen Sie den Vektor c mit Hilfe von a und b dar.

Mit den Bezeichnungen des Bildes 8.6 können wir schreiben:

$$c = QR + b \quad \text{oder} \quad QR = c - b$$

und

$$c = PR + a \quad \text{oder} \quad PR = c - a.$$

Nun ist laut Voraussetzung

$$|PR| : |RQ| = l : m,$$

also

$$m \cdot PR = l \cdot RQ \quad \text{oder} \quad m \cdot PR - l \cdot RQ = 0$$

und damit

$$m \cdot PR + l \cdot QR = 0$$

d.h.

$$m(c - a) + l(c - b) = 0.$$

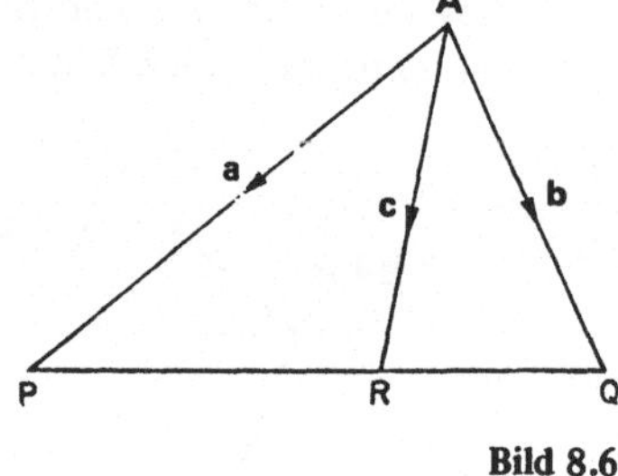

Bild 8.6

Da die Multiplikation eines Vektors mit einer Zahl distributiv ist, erhält man:

$$mc - ma + lc - lb = 0$$

$$c(m + l) - ma - lb = 0$$

$$c(m + l) = ma + lb$$

$$c = \frac{l}{m + l}\,(ma + lb).$$

(3) Gegeben sei ein Dreieck ABC mit seinem Schwerpunkt G (G ist der Schnittpunkt der Seitenhalbierenden des Dreiecks) und ein fester Punkt O außerhalb des Dreiecks (Bild 8.7). Die Vektoren **OA**, **OB** und **OC** seien mit **a**, **b** und **c** bezeichnet. (Diese Vektoren nennt man auch Ortsvektoren, wenn man O als festen Bezugspunkt wählt.) Der Vektor **OG** soll mit Hilfe der Vektoren **a**, **b**, **c** geschrieben werden!

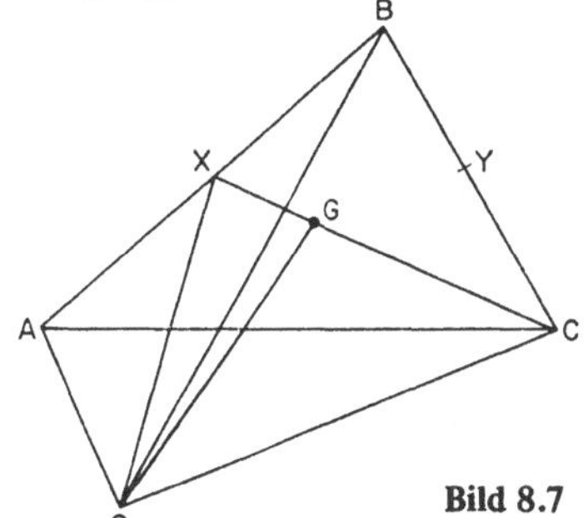

Bild 8.7

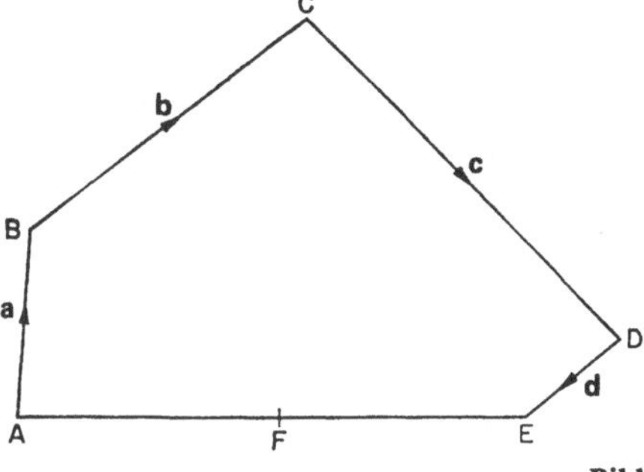

Bild 8.8

Sind X und Y die Mittelpunkte der Seiten AB und BC, so ist $\mathbf{XY} = \frac{1}{2} \cdot \mathbf{AC}$ (siehe Beispiel 1) und nach den Strahlensätzen gilt $|\mathbf{XG}| : |\mathbf{GC}| = 1:2$.

Wenden wir jetzt das Ergebnis vom 2. Beispiel auf die Punkte O, B, X, A an, so erhalten wir

$$\mathbf{OX} = \tfrac{1}{2}(a + b).$$

Betrachten wir danach die Punkte O, C, G, X und wenden wieder das Ergebnis des 2. Beispiels an, so haben wir

$$\mathbf{OG} = \frac{1}{2 + 1}\,(2 \cdot \mathbf{OX} + \mathbf{OC}) = \frac{1}{3}(a + b + c).$$

Übungen

1. Schreiben Sie mit Hilfe der Vektoren a, b, c, d, wie sie durch Bild 8.8 festgelegt sind, die folgenden Vektoren:

a) **AC**,   b) **BD**,   c) **AD**,   d) **BE**,   e) **AE**,

f) **FB**,   g) **FC**,   h) **FD**,

wobei F der Mittelpunkt der Strecke AE ist.

Prüfen Sie Ihr Ergebnis, indem sie zeigen, daß **FB** − **FD** = **DB** ist.

2. ABCDEF sei ein regelmäßiges Sechseck und O der Mittelpunkt des Umkreises (Bild 8.9). Schreiben Sie mit Hilfe von **a**, **b**, **c** die folgenden Vektoren:

a) **DE**, b) **EF**, c) **FA**, d) **OC**, e) **OD**,

f) **OE**, g) **AC**, h) **AD**, i) **AE**.

Zeigen Sie die Richtigkeit von **a** + **c** = **b**.

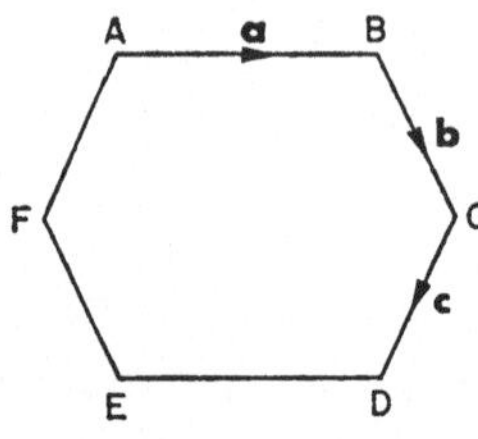

Bild 8.9

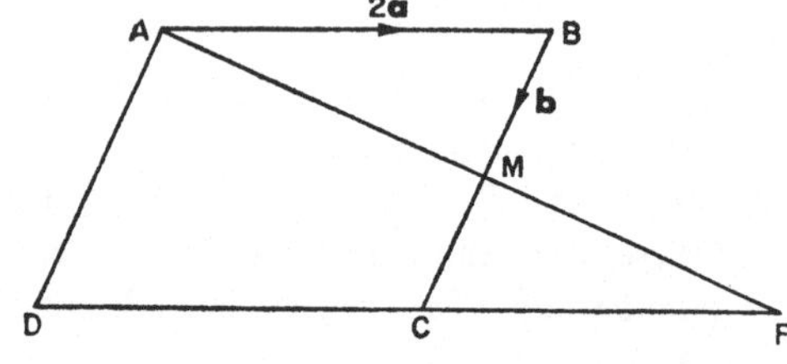

Bild 8.10

3. Das Bild 8.10 zeigt ein Parallelogramm ABCD. M ist der Mittelpunkt der Seite BC. Es sei **AB** = 2a und **BM** = **b**. Schreiben Sie die folgenden Vektoren mit Hilfe von **a** und **b**:

a) **AM**, b) **BC**, c) **AD**, d) **DC**, e) **AC**.

Der Punkt F sei der Schnittpunkt der Verlängerung der beiden Strecken AM und DC über M bzw. C hinaus. Zeigen Sie, daß **AM** = **MF** gilt. Zeigen sie ferner, daß **AC** = **BF** gilt.

4. In dem Bild 8.11 soll gelten: **PR** = $\frac{1}{2}$ · **PQ** und **SQ** = $\frac{1}{3}$ · **PQ**. Schreiben Sie **OR**, **OS**, **RS** mit Hilfe von **a** und **b**.

5. Das Viereck ABCD des Bildes 8.12 sei ein Quadrat und G der Schnittpunkt seiner Diagonalen. (G ist der Schwerpunkt des Quadrates.) Die Ortsvektoren **OA**, **OB**, **OC**, **OD** bezüglich eines festen Punktes O außerhalb des Quadrates werden mit **a**, **b**, **c** und **d** bezeichnet. Schreiben Sie den Vektor **OG** einmal mit Hilfe von **a**, **c** und einmal mit Hilfe von **b**, **d**. Zeigen Sie dann, daß **a** + **c** = **b** + **d** gilt. Schreiben Sie **DA** und **CB** mit Hilfe der Vektoren **a**, **b**, **c**, **d** und zeigen Sie erneut die Richtigkeit von **a** + **c** = **b** + **d**.

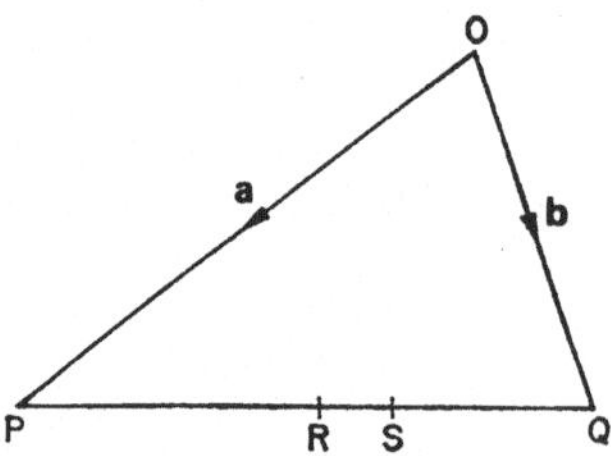

Bild 8.11

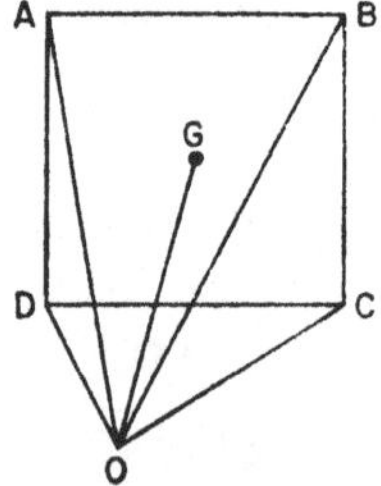

Bild 8.12

6. ABCD sei ein Rechteck und PQCD sei ein Parallelogramm. Zeigen Sie mit Hilfe der Vektorrechnung, daß PQBA ein Parallelogramm ist. (Hinweis: setzen Sie **DA** = **a** und **DP** = **b** und schreiben Sie dann **AP, BQ** mit Hilfe der Vektoren **a** und **b**.)

7. Die Eckpunkte eines Dreiecks bestimmen die Vektoren **AB** = **a**, **BC** = **b** und **CA** = **C**. Zeigen Sie, daß **a** + **b** + **c** = **0** gilt.

8. ABC sei ein Dreieck und D, E, F seien die Mittelpunkte seiner Seiten. Der Schnittpunkt der Seitenhalbierenden werde mit S bezeichnet. Beweisen Sie, daß **SD** + **SE** + **SF** = **SA** + **SB** + **SC** gilt.

9. ABCD sei ein Viereck. Der Punkt M halbiere BD und N halbiere AC. Beweisen Sie, daß **AB** + **AD** + **CB** + **CD** = 4 · **NM** gilt.

10. ABCD sei ein Viereck. Bezüglich eines festen Punktes O seien **a**, **b**, **c** und **d** die Ortsvektoren der vier Eckpunkte. Schreiben Sie die Ortsvektoren der Mittelpunkte der Viereckseiten mit Hilfe von **a**, **b**, **c**, **d**. Beweisen Sie dann, daß die Mittelpunkte der Seiten eines Vierecks ein Parallelogramm bilden.

11. Zeigen Sie, daß wenn in einem Viereck die Diagonalen gleich lang sind, die Mittelpunkte der Seiten eine Raute bilden.

12. Die beiden Punkte P und Q liegen auf der Diagonalen BD eines Parallelogramms ABCD und es gilt | **BQ** | = | **PD** |. Zeigen Sie mit Hilfe der Vektorrechnung, daß AQCP ein Parallelogramm ist.

13. Beweisen Sie: Sind **a**, **b**, **c** die Ortsvektoren der Punkte A, B, C bezüglich eines festen Punktes O und gibt es drei reelle Zahlen a, b, c, für die gilt a**a** + b**b** + c**c** = 0 und a + b + c = 0, so liegen die drei Punkte auf einer Geraden. (Beachten Sie, daß im Beispiel 2 die Umkehrung dieses Satzes bewiesen worden ist.)

14. Beweisen Sie, daß die Menge aller Vektoren l**a** + m**b** (l, $m \in R$ und **a**, **b** zwei vorgegebene nicht parallele Vektoren) eine additive Gruppe bilden, die aus unendlich vielen Elementen besteht.

8.5. Anwendung der Vektoraddition auf die Physik

Es gibt physikalische Größen, die durch ihren Betrag und ihre Richtung bestimmt sind, man spricht von vektoriellen Größen. (Exakt gesagt sind es Größen, die durch Vektoren dargestellt werden und den Gesetzen der Vektoraddition gehorchen. Diese Voraussetzung ist bei den folgenden Anwendungen stets erfüllt.)

Wie wir gesehen haben, ist die Verschiebung eine vektorielle Größe. Will man von London nach Manchester fahren, so genügt es nicht zu sagen, daß man 184 Meilen zurücklegen muß, man muß auch die Richtungen der einzelnen Wegstrecken kennen. Geschwindigkeit und Beschleunigung sind ebenfalls vektorielle Größen. Kein Fahrzeug wird das Rennen von Monte Carlo allein dadurch gewinnen, daß es mit höchster Geschwindigkeit fährt. Die Fahrtrichtung und ihre Änderung sind von entscheidender Bedeutung.

Drehmoment und Impuls sind vektorielle Größen. Ein Fußballspieler kommt nicht allein mit einem kräftigen Schuß aus. Er muß dazu sorgfältig die Richtung beachten, in der er dem Ball einen Impuls verleiht. Die Kraft ist ebenfalls eine vektorielle Größe, doch bei ihr muß man noch die Wirkungslinie kennen. Wir können jedoch die Gesetze der Vektoraddition auf Kräfte anwenden, die denselben Angriffspunkt haben, um ihre resultierende Kraft zu bestimmen. Unsere Rechnung wird jedoch nur zu Aussagen über den Betrag und die Richtung der resultierenden Kraft führen und nicht die Wirkungslinie der Kraft bestimmen.

Bewegungsenergie, Arbeit, Wärmemenge usw. sind keine vektoriellen Größen.

Beispiele:

(1) Ein Flugzeug habe eine Eigengeschwindigkeit von 200 Knoten. Es herrsche beständig Wind aus Süd-West mit 40 Knoten Geschwindigkeit. Der Pilot will genau nach Norden fliegen, welchen Kurs muß er wählen und welche Geschwindigkeit hat er relativ zur Erde. Auf dem Rückflug hat sich der Wind nicht geändert, welchen Kurs schlägt er nun ein und welche Geschwindigkeit hat er relativ zur Erde.

Die Geschwindigkeit relativ zur Erde, d.h. relativ zu einem ruhenden Beobachter auf der Erde, wollen wir mit g bezeichnen. Sie ist die Resultante der Eigengeschwindigkeit **a** und der Windgeschwindigkeit **w**, d.h. a + w = g. Obwohl das Flugzeug entlang der Strecke AC fliegt, können wir uns die Bewegung zusammengesetzt denken aus der Bewegung entlang der Strecke AB bei Windstille und der Bewegung durch den Wind von B nach C. In Wirklichkeit finden beide Bewegungen gleichzeitig statt. Das Flugzeug fliegt von A nach C, doch seine Spitze zeigt während der ganzen Reise in Richtung des Vektors **AB**. Die Geschwindigkeitsdreiecke für Hin- und Rückflug zeigt das Bild 8.13. Kurs und Relativgeschwindigkeit zur Erde sind durch geometrische Konstruktion bestimmt worden.

(2) Eine Billardkugel trifft in eine rechtwinklige Ecke und empfängt von jeder Wand einen Impuls, wie das Bild 8.14 angibt. In welche Richtung prallt die Kugel zurück?

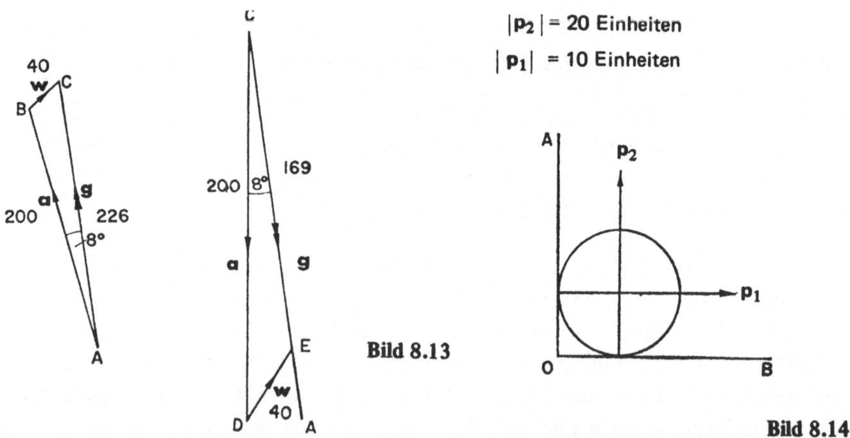

Bild 8.13

Bild 8.14

Der resultierende Impuls, Vektor **p**, ist bestimmt durch die Summe der beiden
Impulse **p₁**, **p₂**, die senkrecht zueinander stehen. Also gilt **p** = **p₁** + **p₂**. Betrag
und Richtung von **p** kann man durch Zeichnung finden oder mit Hilfe der Winkel-
funktionen und des Lehrsatzes von Pythagoras. Der Rückstoß erfolgt längs einer
Geraden, die mit der Strecke OA einen Winkel von 26° 34′ bildet, sein Tangens-
wert beträgt $\frac{10}{20}$. Der Impuls **p** hat den Betrag $\sqrt{(20^2 + 10^2)}$ Einheiten, d. h.
22,36 Einheiten. (Siehe Bild 8.15)

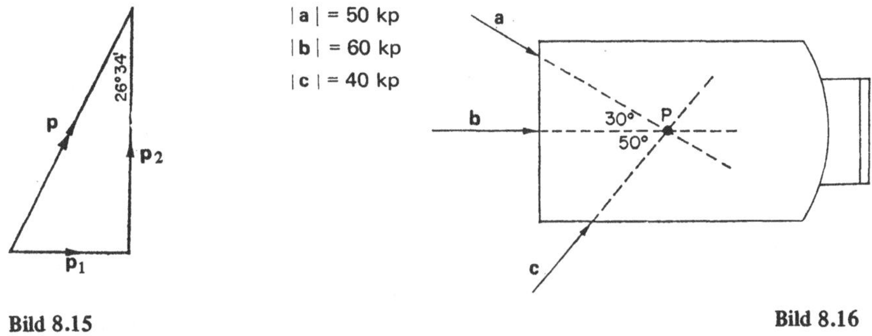

Bild 8.15   **Bild 8.16**

(3)   Drei Männer schieben einen Kraftwagen, der Motorschaden hat. Dabei setzen sie
ihre Kräfte so an, wie es Bild 8.16 zeigt. Ein vierter Mann kommt vorbei und
prahlt, er könne den Wagen leicht mit einer Hand bewegen. Die drei anderen er-
lauben ihm, seinen Vorschlag in die Tat umzusetzen. In welche Richtung und
mit welcher Kraft muß der Prahler schieben?

Die angesetzten Kräfte bezeichnen wir mit drei Vektoren **a**, **b**, **c**. Wenn der
Vektor **d** die Kraft repräsentiert, die der vierte Mann allein aufwenden muß, so
gilt **d** = **a** + **b** + **c**. Aus der geometrischen Konstruktion (Bild 8.17) der Vektor-
summe sehen wir, der gesuchte Vektor **d** hat den Betrag |**d**| = 129 kp und bildet
mit der Bewegungsrichtung des Fahrzeuges einen Winkel von 2,5°. Beachten Sie,
daß uns das Bild 8.17 nicht den Punkt angibt, an dem der vierte Mann seine
Kraft ansetzen muß. Schneiden sich jedoch die Wirkungslinien der ersten drei
Kräfte in dem Punkt P (Bild 8.16), dann weiß man aus der Physik, daß die
Wirkungslinie der vierten Kraft auch durch diesen Punkt gehen muß. (Man mag
vermuten, daß die vierte Kraft in die Bewegungsrichtung des Fahrzeuges zeigen
müßte. Doch das hier bestimmte Ergebnis ist durchaus möglich, da die Wölbung
und die Beschaffenheit der Straße die Bewegung beeinflussen.)

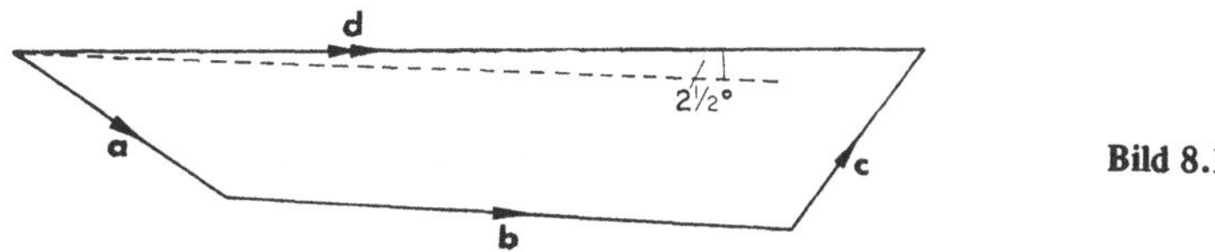

Bild 8.17

Übungen

1. Ein Mann geht mit einer Geschwindigkeit von 4 Knoten relativ zum Deck von der Backbord- zur Steuerbordseite eines Dampfers, der mit 12 Knoten direkt nach Westen fährt. Mit welcher Geschwindigkeit und in welche Richtung geht der Mann relativ zur Erde?

2. Bei der Fahrt des Schiffes aus Aufgabe 1 soll Nordwind herrschen mit einer Geschwindigkeit von 6 Knoten. In welche Richtung zeigt dann die Rauchfahne des Dampfers?

3. Wir nehmen an, ein Schwimmer kann im ruhigen Wasser 6 km in der Stunde zurücklegen. Die Punkte A und B mögen sich an den Ufern eines Flusses, der eine Breite von 500 m hat, genau gegenüberliegen. (Die Strecke AB soll also senkrecht zu den parallelen Ufern sein.) Das Wasser des Flusses möge mit einer Geschwindigkeit von 2 km je Stunde fließen.

   a) Angenommen der Mann schwimmt direkt in Richtung von Vektor **AB**. Wieviel Meter von B entfernt wird er das Ufer erreichen, welche Zeit benötigt er und wie groß ist seine Geschwindigkeit relativ zur Erde?

   b) Welchen Kurs muß der Schwimmer wählen, wenn er von A aus genau am Punkt B landen will? Welche Zeit benötigt er in diesem Falle und wie groß ist seine Geschwindigkeit relativ zur Erde?

4. Ein Rad möge mit konstanter Winkelbeschleunigung rotieren. Die Drehachse gehe durch den Punkt O, A sei ein Punkt auf dem Rand des Rades und durch eine Speiche mit O verbunden. B sei der Mittelpunkt von OA. Der Punkt A habe eine Linearbeschleunigung von 4 cm/s^2 und eine Lineargeschwindigkeit von 6 cm/s. Ein Käfer krabbelt auf der Speiche von O nach A. Als er den Punkt B erreicht, hat er eine Beschleunigung von 2 cm/s^2 und eine Geschwindigkeit von 4 cm/s relativ zur Speiche. Bestimmen Sie die Geschwindigkeit und die Beschleunigung, die der Käfer in diesem Augenblick gegenüber einem ruhenden Beobachter hat.

5. Ein Urlauber geht auf einem Wanderweg von Ort A zu Ort D. Er läuft zuerst 4 km in Richtung N 60° O, dann 3 km direkt nach Norden und zuletzt 2 km in Richtung Nord-Ost. Eine Krähe fliegt direkt von A nach D. Bestimmen Sie Richtung und Länge ihres Fluges. Wieviel Minuten weniger als der Wanderer benötigt die Krähe, wenn der Vogel 12 km in der Stunde fliegt und der Wanderer in der gleichen Zeit 4 km zurücklegt?

6. Ein Elektronenstrahl ist entlang der Feldlinien eines homogenen elektrischen Feldes, dessen Feldstärke 20 Einheiten beträgt, gerichtet. Einen ganz kurzen Augenblick wirkt ein zweites homogenes elektrisches Feld, dessen Feldlinien zu denen des ersten senkrecht verlaufen und das eine Feldstärke von 5 Einheiten hat, auf den Elektronenstrahl. Bestimmen Sie den Ablenkungswinkel des Elektronenstrahles. Ein drittes homogenes elektrisches Feld, senkrecht zu den beiden anderen, mit einer Feldstärke von 10 Einheiten wirkt ebenfalls einen ganz kurzen Augenblick auf den Strahl. Bestimmen Sie die Ablenkung aus der ursprünglichen Richtung.

7.   Die Orte A, B, C, D bestimmen ein Quadrat von 100 km Seitenlänge. **AB** ist
genau nach Osten gerichtet, der Wind bläst mit einer Geschwindigkeit von 50 km
pro Stunde aus Nordwest. Ein Flugzeug fliegt entlang der Seiten des Quadrates
von A nach A, seine Reisegeschwindigkeit bei Windstille beträgt 200 km pro
Stunde. Bestimmen Sie die Zeit, die das Flugzeug für die Rundreise benötigt.
Um wieviel Minuten weicht diese Zeitangabe von der Zeit ab, die das Flugzeug
bei Windstille benötigen würde?

8.6. Das skalare Produkt zweier Vektoren

Das skalare Produkt zweier Vektoren, auch *inneres Produkt* genannt, ist definiert als
das Produkt ihrer Längen multipliziert mit dem Kosinus, des von ihnen eingeschlossenen
Winkels φ. D.h.

ab $= |$**a**$| \, |$**b**$| \cos \varphi$

Diese Produktbildung ist natürlich kommutativ, da $|$**a**$|$, $|$**b**$|$ und $\cos \varphi$ reelle Zahlen sind.
Also gilt für je zwei Vektoren:

ab = ba.

Will man das Skalarprodukt **aa** bilden, so muß man beachten, daß hier $\varphi = 0°$ und
$\cos 0° = 1$ ist. Also

aa $= |$**a**$| \, |$**a**$| = |$**a**$|^2$.

Stehen die beiden Vektoren **a** und **b** senkrecht zueinander, so ist $\varphi = 90°$ (im Bogen-
maß $\frac{\pi}{2}$) und $\cos 90° = 0$.
Also **ab** $= 0$ gilt genau dann, wenn **a** senkrecht auf **b** steht oder wenn einer der beiden
Vektoren der Nullvektor ist.
Wir wollen nun zeigen, daß für die skalare Multiplikation auch das distributive Gesetz
gilt.
Die Vektoren **PQ**, **QR**, **PU**, **PR** des Bildes 8.18 bezeichnen wir mit **a**, **b**, **c**, **d**. Dann
gilt:

(a + b) c = dc $= |$**PR**$| \, |$**PU**$| \cos \varphi = |$**PS**$| \, |$**PU**$|$ $(\varphi = \sphericalangle$ RPU$)$.

Ferner gilt:

ac $= |$**PT**$| \, |$**PU**$|$

und

bc $= |$**TS**$| \, |$**PU**$|$.

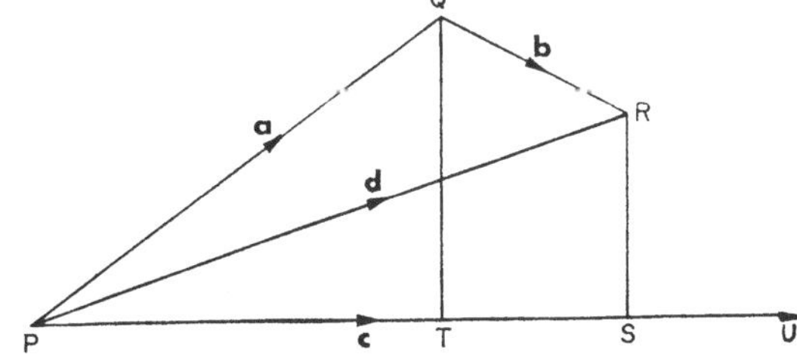

Bild 8.18

Somit folgt

$$\mathbf{ac} + \mathbf{bc} = (|\,\mathbf{PT}\,| + |\,\mathbf{TS}\,|)\ |\,\mathbf{PU}\,| = |\,\mathbf{PS}\,|\ |\,\mathbf{PU}\,|.$$

Vergleichen wir die erste und die letzte Gleichung, so erhalten wir:

$$(\mathbf{a} + \mathbf{b})\,\mathbf{c} = \mathbf{ac} + \mathbf{bc}.$$

In den folgenden Abschnitten werden Sie erkennen, daß manche geometrische Beweise sehr einfach werden, wenn man sie mit Hilfe des skalaren Produktes zweier Vektoren führt. Ferner werden Sie sehen, daß man das Skalarprodukt auch als das Produkt einer Zeilenmatrix und einer Spaltenmatrix schreiben kann.

8.7. Weitere Anwendungen in der elementaren Geometrie

Beispiele:

(1) Der Kosinussatz und der Satz des Pythagoras. In dem Bild 8.19 ist ein beliebiges Dreieck gegeben und es gilt:

$$\mathbf{a} + \mathbf{b} = \mathbf{c}.$$

Wir finden also:

$$\mathbf{cc} = (\mathbf{a} + \mathbf{b})\,(\mathbf{a} + \mathbf{b}).$$

Nach dem oben bewiesenen distributiven Gesetz folgt:

$$\mathbf{cc} = \mathbf{aa} + \mathbf{bb} + 2\,\mathbf{ab}$$
$$|\,\mathbf{c}\,|^2 = |\,\mathbf{a}\,|^2 + |\,\mathbf{b}\,|^2 + 2\,|\,\mathbf{a}\,|\,|\,\mathbf{b}\,|\cos(180° - \gamma)$$
$$|\,\mathbf{c}\,|^2 = |\,\mathbf{a}\,|^2 + |\,\mathbf{b}\,|^2 - 2\,|\,\mathbf{a}\,|\,|\,\mathbf{b}\,|\cos\gamma \quad \text{(Kosinussatz)}.$$

Ist das Dreieck des Bildes 8.19 rechtwinklig mit $\gamma = 90°$, so folgt, da $\cos 90° = 0$:
$|\,\mathbf{c}\,|^2 = |\,\mathbf{a}\,|^2 + |\,\mathbf{b}\,|^2$. womit der Satz des Pythagoras bewiesen worden ist.

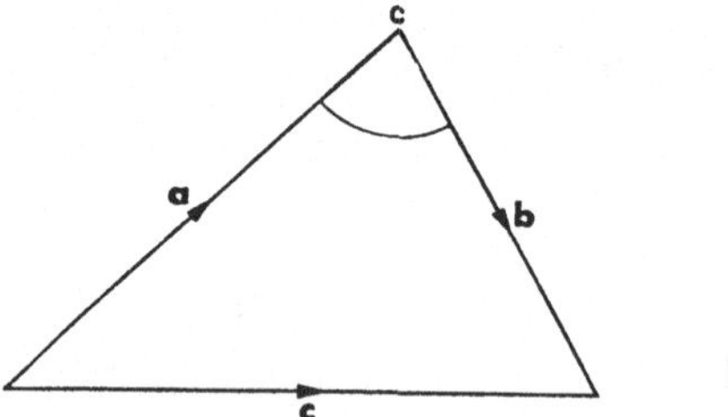

Bild 8.19

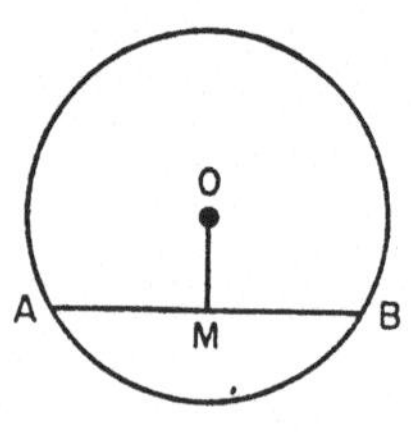

Bild 8.20

(2) In dem Bild 8.20 ist der Mittelpunkt eines Kreises mit dem Mittelpunkt einer beliebigen Sehne des Kreises verbunden. Zeigen Sie, daß OM senkrecht zu AB steht.

Es gilt:

$$\mathbf{OM} + \mathbf{MA} = \mathbf{OA} \text{ und } \mathbf{OM} + \mathbf{MB} = \mathbf{OB} \text{ und } |\mathbf{OA}| = |\mathbf{OB}|.$$

Also

$$(\mathbf{OM} + \mathbf{MA})(\mathbf{OM} + \mathbf{MA}) = (\mathbf{OM} + \mathbf{MB})(\mathbf{OM} + \mathbf{MB})$$

d. h.

$$|\mathbf{OM}|^2 + 2 \cdot \mathbf{OM} \cdot \mathbf{MA} + |\mathbf{MA}|^2 = |\mathbf{OM}|^2 + 2 \cdot \mathbf{OM} \cdot \mathbf{MB} + |\mathbf{MB}|^2.$$

Da M der Mittelpunkt von AB ist, gilt $\mathbf{MA} = -\mathbf{MB}$, und wir können somit schreiben

$$-2 \cdot \mathbf{OM} \cdot \mathbf{MB} = 2 \cdot \mathbf{OM} \cdot \mathbf{MB}$$

also

$$0 = 4 \cdot \mathbf{OM} \cdot \mathbf{MB},$$

das ist gleichbedeutend mit: **OM** ist senkrecht zu **MB**.

Übungen

1. Beweisen Sie mit Hilfe der Vektorrechnung den Satz des Thales. (Wählen Sie M als Mittelpunkt und AB als beliebigen Durchmesser eines Kreises. Ist dann C irgendein Punkt des Kreises, so gilt $\mathbf{CA} = \mathbf{CM} + \mathbf{MA}$. Bestimmen Sie entsprechend **CB** und zeigen Sie, daß $\mathbf{CA} \cdot \mathbf{CB} = 0$ ist.)

2. In dem Viereck ABDE sind die Seiten AB und ED zueinander parallel. Auf der Seite BD gibt es einen Punkt C so, daß $|\mathbf{AB}| = |\mathbf{BC}|$ und $|\mathbf{CD}| = |\mathbf{DE}|$ gilt. Zeigen Sie mit Hilfe des skalaren Produktes, daß AC und CE einen rechten Winkel einschließen.

    Wählen Sie **i** und **e** als Vektoren mit der Länge 1 (man nennt sie Einheitsvektoren) und der Richtung von **AB** und **BC**. Zeigen Sie, daß $\mathbf{AC} = |\mathbf{AB}|\,(\mathbf{i} + \mathbf{e})$ ist. Finden Sie eine entsprechende Darstellung für **EC**.

3. ABC ist ein Dreieck mit einem rechten Winkel bei B. X ist der Mittelpunkt von AC. Zeigen Sie, daß gilt $|\mathbf{AX}| = |\mathbf{BX}|$.

    Bezeichnen Sie die Ortsvektoren von A und C bezüglich B mit a und c. Stellen Sie die Vektoren **BX** und **AX** mit Hilfe von a und c dar.

4. Zwei Kreise berühren sich von außen, den Berührungspunkt nennen wir A. Eine gemeinsame Tangente der beiden Kreise berührt diese in B und in C. Zeigen Sie mit Hilfe der Vektorrechnung, daß $\mathbf{BA} \perp \mathbf{AC}$ gilt.

5. A ist die Spitze und BCD die Grundfläche einer dreiseitigen Pyramide, für die gilt $\mathbf{CD} \perp \mathbf{AB}$ und $\mathbf{BC} \perp \mathbf{AD}$. Zeigen Sie, daß dann auch gilt $\mathbf{BD} \perp \mathbf{AC}$.

    Bezeichnen Sie die Vektoren **AB**, **AC**, **AD** mit b, c, d. Stellen Sie **CD**, **BC** und **BD** mit Hilfe von b, c, d dar. Schreiben Sie die beiden Voraussetzungen und die Behauptung als Skalarprodukte.

6. ABC ist ein beliebiges Dreieck. Zeichnen Sie über der Seite AB das Quadrat
ADEB und über der Seite BC das Quadrat BFGC. Zeigen Sie, daß AF $\perp$ EC gilt.
(Die Benennung der Flächen erfolgt entgegen dem Uhrzeigersinn.)

7. Eine Kraft **F** bewegt einen Massenpunkt von O nach P. Die Wirkungslinie der
Kraft bildet mit **OP** den Winkel φ. Zeigen Sie, daß die geleistete Arbeit sich als
Fd ergibt, wenn man **OP** = **d** setzt.

8.8. Einheitsvektoren und Koordinatengeometrie

Einige Ergebnisse der Koordinatengeometrie kann man recht leicht mit Hilfe der Vektorrechnung finden.

Vektoren der Länge 1 nennt man Einheitsvektoren. In Bild 8.21 bezeichnen wir die
Einheitsvektoren in Richtung der Koordinatenachsen mit **i** und **j**. Dann gilt mit den
Benennungen des Bildes 8.21

$$\mathbf{ON_1} = \mathbf{i} \quad |\mathbf{ON_1}| = \mathbf{i}\, x_1$$
$$\mathbf{ON_2} = \mathbf{i} \quad |\mathbf{ON_2}| = \mathbf{i}\, x_2$$
$$\mathbf{N_1P_1} = \mathbf{j} \quad |\mathbf{N_1P_1}| = \mathbf{j}\, y_1$$
$$\mathbf{N_2P_2} = \mathbf{j} \quad |\mathbf{N_2P_2}| = \mathbf{j}\, y_2$$
$$\mathbf{r_1} = \mathbf{OP_1} = \mathbf{ON_1} + \mathbf{N_1P_1}$$
$$\mathbf{r_2} = \mathbf{OP_2} = \mathbf{ON_2} + \mathbf{N_2P_2}$$

also

$$\mathbf{r_1} = \mathbf{i}\, x_1 + \mathbf{j}\, y_1$$
$$\mathbf{r_2} = \mathbf{i}\, x_2 + \mathbf{j}\, y_2$$

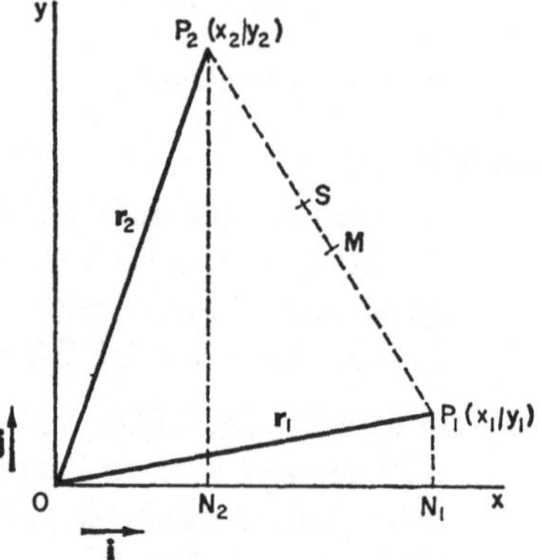

Bild 8.21

Mit $\mathbf{r_1}$ und $\mathbf{r_2}$ haben wir die Ortsvektoren der Punkte P_1 und P_2 bezüglich des Ursprungs
O gefunden.

Nun gilt:

$$\mathbf{P_1P_2} = \mathbf{r_2} - \mathbf{r_1}$$
$$= \mathbf{i}\,(x_2 - x_1) + \mathbf{j}\,(y_2 - y_1).$$

Für den Abstand der beiden Punkte P_1 und P_2 ergibt sich:

$$|\mathbf{P_1P_2}| = \sqrt{(x_2 - x_1)^2 + (y_2 - y_1)^2} \qquad \text{(Beachten Sie } \mathbf{i} \cdot \mathbf{j} = 0\text{).}$$

Bildet die Gerade durch die beiden Punkte P_1 und P_2 mit der x-Achse in Richtung **i**
den Winkel φ, so stellt man leicht fest, daß

$$\tan \varphi = \frac{y_2 - y_1}{x_2 - x_1} \quad \text{gilt.}$$

(tan φ wird auch Steigung der Geraden genannt.)

Ist M der Mittelpunkt der Strecke P_1P_2, so gilt nach Abschnitt 8.4

$$\mathbf{OM} = \frac{1}{2}\,(\mathbf{OP_1} + \mathbf{OP_2})$$

$$= \mathbf{i}\,\frac{x_1 + x_2}{2} + \mathbf{j}\,\frac{y_1 + y_2}{2}\;.$$

Für die Koordinatendarstellung des Punktes haben wir also gefunden:

$$M\left(\frac{x_1 + x_2}{2}\,\middle/\,\frac{y_1 + y_2}{2}\right).$$

Ist S ein Punkt der Strecke P_1P_2 mit $|\mathbf{P_1S}| : |\mathbf{SP_2}| = 10$-mal, dann gilt nach den Ergebnissen von Abschnitt 8.4:

$$(l + m) \cdot \mathbf{OS} = l\,\mathbf{r_2} + m\,\mathbf{r_1}$$

d.h. $\quad \mathbf{OS} = \dfrac{(lx_2 + mx_1)\,\mathbf{i} + (ly_2 + my_1)\,\mathbf{j}}{(l + m)}$

für den Punkt S hat man dann die Koordinatendarstellung:

$$S\left(\frac{lx_2 + mx_1}{l + m}\,\middle/\,\frac{ly_2 + my_1}{l + m}\right)$$

P soll jetzt ein beliebiger Punkt der Geraden durch P_1 und P_2 sein. Seinen Ortsvektor bezüglich O bezeichnen wir mit $\mathbf{r}$. Der Punkt P bestimmt eindeutig eine reelle Zahl c so, daß $\mathbf{P_1P} = c \cdot \mathbf{P_1P_2}$ gilt. Dann ist

$$\mathbf{r_1} + c\,(\mathbf{r_2} - \mathbf{r_1}) - \mathbf{r} = 0$$

und somit

$$\mathbf{r} = \mathbf{r_1}\,(1 - c) + c\,\mathbf{r_2}$$

Dieses Ergebnis kann man in etwas einfacherer Form schreiben:

$$\mathbf{r} = t_1\,\mathbf{r_1} + t_2\,\mathbf{r_2} \quad \text{mit} \quad t_1 + t_2 = 1.$$

Dies ist die vektorielle Form der Gleichung einer Geraden durch zwei verschiedene Punkte P_1 und P_2 mit den Ortsvektoren $\mathbf{r_1}$ und $\mathbf{r_2}$.

Wenn man $\mathbf{r} = \mathbf{i}x + \mathbf{j}y$ setzt, dann erhält man die Gleichung in einer Form, in der die Koordinaten der Punkte auftreten:

$$\mathbf{i}\,x + \mathbf{j}\,y = t_1\,(\mathbf{i}\,x_1 + \mathbf{j}\,y_1) + t_2\,(\mathbf{i}\,x_2 + \mathbf{j}\,y_2).$$

Vergleicht man die Koeffizienten von $\mathbf{i}$ und $\mathbf{j}$ und beachtet $t_1 = 1 - t_2$, so erhält man für die Koordinaten des beliebigen Punktes der Geraden:

$$x = x_1 + t_2\,(x_2 - x_1)$$

$$y = y_1 + t_2\,(y_2 - y_1).$$

Eliminiert man t_2, so ergibt sich:

$$\frac{y - y_1}{y_2 - y_1} = \frac{x - x_1}{x_2 - x_1} \; ,$$

dies ist die Zweipunkte Form der Gleichung einer Geraden durch die beiden Punkte (x_1/y_1) und (x_2/y_2).

Jetzt sind wir in der Lage, das skalare Produkt zweier Vektoren als Matrizenprodukt zu schreiben. Wir bilden das skalare Produkt zweier Ortsvektoren:

$$\mathbf{r}_1 \, \mathbf{r}_2 = (i \, x_1 + j \, y_1)(i \, x_2 + j \, y_2)$$
$$= x_1 x_2 + y_1 y_2 ,$$

da $i\,i = j\,j = 1$ und $i\,j = 0$ gilt.

Nach unserer Kenntnis über die Matrizenmultiplikation gilt aber:

$$(x_1 \; y_1) \begin{pmatrix} x_2 \\ y_2 \end{pmatrix} = x_1 x_2 + y_1 y_2 .$$

Da man zwei Vektoren immer als Ortsvektoren bezüglich eines gemeinsamen Punktes schreiben kann, ist das Ergebnis für beliebige Vektoren richtig.

Beispiel:

A, B, C, D sind die Punkte (1/2), (3/4), (5/5), (6/0) in dem Bild 8.22. Zeigen Sie, daß AC senkrecht zu BD ist. Bestimmen Sie die Größe des Winkels BAC und den Punkt P, der die Strecke AC im Verhältnis 3:1 teilt.

Erste Methode

$$\mathbf{OA} = i + 2j \quad \text{und} \quad \mathbf{OC} = 5i + 5j$$

also

$$\mathbf{AC} = \mathbf{OC} - \mathbf{OA} = 4i + 3j$$
$$\mathbf{OD} = 6i \quad \text{und} \quad \mathbf{OB} = 3i + 4j$$

also

$$\mathbf{BD} = \mathbf{OD} - \mathbf{OB} = 3i - 4j.$$

Mit Hilfe des Skalarprodukts erhält man:

$$\mathbf{AC} \cdot \mathbf{BD} = (4i + 3j)(3i - 4j)$$
$$= 12 - 12 = 0.$$

AC steht somit senkrecht zu BD.

$$\mathbf{AB} = \mathbf{OB} - \mathbf{OA} = 2i + 2j$$
$$\mathbf{AC} = \mathbf{OC} - \mathbf{OA} = 4i + 3j.$$

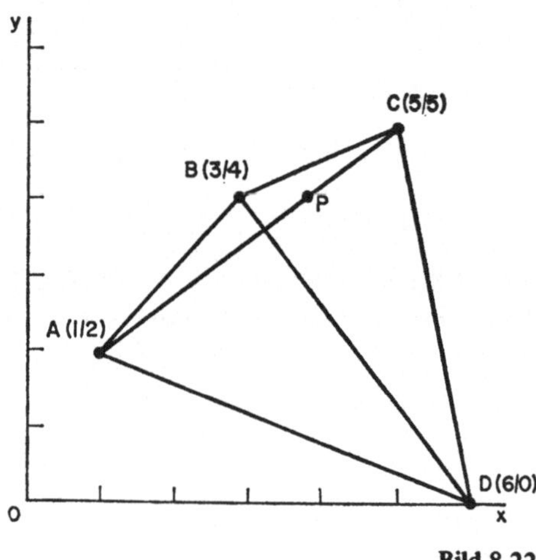

Bild 8.22

Die Längen der beiden Vektoren sind:

$$|AB| = \sqrt{2^2 + 2^2} = \sqrt{8} = 2\sqrt{2}$$

$$\text{und} \quad |AC| = \sqrt{4^2 + 3^2} = \sqrt{25} = 5$$

Mit Hilfe des Skalarprodukts $AB \cdot AC$ können wir nun den gesuchten Winkel berechnen (die Winkelgröße werde mit φ bezeichnet):

$$AB \cdot AC = |AB| \, |AC| \cos \varphi,$$

das bedeutet

$$(2i + 2j)(4i + 3j) = 2\sqrt{2} \cdot 5 \cos \varphi$$

$$8 + 6 = 10\sqrt{2} \cos \varphi$$

$$\cos \varphi = \frac{14}{10 \cdot \sqrt{2}} = \frac{7}{10} \cdot \sqrt{2} \approx 0{,}9899$$

$$\varphi = 8^0 8'.$$

Mit den Kenntnissen aus dem Abschnitt 8.4 kann man nun den Vektor OP bestimmen:

$$(1 + 3) \cdot OP = 1 \, OA + 3 \, OC$$

$$4 \, OP = (i + 2j) + 3(5i + 5j)$$

$$= 16i + 17j$$

$$OP = 4i + 4{,}25j$$

P ist der Punkt (4/4,25).

Zweite Methode

Wir schreiben die Vektoren als Zahlenpaare. Dann gilt:

$$AB = (3,4) - (1,2) = (2,2)$$

$$AC = (5,5) - (1,2) = (4,3)$$

$$BD = (6,0) - (3,4) = (3, -4).$$

Mit Hilfe der Matrizenmultiplikation erhalten wir:

$$AC \cdot BD = (4 \quad 3) \begin{pmatrix} 3 \\ -4 \end{pmatrix} = 0.$$

AC steht also senkrecht zu BD.

Zur Bestimmung von φ bilden wir erneut ein Matrizenprodukt

$$\mathbf{AB \cdot AC} = (2 \quad 2) \binom{4}{3} = 14$$

und finden wie nach der ersten Methode $\varphi = 8°8'$.

Für den Vektor **OP** haben wir zuletzt noch folgende Gleichung:

$$(1 + 3)\, \mathbf{OP} = 1\,(1,2) + 3\,(5,5) = (16,17)$$
$$\mathbf{OP} = (4,\ 4\tfrac{1}{4}),\ \text{d.h. } P = (4/4{,}25).$$

Übungen

Die Aufgaben 1 bis 7 beziehen sich auf das Bild 8.1 aus Abschnitt 8.1, wobei i und j die Einheitsvektoren in Richtung der Koordinatenachsen sein sollen.

1. Schreiben Sie die folgenden Vektoren in der Form $a\mathbf{i} + b\mathbf{j}$ mit $a, b \in \mathbb{R}$:

   a) **OA**,   b) **OC**,   c) **OB**,   d) **AC**,   e) **OH**,

   f) **BD**,   g) **OE**,   h) **EC**,   i) **CD**,   k) **DG**.

2. Bestimmen Sie mit Hilfe der Vektorrechnung die Koordinaten des Punktes, der

   a) CB halbiert,

   b) AB im Verhältnis 2:1 teilt,

   c) CI im Verhältnis 5:1 teilt,

   d) BG im Verhältnis 4:3 teilt,

   e) FI im Verhältnis 5:7 teilt.

3. Geben Sie die Vektorgleichung der Geraden durch die folgenden Punkte an:

   a) A und B,   b) F und B,   c) G und I,

   d) H und I,   e) C und D.

4. Berechnen Sie die Skalarprodukte:

   a) **OA·OC**,   b) **IH·IJ**,   c) **OB·GI**.

5. Zeigen Sie, daß die beiden Vektoren senkrecht zueinander stehen:

   a) **AC, OB**;   b) **OH, BD**;   c) **OE, EC**;   d) **CD, DG**.

6. Bestimmen Sie mit Hilfe des skalaren Produktes die Größe der folgenden Winkel:

   a) $\sphericalangle$ AOC,   b) $\sphericalangle$ BOH,   c) $\sphericalangle$ ACD,   d) $\sphericalangle$ ICJ.

7. Bestimmen Sie den Schnittpunkt der Seitenhalbierenden der folgenden Dreiecke:

   a) ABC,   b) FBI,   c) GCJ.

8. Je zwei der Vektoren **OX**, **OY** und **OZ** stehen senkrecht zueinander und spannen ein räumliches Koordinatensystem auf. i, j und k sind die Einheitsvektoren in Richtung der Achsen. Ist P ein Punkt des Raumes, der durch das Koordinatentripel (x/y/z) bestimmt ist, so gilt für seinen Ortsvektor $\mathbf{OP} = \mathbf{i}\,x + \mathbf{j}\,y + \mathbf{k}\,z$. Berechnen Sie:

   a) $\mathbf{i}^2$,   b) $\mathbf{j}^2$,   c) $\mathbf{k}^2$,   d) $\mathbf{ij}$,   e) $\mathbf{ik}$,   f) $\mathbf{jk}$.

A, B, C, D sind die Punkte (4/6/3), (3/1/1), (5/2/0) und (2/1/4). Zeigen Sie mit Hilfe der Vektorrechnung, daß **AB** senkrecht zu **CD** gerichtet ist. Zeigen Sie ferner, daß der Punkt E = (5/11/5) auf der Geraden durch A und B liegt und daß A die Strecke BE halbiert.

9. In einem räumlichen Koordinatensystem mit dem Ursprung O sind A, B, C die Punkte (0/2/5), (2/0/7) und (1/2/0). Bestimmen Sie die Summe der drei Ortsvektoren. Welche Länge hat dieser Vektor? Welche Winkel bestimmt dieser Vektor mit den Koordinatenachsen?

10. Ein Würfel mit der Kantenlänge 1 liegt mit einem Eckpunkt im Ursprung eines räumlichen Koordinatensystems und seine Kanten sind parallel zu den Koordinatenachsen. Bestimmen Sie mit Hilfe der Vektorrechnung den spitzen Winkel, den zwei Raumdiagonalen einschließen.

9. Wahrscheinlichkeit und Statistik

Wenn man Nachrichtensendungen im Fernsehen oder im Rundfunk hört oder in Zeitungen hineinschaut, so begegnen einem Angaben, Tabellen und Diagramme, die sich mit Fragen der folgenden Art befassen: Arbeitslosigkeit in der Industrie, Ausfuhr von Kraftfahrzeugen, Einfuhr von Lebensmitteln, Beliebheit von Parteien, Verbrauch von Waschmitteln, Zusammensetzung der Leserschaft einer Zeitung oder Spitzenreiter der neuesten Schlager. In diesem Kapitel wollen wir betrachten, wie man Informationen dieser Art sammelt, darstellt und auswertet.

9.1. Sammlung von Fakten

Von den statistischen Ämtern und wissenschaftlichen Instituten werden Angaben gesammelt z. B. über die Zulassung von Personenkraftwagen, die Anzahl der freien Arbeitsplätze, die Förderung im Kohlenbergbau usw. Die Ergebnisse ihrer Untersuchungen werden dann später veröffentlicht. Von der Industrie beauftragte Unternehmen können durch Umfragen in der Bevölkerung und die Auswertung der Antworten Meinungen und Tatsachen ermitteln, die die Produktion beeinflussen. Auch die Regierungen und Parteien erhalten auf diese Art Anregungen für ihre Politik.

Die Institute zur Meinungserforschung erhalten ihre Informationen meistens durch die Befragung einiger Tausend Menschen, die einen repräsentativen Querschnitt der Gesamtbevölkerung bilden. Viele Unternehmen der freien Wirtschaft beobachten sehr genau die Popularität und den Erfolg ihrer Produkte, indem sie Befrager von Tür zu Tür gehen lassen oder an einen repräsentativen Querschnitt ihrer Kunden Fragebogen versenden. Um die Qualität ihrer Erzeugnisse zu kontrollieren, untersuchen die Hersteller regelmäßig einzelne Proben. Auf diese Art und Weise werden schon kleine Unregelmäßigkeiten und Fehler in der Fabrikation festgestellt, bevor in größerem Maße Verluste entstehen.

Nicht alle Forderungen, die auf statistischer Untersuchung basieren, sind zuverlässig. Der Mathematiker will selbstverständlich die Wahrheit erreichen, doch ist es nicht unbekannt, daß durch unzulängliche und nicht vorurteilsfreie Angaben überspannte wirtschaftliche Forderungen entstehen können.

Das Tatsachenmaterial wird manchmal ungenau sein. In der Tat erfordert das Entwerfen eines Fragebogens außerordentliche Fähigkeiten. Die Fragen müssen ganz eindeutig sein und so formuliert werden, daß eine wahre Antwort den Befragten nicht bloßstellt oder belastet. Doch selbst, wenn das Tatsachenmaterial genau und zuverlässig ist, kann es noch in einer irreführenden Art dargestellt werden. Die leichte Übertreibung eines Maßstabes, die etwas willkürliche Auswahl des Ursprungs in einem Koordinatensystem oder eine kleine Verschiebung bei der bildlichen Wiedergabe von Einheiten kann Meinungen und Tendenzen, die sich aus den Angaben herauslesen lassen, überbetonen oder verbergen.

In diesem Kapitel wollen wir uns hauptsächlich damit befassen, wie man genau und zuverlässig statistische Informationen betrachtet. Doch ist es für jeden Menschen gut zu wissen, welcher Mißbrauch mit der Statistik möglich ist.

9.2. Flächenhafte Darstellung der Fakten

Es ist zwar die am wenigsten verfälschte Art, die Informationen als „Rohmaterial" in Tabellenform von Zahlen oder Zitaten zu geben, doch sind diese Tabellen häufig unübersichtlich. Werden die Fakten aber mit Hilfe von Zeichnungen oder Diagrammen dargestellt, so ist es sehr oft möglich, einen Gesamtüberblick zu vermitteln.

Betrachten Sie die Zusammenstellung der Ausgaben eines Haushaltes in Tabelle 9.1, dem monatlich 1 000 DM zur Verfügung stehen,

Tabelle 9.1

	DM
Ernährung	400
Miete	200
Kleidung	100
Heizung, Licht	75
Andere Ausgaben	125
Sparbetrag	100

Die Zahlen stehen im Verhältnis $16:8:4:3:5:4$ und sie können daher veranschaulicht werden durch die Sektoren eines Kreises mit den Mittelpunktwinkeln von $144°$, $72°$, $36°$ $27°$, $45°$, $36°$ (Bild 9.1).

Die Haushaltsausgaben können aber auch mit Hilfe von Rechtecken dargestellt werden, die gleiche Breite haben und deren Höhen sich wie $16:8:4:3:5:4$ verhalten (Bild 9.2). Diese Diagrammform (Säulendiagramm) verwendet man meistens, wenn die monatlichen oder jährlichen Veränderungen der Niederschlagsmengen, des Handelsvolumens, der Menge der erzeugten Produkte usw. wiedergegeben werden sollen.

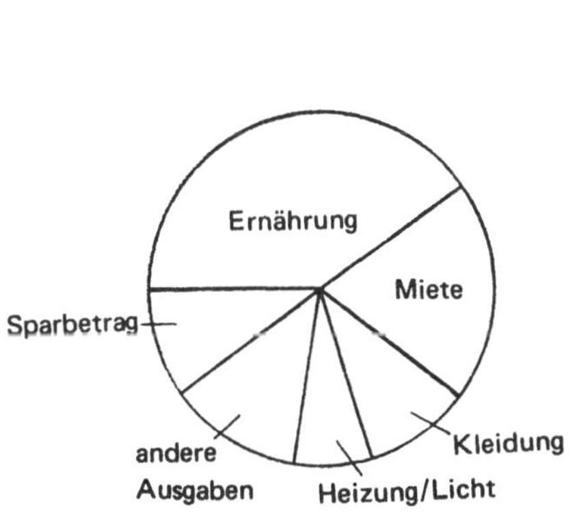

Bild 9.1

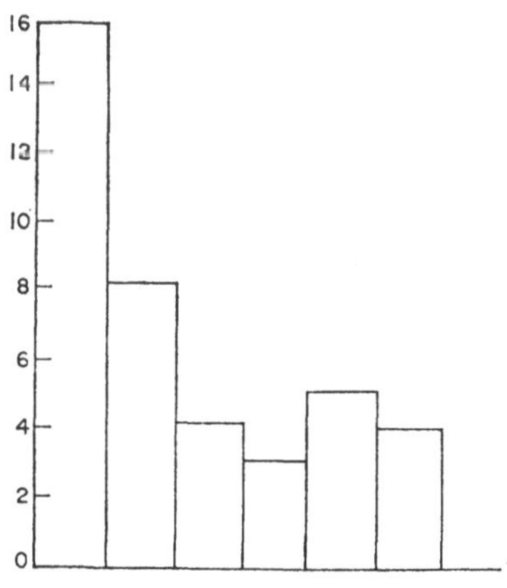

Bild 9.2

Übungen

Stellen Sie die in den folgenden Aufgaben gegebenen Fakten graphisch dar

a) als Kreisdiagramm,
b) als Säulendiagramm,
c) in einer rein bildlichen Form, die Sie sich selbst entwerfen.

1. Die monatlichen Ausgaben eines bestimmten Haushaltes für Feuerungsmaterial
   und elektrische Energie betragen im Mittel:

Briketts	32,00 DM
Koks	24,00 DM
Elektr. Energie	40,00 DM

2. Eine Fernsehstation sendet täglich 7,5 Stunden. Im Mittel verteilen sich die
   Programme folgendermaßen:

Fernsehspiel	2,5 Stunden
Dokumentarberichte	1,0 Stunde
Sport	1,5 Stunden
Nachrichten	0,5 Stunden
Unterhaltung	2,0 Stunden

3. In einem bestimmten Wahlbezirk werden folgende Stimmen abgegeben (auf ganze
   Hunderter gerundet):

CDU	13 500
SPD	10 500
FDP	4 500
Unabhängige	1 500

4. Im Jahre 1962 haben die EWG-Länder ungefähr folgende Mengen Fisch gefangen
   (in Mill. t):

Bundesrepublik Deutschland	0,6
Frankreich	0,7
Italien	0,2
Belgien-Luxemburg	0,1
Niederlande	0,3

5. Eine bestimmte Gemeinde setzt jährlich folgende Ausgaben für ihre Schule an:

Reparaturen am Gebäude	4 000 DM
Geräte und Möbel	6 000 DM
Bücher	5 000 DM
Schreibmaterial	3 000 DM

9.3. Häufigkeitspolygone – Histogramme

Interessanter sind solche Untersuchungen, bei denen zwei Angaben einander zugeordnet sind. Betrachten Sie die in Tabelle 9.2 zusammengestellten vierteljährlichen Verkaufszahlen einer Filiale, die sich auf eine bestimmte Art von Herrenschuhen beziehen:

Tabelle 9.2

Schuhgröße	7	$7\frac{1}{2}$	8	$8\frac{1}{2}$	9	$9\frac{1}{2}$	10	$10\frac{1}{2}$	11	$11\frac{1}{2}$
Anzahl der verkauften Paare	20	24	33	37	48	61	50	35	25	17

Man kann die vorliegende Situation auf einem Blick übersehen, wenn man die einzelnen Angaben graphisch wiedergibt, wie das Bild 9.3 zeigt. In diesem Diagramm sind auf der horizontalen Achse die Schuhgrößen und auf der vertikalen Achse die Anzahl der verkauften Paare eingetragen. Die angekreuzten Punkte geben die Häufigkeit an, mit der die einzelnen Größen verkauft wurden. Verbindet man die Punkte durch gerade Linien miteinander, so spricht man von einem *Häufigkeitspolygon*.

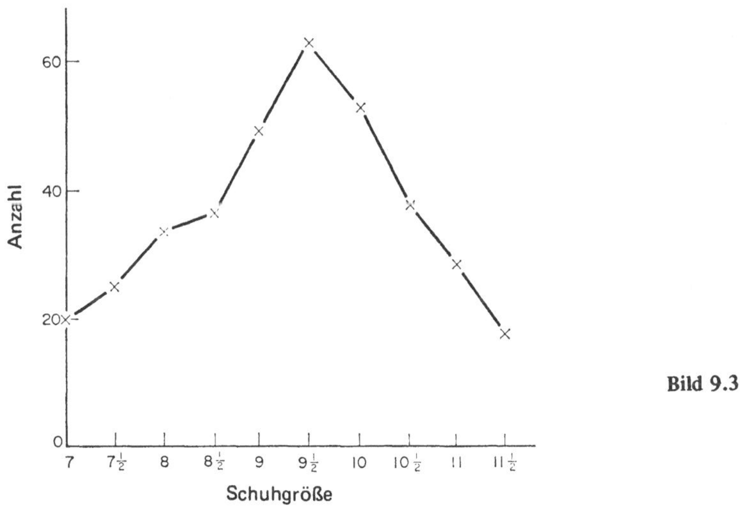

Bild 9.3

Natürlich ist es auch erlaubt, die Anzahl der verkauften Schuhe durch breite vertikale Linien zu veranschaulichen, und in der Tat findet man diese Darstellung nicht selten. Aus beiden Formen des Diagramms können wir die Schuhgröße ablesen, die am meistens verlangt wurde, nämlich Größe $9\frac{1}{2}$. Sie wird der *Modalwert* der Verteilung genannt.

Das Diagramm sagt aber auch aus, wie stark große und kleine Größen verlangt wurden, daher wird der Geschäftsführer seine Warenbestellungen auf Grund solcher Daten erteilen.

Betrachten Sie jetzt die Tabelle 9.3, die die vierteljährlichen Einkünfte der Mitglieder
eines bestimmten Vereins wiedergibt. Die Geldbeträge sind in DM aufgeführt (gerundet
auf ganze Hunderter) und der Größe nach geordnet:

Tabelle 9.3

2 500	5 000	8 200	11 000	13 500
2 800	5 200	8 400	11 000	14 000
3 000	5 500	8 600	11 800	14 900
3 500	6 200	9 000	12 000	15 100
3 600	6 500	9 200	12 500	16 000
4 000	6 500	9 200	12 500	16 500
4 200	7 200	9 500	12 900	17 900
4 200	7 400	9 800	13 000	19 100
4 800	7 800	10 000	13 100	21 000
4 900	8 000	10 500	13 200	24 000

Wenn man das zu dieser Tabelle gehörige Häufigkeitspolygon zeichnen wollte, so könnte
man auf der horizontalen Achse die DM-Beträge in Abständen von je 100 DM abtragen
und die vertikale Achse für die Häufigkeiten verwenden. Dieses Diagramm wäre aber
vollkommen nutzlos, da die meisten Punkte eine Einheit über der horizontalen Achse
und nur fünf Punkte in der „maximalen Höhe" von zwei Einheiten liegen würden. Sinn-
voller ist es das Intervall von 0 DM bis 25 000 DM in Klassenintervalle gleicher Länge
zu unterteilen (Tabelle 9.4).

Tabelle 9.4

Intervall	Häufigkeit
0 bis 4 999 DM	10
5 000 bis 9 999 DM	18
10 000 bis 14 999 DM	15
15 000 bis 19 999 DM	5
20 000 bis 24 999 DM	2

Diese neue Zusammenstellung kann man graphisch darstellen, indem man über den
Klassenintervallen Rechtecke errichtet, deren Höhen den zugehörigen Häufigkeiten entsprechen. Eine solche graphische Darstellung nennt man *Histogramm oder Staffelbild.*

Auf einem Blick erkennt man eine zuverlässige Aussage: die Einkommensklasse von
5 000 bis 9 999 DM hat die größte Häufigkeit (Bild 9.4).

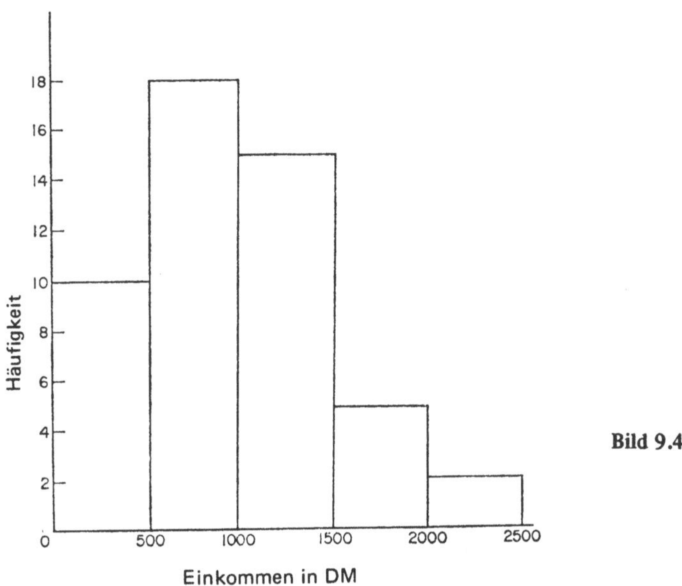

Bild 9.4

9.4. Die Analyse der Fakten — Modal-, Mittel- und Medianwert

Bisher haben wir uns einen Einblick in die gegebenen Fakten verschafft und dabei nur
den Modalwert als speziellen Begriff der statistischen Untersuchung eingeführt. Der
Modalwert ist derjenige Wert, der mit der größten Häufigkeit auftritt. Ihm entspricht
der höchste Punkt im Häufigkeitspolygon.

Ein anderer Begriff, der zur Auswertung einer Menge von Angaben oder Zahlen brauchbar ist, ist der *Mittelwert* oder das *arithmetische Mittel.* Wenn man weiß, daß die Teilnehmer einer Versammlung, vor der man sprechen soll, ein mittleres Alter von 20 Jahren
haben, so kann man sich auf die Vorstellungswelt seiner Zuhörer einstellen, bevor man
sie gesehen hat. In dem letzten Beispiel aus Abschnitt 9.3 könnte das mittlere Einkommen (Mittelwert) leicht gefunden werden, wenn man die einzelnen Einkommen
addiert und deren Summe durch 50 (Anzahl der Personen) dividiert. Sie können prüfen,
daß sich 9 800 DM ergibt. Doch kennt man einen Weg, der viel schneller zum Mittelwert führt. Man sieht sich die Tabelle der Angaben genau an und schätzt einen Mittelwert ab. Dann addiert man alle positiven und negativen Abweichungen von diesem vermuteten Mittelwert. Die dadurch gefundene Gesamtabweichung wird zuletzt durch die
Anzahl der Angaben dividiert, man erhält die mittlere Abweichung. Diese mittlere Abweichung addiert man zu dem vermuteten Mittelwert und findet damit das genaue
arithmetische Mittel. Nun zu unserem speziellen Beispiel. Wir schätzen den Mittelwert
10 000 DM. Die Tabelle 9.5 gibt die Abweichungen von diesem Mittelwert wieder.
Bevor wir nun addieren, streichen wir solche positiven und negativen Zahlen durch,
deren Summe Null ist; z. B. −200 und +200 oder −600, 450 und 150.

Tabelle 9.5

Abweichungen in DM:

-7 500	-5 000	-1 800	1 000	3 500
-7 200	-4 800	-1 600	1 000	4 000
-7 000	-4 500	-1 400	1 800	4 900
-6 500	-3 800	-1 000	2 000	5 100
-6 400	-3 500	-800	2 500	6 000
-6 000	-3 500	-800	2 500	6 500
-5 800	-2 800	-500	2 900	7 900
-5 800	-2 600	-200	3 000	9 100
-5 200	-2 200	0	3 100	11 000
-5 100	-2 000	500	3 200	14 000

Die Gesamtabweichung ist $-9\,800$ DM und damit ergibt sich für die mittlere Abweichung

$$(-9\,800 : 50)\ \text{DM} = -196\ \text{DM}$$

Als echten Mittelwert erhält man

$$(10\,000 - 196)\ \text{DM} = 9\,804\ \text{DM}$$

Rundet man den Mittelwert, so wie es bei den Angaben der Fall ist, auf ganze Hunderter, so hat man als Mittel 9 800 DM.

Hat man die Liste der einzelnen Einkommen nicht zur Hand, sondern liegt nur ein zugehöriges Histogramm vor, dann kann man zu einem angenähertem Mittel kommen. In einem solchen Falle multipliziert man das Mittel jedes Klassenintervalls mit der Häufigkeit, die dem Intervall zugeordnet ist, addiert die Produkte und dividiert die Summe durch die Anzahl aller Angaben:

$$(2\,500 \cdot 10 + 7\,500 \cdot 18 + 12\,500 \cdot 15 + 17\,500 \cdot 5 + 22\,500 \cdot 2) : 50$$

Als angenähertes Mittel erhält man demnach 9 600 DM.

Ein dritter Begriff, der zur Analyse einer Menge von Fakten dient, ist der *Medianwert*, den man auch *Zentralwert* oder *Halbwert* nennt. Ist eine Menge von neun Zahlen gegeben und hat man diese der Größe nach geordnet, so ist die fünfte Zahl der Medianwert. In unserem Beispiel besteht die Menge aus einer geraden Anzahl von Einkommensangaben. Dabei steht an der 25. Stelle und an der 26. Stelle dieselbe Zahl. Man nennt das Einkommen von 9 200 DM den Medianwert. Hätten die Zahlen an diesen beiden Stellen nicht übereingestimmt, so wäre ihr arithmetisches Mittel gleich dem Medianwert.

Faßt man die letzten Überlegungen zusammen, so kommt man zu der Definition des Medianwertes von n Zahlen $a_1, a_2, \ldots, a_n$, die der Größe nach geordnet sind: Ist die Anzahl n ungerade, so ist $a_{\frac{n+1}{2}}$ der Medianwert. Bei geradem n ist dagegen $\frac{1}{2} \cdot (a_{\frac{n}{2}} + a_{\frac{n}{2}+1})$ der Medianwert. Zwischen dem Modal-, dem Mittel- und dem Medianwert besteht eine Beziehung, die angenähert richtig ist:

$$\text{Modalwert} - \text{Medianwert} = 2\,(\text{Medianwert} - \text{Mittelwert}).$$

Übungen

1. Zwölf Personen sollen das Gewicht eines großen Kuchens auf 0,5 kg genau schätzen. Sie geben folgende Antworten: 3,5; 3; 4; 4,5; 3,5; 3; 5; 4; 3,5; 2; 3,5; 4 kg. Zeichnen Sie ein Häufigkeitspolygon und bestimme͏ den Modal-, Median- und Mittelwert.

2. Die Altersverteilung, der 1956 in Großbritannien lebenden Menschen, gibt die Tabelle 9.6 wieder. Runden Sie die Häufigkeiten auf 100 000 und zeichnen Sie das zugehörige Histogramm.

Tabelle 9.6

| Alter in Jahren | | Anzahl der Personen |
von	bis	(in Tausenden)
0	4	3 863
5	9	4 280
10	14	3 711
15	19	3 304
20	24	3 286
25	29	3 432
30	34	3 691
35	39	3 509
40	44	3 710
45	49	3 743
50	54	3 507
55	59	3 023
60	64	2 536
65	69	2 124
70	74	1 675
75	79	1 149
80	84	605
85 und mehr		282

Bestimmen Sie an Hand des Histogramms das angenäherte mittlere Alter der Bewohner.

3. Die mittlere tägliche Sonnenscheindauer während der Jahre 1921 bis 1950 an einem bestimmten Ort gibt die Tabelle 9.7 in Stunden an:

Tabelle 9.7

Januar	1,51
Februar	2,31
März	3,76
April	5,02
Mai	6,09
Juni	6,70
Juli	5,82
August	5,47
September	4,40
Oktober	3,18
November	1,89
Dezember	1,34

Zeichnen Sie ein zugehöriges Histogramm und setzen Sie dabei die Länge der Monate als gleich an. Geben Sie den Mittelwert der täglichen Sonnenscheindauer an.

4. Die Anzahl der Lehrer, die in den einzelnen Jahren von 1946 bis 1956 in England und Wales tätig waren, gibt die Tabelle 9.8 an.

Tabelle 9.8

Jahr	Anzahl der tätigen Lehrer (gerundet auf Hunderter)
1946	190 500
1947	200 000
1948	211 000
1949	219 000
1950	230 800
1951	237 900
1952	243 900
1953	250 700
1954	258 900
1955	265 300
1956	273 900

Zeichnen Sie das zugehörige Histogramm.

5. Einhundert Jungen sind gewogen worden. Die Verteilung ist in Tabelle 9.9 aufgeführt.

Tabelle 9.9

28,0 bis 41,9 kg	3
42,0 bis 55,9 kg	29
56,0 bis 69,9 kg	41
70,0 bis 83,9 kg	21
84,0 bis 97,9 kg	5
98,0 bis 111,9 kg	1

Zeichnen Sie ein Histogramm und bestimmen Sie Modal- und Medianwert. Errechnen Sie den angenäherten Mittelwert.

6. Dreißig Schüler wollen durch Experimente das mechanische Wärmeäquivalent bestimmen. Ihre Ergebnisse in der Einheit Joule (Newtonmeter) gibt die Tabelle 9.10 auf zwei Ziffern genau an.

Tabelle 9.10

Bestimmter Wert	3,8	3,9	4,0	4,1	4,2	4,3	4,4	4,5	4,6
Häufigkeit	1	1	6	6	7	5	2	1	1

Zeichnen Sie ein Häufigkeitspolygon und ein Histogramm. Berechnen Sie nach der Tabelle 9.10 den Mittelwert der Messungen.

7. Die bei einem chemischen Experiment gewonnene Substanz wird 15mal gewogen. In der Tabelle 9.11 sind die Ergebnisse der einzelnen Wägungen angegeben (in Gramm).

Tabelle 9.11

13,20	13,25	13,28	13,32	13,40	13,29	13,31	13,28
13,35	13,29	13,30	13,29	13,36	13,32	13,30	

Bestimmen Sie Modal- und Medianwert. Errechnen Sie den Mittelwert.

8. Die Zeit, die ein bestimmtes Pendel für zehn Schwingungen benötigt, wird von 16 Jungen gemessen. In der Tabelle 9.12 finden Sie die Meßergebnisse in Sekunden.

Tabelle 9.12

20,4	20,6	20,8	21,0	21,0	21,2	18,8	20,4
20,8	20,6	21,2	20,8	21,0	20,6	20,8	21,0

Welcher brauchbare Mittelwert ergibt sich nach Ihrer Meinung aus diesen Meßergebnissen?

9. 15 Schüler führen mit den gleichen Lösungen eine Titration aus. Beim Erreichen des Neutralisationspunktes sind die in Tabelle 9.13 angegebenen Mengen der Titrationslösung verbraucht worden (in cm^3).

Tabelle 9.13

16,30	16,45	16,90	16,00	16,40	16,55	16,45	17,50
16,10	16,25	16,60	16,50	16,35	16,40	16,45	

Bestimmen Sie den Medianwert und errechnen Sie den Mittelwert.

10. In einem Examen werden 64 Kinder nach Punkten bewertet. Die Tabelle 9.14 gibt die Bewertung der Kinder wieder.

Tabelle 9.14

7	29	38	44	48	53	58	67
12	31	39	44	48	54	59	69
15	32	39	45	48	54	59	69
18	32	40	45	49	54	60	71
20	34	41	45	50	54	63	74
21	36	41	46	50	55	64	75
23	37	42	47	51	56	64	79
26	37	43	47	53	57	66	87

Zeichnen Sie das zugehörige Histogramm und wählen Sie dazu Klassenintervalle für 0 bis 9 Punkte, 10 bis 19 Punkte usw. Bestimmen Sie den Mittelwert mit Hilfe eines geschätzten Wertes und der mittleren Abweichung.

11. Nach einer Woche werden die gleichen 64 Kinder (Aufgabe 10) erneut geprüft. In der Zwischenzeit konnten sie ihre erste Arbeit einsehen und an der Beseitigung ihrer Wissenslücken arbeiten. Die zweite Arbeit stellt gleichartige Aufgaben. Die Bewertung der einzelnen Schüler gibt die Tabelle 9.15 an.

Tabelle 9.15

12	34	44	52	56	59	65	72
21	35	45	52	57	60	65	73
23	38	46	53	57	60	66	76
26	39	47	54	57	63	67	76
29	40	47	54	58	63	67	78
30	42	49	55	58	64	67	79
32	42	51	56	58	64	68	85
33	43	51	56	59	65	69	89

Zeichnen Sie wie in Aufgabe 10 ein Histogramm. Bestimmen Sie Mittel- und Medianwert. Welchen Unterschied können Sie zwischen den beiden Arbeiten feststellen?

12. Gegeben ist die Menge $\{2, 4, 6, 8, 10\}$. Bestimmen Sie die Mittelwerte von je
     zwei Zahlen dieser Menge und errechnen Sie danach den Mittelwert dieser Mittel-
     werte. Zeigen Sie, daß dieser letzte Mittelwert gleich dem arithmetischen Mittel
     der fünf Elemente der Menge ist. Erhält man dieselbe Aussage auch für die Menge
     $\{2, 4, 8, 16, 32, 64\}$?

13. Wenn Sie drei Markstücke hochwerfen, so gibt es folgende Möglichkeiten nach
     dem Wurf (A bedeutet Adler oben, Z bedeutet Zahl oben): AAA, AAZ, AZA,
     ZAA, AZZ, ZAZ, ZZA, ZZZ. Für die Häufigkeitsverteilung ergibt sich:

Anzahl der Adler, die nach oben zeigen	0	1	2	3
Häufigkeit	1	3	3	1

Zeichnen Sie das zugehörige Häufigkeitspolygon. Stellen Sie entsprechende
Tabellen der Häufigkeitsverteilung auf und zeichnen Sie die zugehörigen Häufig-
keitspolygone, wenn a) vier Markstücke, b) fünf Markstücke geworfen werden.
Vermuten Sie ein Bildungsgesetz für die Tabellen?

14. Gegeben ist eine Menge von Messungen. Die verschiedenen Werte $x_1, x_2, x_3, \ldots, x_n$
     treten mit den Häufigkeiten $h_1, h_2, h_3, \ldots, h_n$ auf. Mit m wird der Mittelwert
     aller Messungen bezeichnet und mit a ein geschätzter Mittelwert. Zeigen Sie, daß
     folgende Gleichheitsaussage richtig ist:

$$m = a + \frac{h_1(x_1 - a) + h_2(x_2 - a) + \ldots + h_n(x_n - a)}{h_1 + h_2 + \ldots + h_n}$$

9.5. Dispersion oder Streuung

Die Begriffe Mittel-, Modal- und Medianwert halfen uns bei der Analyse einer Menge
von Meßwerten oder Angaben, doch kommt man mit ihnen allein nicht aus. Im Abschnitt 9.4 nahmen wir an, daß ein Redner vor einer Versammlung sprechen sollte,
deren Teilnehmer ein mittleres Alter von 20 Jahren hatten, und er sich durch diese
Angabe auf die Vorstellungswelt seiner Zuhörer einrichten konnte. Die Kenntnis des
mittleren Alters kann aber vollkommen wertlos sein, wie uns die folgende Betrachtung
zeigt. Wir nehmen an, daß die Versammlung aus 30 Zuhörern besteht, deren Alter die
Tabellen 9.16 bzw. 9.17 angeben.

Tabelle 9.16

Alter in Jahren	Häufigkeit
19	10
20	10
21	10

Mittleres Alter 20 Jahre.

Tabelle 9.17

Alter in Jahren	Häufigkeit
10	2
15	6
20	14
25	6
30	2

Mittleres Alter 20 Jahre.

Die beiden Zuhörerschaften sind sehr verschieden zusammengesetzt! Man erhält einen besseren Einblick, wenn man noch die Altersdifferenz zwischen dem jüngsten und dem ältesten Teilnehmer kennt. In Tabelle 9.16 beträgt die Differenz 2 Jahre und in Tabelle 9.17 ist sie 20 Jahre.

Betrachten wir ein weiteres Beispiel. In Berlin beträgt die Horizontalkomponente der Feldstärke des magnetischen Erdfeldes etwa 0,18 Oe (Oerstedt). Dieser Wert wird einmal als Mittelwert der folgenden Meßergebnisse berechnet: 0,17 0,18 0,19 Oe und ein anderes Mal aus: 0,12 0,08 0,34 Oe. Zweifellos ist die Bestätigung durch die ersten drei Messungen sehr viel zuverlässiger als die durch die zweiten Messungen, denn im ersten Falle beträgt die Differenz zwischen dem kleinsten und dem größten Wert nur 0,02 Oe und im zweiten Falle ist diese Differenz 0,26 Oe, d.h. sie ist dreizehnmal so groß.

Die Differenz zwischen dem kleinsten und dem größten Wert nennt man auch *Spannweite* oder *Variationsbreite*. Doch auch die Spannweite einer Menge von Messungen sagt uns noch nicht, wie „dicht" die Messungen am Mittelwert liegen. Betrachten Sie hierzu die beiden Verteilungen des Bildes 9.5.

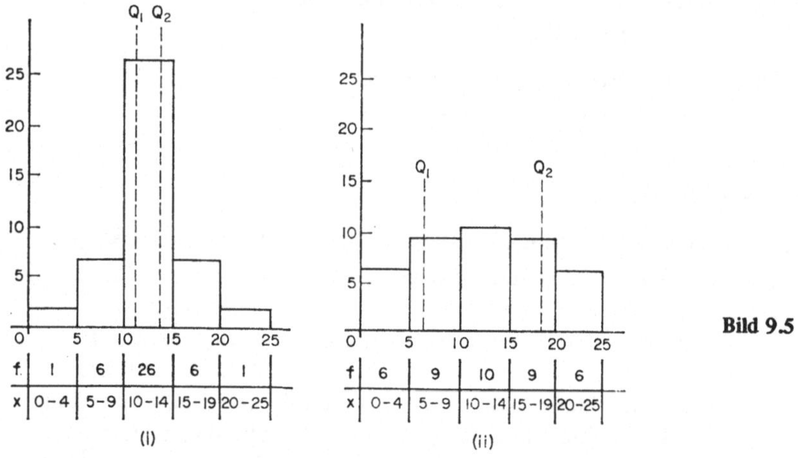

Bild 9.5

Jede der beiden Verteilungen besteht aus 40 Meßwerten, deren Spannweite 25 und deren Mittelwert 12,5 beträgt. Im ersten Fall liegen die Meßergebnisse sehr „dicht" beim Mittelwert, und im zweiten Falle sind sie dagegen viel stärker gestreut. Die Streuung oder Dispersion kann auf mehrere Arten gemessen werden. Wir wollen uns nur mit der *mittleren Abweichung,* der *Standardabweichung* (auch Streuung genannt) und der *halben Quartilbreite* befassen.

In den Übungen werden diese drei Begriffe auftreten, während wir uns in diesem Buch sonst mit dem letzten Begriff begnügen wollen. Der Medianwert unterteilt die Menge der Meßwerte in zwei Teilmengen mit gleich vielen Elementen. Den Medianwert der linken Teilmenge nennt man *unteren Quartilwert* und den der rechten Teilmenge *oberen*

Quartilwert. Die beiden Quartilwerte bestimmen ein Intervall, in dem die Hälfte aller Meßwerte liegt, man nennt es *Quartilbreite* oder auch *zentrale 50 %-Breite.* Bezeichnen wir den unteren und den oberen Quartilwert mit Q_1 und Q_2, so ist die *halbe Quartilbreite* definiert als $(Q_2 - Q_1)$. Dieser neue Begriff gibt nun wirklich einen besseren Einblick in die Dispersion als der Begriff Spannweite.

Übungen

1. Bestimmen Sie die halbe Quartilbreite für die Daten der Aufgabe 1, Abschnitt 9.4.

2. Kennzeichnen Sie in dem Histogramm zu Aufgabe 5, Abschnitt 9.4 die angenäherte Lage der Quartilwerte.

3. Bestimmen Sie für die Meßergebnisse der Aufgabe 6, Abschnitt 9.4 die halbe Quartilbreite.

4. Bestimmen Sie für die Meßergebnisse der Aufgabe 8, Abschnitt 9.4 die halbe Quartilbreite.

5. Bestimmen Sie zu den Punktbewertungen der Aufgabe 10, Abschnitt 9.4 die Spannweite und die halbe Quartilbreite.

6. Bestimmen Sie Spannweite und halbe Quartilbreite für die Menge der Punktbewertungen aus Aufgabe 11, Abschnitt 9.4.

7. Schätzen Sie für die beiden Diagramme des Bildes 9.5 jeweils die halbe Quartilbreite.

8. Die *mittlere Abweichung* einer Menge von Meßwerten von ihrem Mittelwert ist definiert als:

    $$\frac{h_1 \,|\, d_1 \,|\, + h_2 \,|\, d_2 \,|\, + h_3 \,|\, d_3 \,|\, + \ldots + h_n \,|\, d_n \,|}{h_1 + h_2 + h_3 + \ldots + h_n}$$

    Bezeichnet man den Mittelwert mit m, so ist

    $$|\, d_1 \,| = |\, m - x_1 \,|, \ldots, |\, d_n \,| = |\, m - x_n \,|,$$

    wenn $x_1, \ldots, x_n$ die verschiedenen Meßwerte sind; $h_1, \ldots, h_n$ bezeichnen die Häufigkeiten mit denen die einzelnen Meßwerte in der Menge auftreten. (Z.B. m = 10, x_1 = 12, x_2 = 6 ergeben $|\, d_1 \,|$ = 2 und $|\, d_2 \,|$ = 4 und d_1 = 2, d_2 = − 4.)

    Verwenden Sie diese Definition und bestimmen Sie die mittleren Abweichungen für die beiden Verteilungen des Bildes 9.5.

9. Berechnen Sie die mittlere Abweichung für die Meßergebnisse der Aufgabe 9, Abschnitt 9.4.

10. Berechnen Sie die mittlere Abweichung für die Meßergebnisse der Aufgabe 7, Abschnitt 9.4.

11. Bestimmen Sie die mittlere Abweichung für die Meßergebnisse der Aufgabe 6, Abschnitt 9.4.

12. Die *Standardabweichung* einer Menge von Meßergebnissen von ihrem Mittelwert ist definiert als:

$$\sigma = \sqrt{\frac{h_1 \cdot d_1^2 + h_2 \cdot d_2^2 + \ldots + h_n \cdot d_n^2}{h_1 + h_2 + \ldots + h_n}}$$

Berechnen Sie nach dieser Definition die Standardabweichungen für die Verteilungen des Bildes 9.5.

13. Errechnen Sie die Standardabweichung für die Meßergebnisse der Aufgabe 9, Abschnitt 9.4.

14. Errechnen Sie die Standardabweichung für die Wägungen der Aufgabe 7, Abschnitt 9.4.

15. Berechnen Sie die Standardabweichung für die Meßergebnisse der Aufgabe 6, Abschnitt 9.4.

16. Beweisen Sie: Ist σ die Standardabweichung vom echten Mittelwert m und s die Standardabweichung von einem geschätzten Mittelwert a, so gilt die folgende Gleichheitsaussage:

$$\sigma^2 = s^2 - (m - a)^2.$$

9.6. Normalverteilung, Gauß-Verteilung, Gaußsche Glockenkurve

Bestimmte Merkmale wie Größe, Gewicht, Schuhgröße und Intelligenzquotient ergeben eine recht symmetrische Verteilung, wenn man eine sehr große Anzahl Menschen, z. B. die Bewohner eines Landes, untersucht. Führt man bei einem Experiment eine sehr große Anzahl von Messungen aus, so wird das Häufigkeitspolygon angenähert zu einer nicht mehr eckigen Kurve, da die Meßwerte sehr dicht liegen. Nimmt man ein anderes Experiment und führt auch hier sehr viele Messungen aus, so erhält man gewöhnlich eine Kurve, die der, die zum ersten Experiment gehört, in der Form gleicht. Eine solche Häufigkeitskurve zeigt das Bild 9.6, man nennt sie Gaußsche Glockenkurve und spricht auch von einer Normalverteilung. Die Kurve ist symmetrisch zu der Vertikalen, die durch den Punkt geht, der zum Mittelwert gehört.

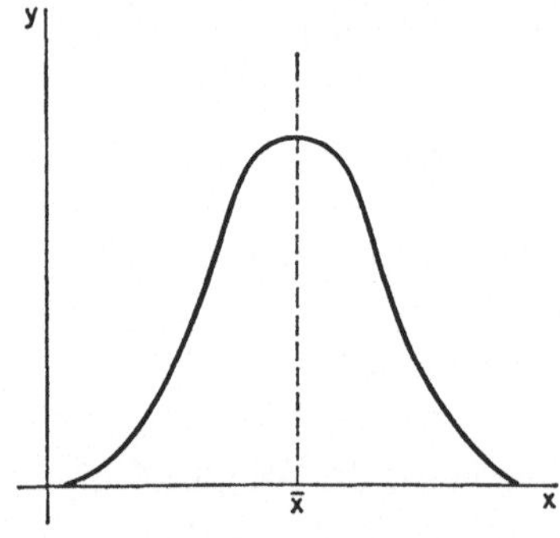

Bild 9.6

9.7. Wahrscheinlichkeit

Wir wollen nochmals das Histogramm des Bildes 9.4 betrachten. Dieses Histogramm
war gebildet worden an Hand der Einkommen von 50 Personen. Die Namen der 50
Mitglieder des Vereins schreiben wir auf kleine Kärtchen und drehen sie um, so daß
wir die Namen nicht sehen können und mischen sie. Wir greifen ein Kärtchen blindlings
heraus und fragen nach der Chance mit der wir den Namen einer Person finden, die zu
dem höchsten Einkommensintervall gehört (20 000 bis 24 999 DM). Nur zwei der
fünfzig Personen gehören diesem Intervall an und wir können erwarten, daß wir etwa
zweimal eine gesuchte Karte erhalten, wenn wir 50mal zugreifen. (Die Kärtchen werden
immer wieder gemischt.) Machen wir nur 25 Versuche, so werden wir wahrscheinlich
nur einmal eine passende Karte finden. Die eben genannte Chance haben wir nicht notwendigerweise, denn es kann geschehen, daß uns häufiger oder seltener das Glück der
rechten Auswahl trifft. Führt man jedoch eine sehr große Anzahl von Versuchen aus,
so wird man auf je 25 Versuche einmal Glück haben. Wir sagen die Wahrscheinlichkeit
mit der man den Namen einer Person des höchsten Einkommensintervalls greift ist
1 zu 25 oder $\frac{1}{25}$. Beachten Sie, daß die Rechtecksfläche, die zu dem ausgezeichneten
Intervall gehört der 25. Teil der Gesamtfläche des Histogramms ist. Die Wahrscheinlichkeit W mit der ein Ereignis eintrifft wird stets als rationale Zahl von 0 bis 1 angegeben,
d.h. $0 \leqslant W \leqslant 1$.

Gehört nur eine Person dem Verein an und liegt ihr Einkommen in dem ausgezeichneten
Intervall, so ist die Wahrscheinlichkeit, daß ich ihre Karte greife 1:1 also 1. Die Zahl 1
repräsentiert also die absolute Sicherheit, daß ein Ereignis eintrifft.

Wir wollen jetzt die Wahrscheinlichkeit definieren. E *bezeichnet ein Ereignis, das eintreffen soll, und* W(E) *die Wahrscheinlichkeit,* daß es eintrifft:

$$W(E) = \frac{\text{Anzahl der „günstigen Fälle“}}{\text{Anzahl der „möglichen Fälle“}} \ .$$

Kann ein Ereignis E auf p Weisen eintreffen und auf q Weisen nicht eintreffen, so ist
$W(E) = \frac{p}{p + q}$. Die Wahrscheinlichkeit, daß das Ereignis nicht eintrifft, ist $\frac{q}{p + q}$. Nun
ist sicher, daß das Ereignis entweder eintrifft oder nicht eintrifft und die Wahrscheinlichkeit dafür ist: $1 = \frac{p + q}{p + q} = \frac{p}{p + q} + \frac{q}{p + q}$.

Beispiele:

(1) Wie groß ist die Wahrscheinlichkeit, daß man bei einem Wurf mit einem Würfel
     a) eine Drei, b) eine Drei oder eine größere Zahl erhält? c) Mit welcher Wahr-
     scheinlichkeit wirft man beim ersten Wurf eine Zwei und beim zweiten eine Drei?

     a) Die Anzahl der möglichen Fälle ist 6, die der günstigen Fälle 1. Somit ist die
        Wahrscheinlichkeit, eine Drei zu werfen, gleich $\frac{1}{6}$.

     b) Die Anzahl der möglichen Fälle ist wieder 6, die der günstigen dieses Mal 4.
        Somit ist die Wahrscheinlichkeit, mindestens 3 zu werfen, gleich $\frac{4}{6} = \frac{2}{3}$.

c) Die Anzahl der Möglichkeiten, zuerst eine Zwei und dann eine Drei zuwerfen, ist 1. Die Gesamtanzahl der Möglichkeiten ist 36, wie die Tabelle 9.18 zeigt. Somit finden wir für die Wahrscheinlichkeit des gesuchten Ereignisses $\frac{1}{36}$. Beachten Sie: Die Wahrscheinlichkeit, eine Zwei zu werfen, ist $\frac{1}{6}$, die Wahrscheinlichkeit, eine Drei zu werfen, ist ebenfalls $\frac{1}{6}$. Für das Ereignis, beim ersten Wurf eine Zwei zu erhalten und beim zweiten eine Drei, findet man die Wahrscheinlichkeit $\frac{1}{6} \cdot \frac{1}{6} = \frac{1}{36}$.

Tabelle 9.18

1,1	2,1	3,1	4,1	5,1	6,1
1,1	2,2	3,2	4,2	5,2	6,2
1,3	2,3	3,3	4,3	5,3	6,3
1,4	2,4	3,4	4,4	5,4	6,4
1,5	2,5	3,5	4,5	5,5	6,5
1,6	2,6	3,6	4,6	5,6	6,6

Ganz allgemein kann man sagen, ist für ein Ereignis X die Wahrscheinlichkeit $W(X) = x$ und hat ein anderes davon unabhängiges Ereignis Y die Wahrscheinlichkeit $W(Y) = y$, so ist die Wahrscheinlichkeit dafür, daß dem Ereignis X das Ereignis Y unmittelbar folgt, xy.

(2) Wir nehmen einen Stapel von 52 Rommé-Karten und mischen ihn. Wie groß ist die Wahrscheinlichkeit a) eine Kreuz-Karte, b) eine Bild-Karte (König, Dame, Bube), c) zwei Bild-Karten nacheinander, d) eine Bild-Karte von Kreuz zu ziehen?

a) Die Anzahl der Möglichkeiten, eine Kreuzkarte zu ziehen, ist 13. Die Anzahl aller möglichen Fälle ist 52. Somit ist die gesuchte Wahrscheinlichkeit gleich $\frac{13}{52} = \frac{1}{4}$.

b) Die Anzahl der Möglichkeiten, eine Bild-Karte zu ziehen, ist $12 = 3 \cdot 4$. Somit findet man für die gesuchte Wahrscheinlichkeit $\frac{12}{52} = \frac{3}{13}$.

c) Hat man schon eine Bild-Karte gezogen und diese nicht in den Stapel zurückgesteckt, so gibt es noch 11 Möglichkeiten, eine Bild-Karte zu ziehen, und noch 51 Möglichkeiten, überhaupt eine Karte zu ziehen. Die Wahrscheinlichkeit, beim zweiten Mal auch eine Bild-Karte zu ziehen, ist somit $\frac{11}{51}$. Für die gesuchte Wahrscheinlichkeit finden wir also $\frac{3}{13} \cdot \frac{11}{51} = \frac{11}{221}$.

d) Es gibt drei Möglichkeiten, eine Bild-Karte von Kreuz zu ziehen. Die gesuchte Wahrscheinlichkeit ist also $\frac{3}{52}$.

Beachten Sie: Ist G die Menge aller Karten, B die Menge der Bild-Karten und K die Menge der Kreuz-Karten, so findet man für die unter d) gesuchte Wahrscheinlichkeit $\frac{n(B \cap K)}{n(G)}$ (Die Bedeutung von n ist in 1.11 erklärt worden.) .

Übungen

1. Bestimmen Sie die Wahrscheinlichkeit, mit der man aus der Menge der Jungen in Aufgabe 5, Abschnitt 9.4 einen herauswählt, dessen Gewicht a) zwischen 84 kg und 97,9 kg, b) unter 56 kg liegt. (Die Auswahl soll wie bei den Vereinsmitgliedern geschehen.)

   Wählt man zwei Jungen blindlings aus, wie groß ist dann die Wahrscheinlichkeit, daß

   c) beide ein Gewicht unter 56 kg haben,
   d) beide dem ersten Intervall,
   e) beide den letzten Intervall,
   f) beide dem Modal-Intervall,
   g) beide demselben Intervall angehören?

2. Aus der Menge der Schüler in Aufgabe 6, Abschnitt 9.4 wollen wir einzelne auswählen. Mit welcher Wahrscheinlichkeit findet man bei einmaliger Wahl einen Schüler, dessen Meßergebnis a) 4,0, b) 4,4 beträgt. Wie groß ist die Wahrscheinlichkeit, daß zwei Schüler ausgewählt werden, deren Meßergebnisse c) beide 4,1 betragen, d) beide in dem Bereich von 4,0 bis 4,2 liegen?

3. Betrachten Sie die Schüler der Aufgabe 10, Abschnitt 9.4. Wie groß ist die Wahrscheinlichkeit, daß man einen auswählt, dessen Bewertung
   a) zwischen 50 und 59 Punkten,
   b) oberhalb von 50 Punkten,
   c) unterhalb von 40 Punkten liegt.
   d) Mit welcher Wahrscheinlichkeit wählt man zwei Schüler aus, die beide 40 Punkte nicht erreichen?

4. Betrachten Sie die Aufgabe 11, Abschnitt 9.4. Mit welcher Wahrscheinlichkeit wählt man zwei Schüler aus, die beide 40 Punkte nicht erreichen? Wie groß ist die Wahrscheinlichkeit drei Schüler auszuwählen, die höchstens 43 Punkte erreichen?

5. Betrachten Sie die Aufgabe 13, Abschnitt 9.4. Mit welcher Wahrscheinlichkeit zeigen die drei geworfenen Münzen
   a) keinen Adler,
   b) genau zwei Adler,
   c) mindestens zwei Adler?
   Bestimmen Sie die Wahrscheinlichkeit, mit der vier geworfene Münzen
   d) genau zwei Adler,
   e) nicht genau zwei Adler zeigen.

6. Wir wollen aus einem gut gemischten Stapel von 52 Rommé-Karten einige herausziehen. Bestimmen Sie die Wahrscheinlichkeiten für:

   a) eine Kreuz-Karte und eine Karo-Karte,
   b) zwei Herz-Karten,
   c) drei Asse,
   d) König, Dame und Bube von Pik,
   e) einen roten König, eine rote Dame und einen roten Buben,
   f) König, Dame und Bube,
      wenn sie in der genannten Reihenfolge gezogen werden sollen.
   g) Wie groß ist die Wahrscheinlichkeit, wenn ein roter König, eine rote Dame und ein roter Bube gezogen werden sollen, die Reihenfolge aber beliebig ist?

7. Ein bestimmter Junge hat im Mittel immer 3 von 4 Multiplikationen und eine von zwei Divisionen richtig. Mit welcher Wahrscheinlichkeit berechnet er $(2,7 \cdot 4,5) : 7,2$ richtig?

8. Von 81 Schülern bestanden jeder mindestens eine Prüfung in Mathematik, Physik oder Chemie. 58 bestanden in Mathematik und Physik, 51 in Physik und Chemie, 56 in Mathematik und Chemie, 2 nur in Mathematik, 3 nur in Chemie und 65 in Physik. Mit welcher Wahrscheinlichkeit wählt man einen Schüler aus, der

   a) in drei Fächern,
   b) nur in einem Fach bestand?

   (Beachten Sie Abschnitt 1.11.)

9. Bilden Sie alle geordneten Zahlenpaare (x, y) mit $x, y \in \{1, 2, 3, 4\}$. Mit welcher Wahrscheinlichkeit wählt man ein Zahlenpaar aus, für das

   a) $y > x$,
   b) $y = x$ erfüllt ist?

10. Bilden Sie alle Produkte xy mit $x, y \in \{1, 2, 3, 4, 5\}$. Mit welcher Wahrscheinlichkeit wählt man ein Produkt aus, das größer als 9 ist? Wie ändert sich diese Wahrscheinlichkeit, wenn die Produkte mit $x = y$ nicht gebildet werden?

10. Topologie

Im bisherigen Geometrieunterricht hat man sich häufig mit Problemen befaßt, bei denen Längen, Winkel, Flächeninhalte, Volumina und die Formen verschiedener Figuren als Begriffe auftraten. Viele Aufgaben der Geometrie beschäftigten sich mit Figuren, die zueinander kongruent oder ähnlich sind, und auch mit solchen, die den gleichen Flächeninhalt haben. Man betrachtet ebenfalls die Beziehungen zwischen einer Figur und ihrem Bild, das bei einer Parallelprojektion entsteht. Behandelt werden auch Abbildungen, die durch Matrizen beschrieben werden können.

Man kann nun vermuten, daß geometrische Fragen, in denen keiner der genannten Begriffe von Bedeutung ist, nur stumpfsinnige und sinnlose Tätigkeiten ermöglichen. Das ist aber nicht der Fall; denn, wenn man dreidimensionale Vollkörper oder deren Oberflächen beliebig verformt, ohne dabei die Körper zu zerbrechen, so bleiben bestimmte Eigenschaften unverändert. Man muß sich dabei vorstellen, daß die Körper aus einem vollelastischen Material bestehen und man sie nach Herzenslust zusammendrücken, dehnen und verbiegen kann. Die Beschäftigung mit den hierbei invarianten Eigenschaften hat in den letzten Jahren zur Entwicklung eines der wichtigsten Gebiete der Mathematik geführt und die Arbeit in vielen anderen Bereichen der Mathematik stark beeinflußt. Nochmals sei gesagt, einige dieser Fragen und Entdeckungen sind von außerordentlicher Wichtigkeit und Faszination.

10.1. Apfelsinen und Krapfen

Nimmt man ein Stück Knetwachs, so kann man bei etwas Geschicklichkeit leicht einen Körper formen, dessen Gestalt einer Apfelsine gleicht. Ohne große Mühe wird es möglich sein, dem Klumpen Knetwachs andere Formen zu geben, z.B. können eine Eichel, ein Pfannkuchen, ein Bolzen, ein Zylinderhut, eine Schale, ein Bierglas, eine Häkelnadel oder ein Kopf für eine Kasperpuppe modelliert werden. Jede dieser Figuren entsteht aus dem Materialklumpen durch eine zusammenhängende Verformung. Das Material wird dabei weder auseinandergerissen noch von Löchern durchbohrt. Man darf sich vorstellen, daß jeder dieser Körper, aus jedem der genannten, durch einen fließenden Übergang gewonnen werden kann.

Wenn man beim Modellieren das Material nicht stark erwärmt, so haben alle Figuren das gleiche Volumen. Doch diese invariante Größe wird uns bei den weiteren Betrachtungen nicht interessieren und wir werden in der Tat auch solche Verformungen zulassen, bei denen sich das Volumen oder die Dichte des Materials ändern; dennoch bleiben gewisse Eigenschaften erhalten. Die invariante Eigenschaft, die uns bei den aufgezählten Gegenständen besonders interessiert, kann man etwa folgendermaßen beschreiben: Zeichnet man auf die Oberfläche dieser Körper eine geschlossen Kurve, so kann diese kontinuierlich zu einem Punkt zusammengezogen werden. Ist diese Kurve z.B. ein Kreis auf einer ebenen Fläche, so liegen alle konzentrischen Kreise mit kleinerem Radius ebenfalls auf der Oberfläche.

Eng verbunden damit ist die Eigenschaft, daß jeder der genannten Körper durch einen
einzigen Messerschnitt in zwei nicht zusammenhängende Teile zerlegt werden kann. Wir
sagen, die Oberflächen der aus dem Knetwachs entstandenen Körper sind *topologisch
äquivalent.*

Durchbohrt man das Stück Knetwachs mit einem Finger, so können ein Reifen oder
ein unverdaulicher Krapfen modelliert werden. Ohne das Materialstück nochmals zu
durchbohren oder zu zerreißen, kann man aus dem Krapfen viele andere Figuren formen;
Beispiele hierfür sind, eine sechseckige Schraubenmutter, ein Ehering, eine Nähnadel,
eine Teetasse mit Henkel, ein Krug mit Henkel, ein Rohr, ein Trichter oder eine Tabaks-
pfeife. (Eine Teeschale ohne Henkel gehört ebensowenig zu diesen Körpern wie ein
Zahnputzbecher. Wenn diese Gegenstände modelliert werden sollen, so braucht man
den Materialklumpen nicht zu durchbohren.)

Unter Berücksichtigung der Kriterien, wie wir weiter unten betrachten wollen, können
wir sagen, daß die Figuren der zweiten Menge sich ähneln von denen der ersten Menge
aber wesentlich verschieden sind. Erstens kann man auf den Oberflächen der Figuren
der zweiten Menge Kreise oder geschlossene Kurven zeichnen, die sich nicht kontinuierlich zu einem Punkt der Oberfläche zusammenziehen lassen. Zweitens kann man die
Körper der zweiten Art so mit einem einzigen Messerschnitt durchschneiden, daß sie
nicht in zwei Teile zerfallen. Diese unterschiedlichen Eigenschaften der Körpertypen
werden in dem Bild 10.1 wiedergegeben.

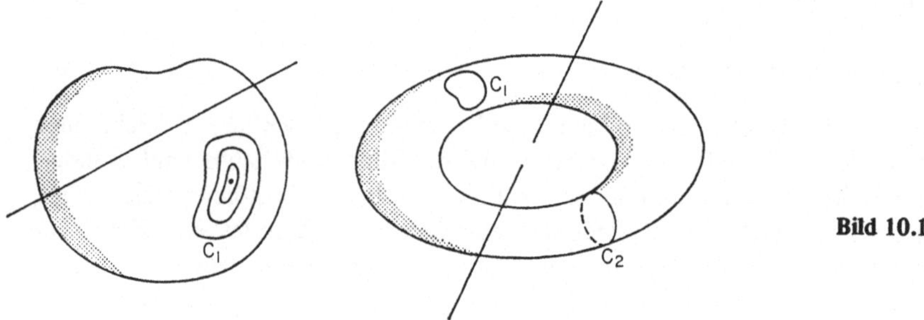

Bild 10.1

Geschlossene Kurven vom Typ C_1 können auf der Oberfläche zu einem Punkt zusammengezogen werden, die Kurve C_2 kann nicht so zusammenschrumpfen. Es ist einsichtig,
daß eine Kurve vom Typ C_2 auf einer Apfelsine nicht gezeichnet werden kann.

Wenn der Materialklumpen mit zwei verschiedenen Durchbohrungen versehen wird, so
sind auch hieraus wieder eine größere Anzahl Körper mit topologisch äquivalenter
Oberfläche zu modellieren. Ein Hemdenknopf, ein Brillengestell, ein Wasserkrug mit
zwei Henkeln und eine Trainingshose gehören zu dieser Art von Körpern. Sie haben
alle eine wesentliche Eigenschaft gemeinsam: Man kann sie zweimal durchschneiden,
ohne daß sie in mehrere Teile zerfallen.

Körper einer komplizierteren Gattung modelliert man aus einem Stück Knetwachs mit
mehreren Durchbohrungen. Beispiele hierfür sind eine Blockflöte, eine Leiter, ein Rad
mit Speichen, ein Schnürschuh und ein Tennisschläger. Doch jeder der bisher genannten

Körper hat eine Oberfläche, die *zusammenhängend* ist. Diese Eigenschaft kann man folgendermaßen beschreiben. Setzt man eine Ameise auf eine dieser Oberflächen, so ist in der Lage jeden Punkt derselben Oberfläche krabbelnd zu erreichen. Die Apfelsine und alle Körper, die zu ihr topologisch äquivalent sind, nennt man *einfach zusammen-hängend*. Allen anderen erwähnten Körpern kommt diese Eigenschaft nicht zu. Einige Autoren sagen zu den Figuren der ersten Menge Sphären, da sie alle zur Kugel topologisch äquivalent sind (sphaera lat. Kugel). Bei den anderen Klassen spricht man vom Torus, zweifachen Torus, dreifachen Torus, . . . , n-fachen Torus.

Übungen

1. Wir geben vier Mengen vor. A ist die Klasse aller Sphären, B die Klasse aller Tori, C die Klasse der zweifachen Tori und D die Menge aller n-fachen Tori mit n > 2. Welche der folgenden Gegenstände gehören zu den einzelnen Mengen: Würfel, optische Linse, Dichtungsring, Brillenfassung, Bockwurst, Blumentopf, Armreif, Kupfernetz, Stricknadel, Maschendraht, Basketballnetz, Brotlaib, Kaffeekanne, Kaffeefilter, Fausthandschuh, Fingerhandschuh, Poncho, Glühbirne, Holztür mit Schlüsselloch und Briefschlitz, Haselnuß, Reagenzgläschen, Kapillare, Leiter, Fuß-ball, Gummistiefel, Sicherheitsschloßschlüssel, Stativring, Überlaufgefäß, U-Rohr, Turnhose, Nudel in Form des Buchstabens B?

2. Nennen Sie fünf allgemein bekannte Figuren oder Gegenstände, die eine einfach zusammenhängende Oberfläche besitzen.

3. Nennen Sie fünf Dinge, die zum Torus topologisch äquivalent sind.

10.2. Verdrehte Oberflächen

„Die Wissenschaft von den Körpern, die sich verdrehen und strecken lassen" oder auch „Geometrie eines Gummituchs" hat man die Topologie genannt.

Wir wollen annehmen, wir haben ein rechteckiges Blatt aus Papier oder aus Gummi, dessen Ecken wir mit P, Q, R, S bezeichnen. Legen wir das Blatt längs der gerichteten Seiten **PS** und **QR** zusammen, so können wir einen Zylinder formen. Der Zylinder hat eine Innen- und eine Außenseite. Diese Eigenschaft, die wir beachten wollen, besagt, eine Ameise bleibt immer auf der Innenseite oder immer auf der Außenseite, wenn es ihr verboten ist, die Kanten zu überqueren. Fügen wir jetzt die beiden kreisförmigen Ränder zusammen, so erhalten wir einen Torus. Die beiden Verformungen des recht-eckigen Blattes werden in Bild 10.2 veranschaulicht.

Nehmen wir das Blatt Papier, halten den Rand PS fest, drehen den anderen um $180°$ und fügen dann erst die beiden Ränder zusammen, so weisen die Pfeile in entgegenge-setzte Richtungen und es treffen die Punkte P und R zusammen und ebenfalls die Punkte S und Q. Auf diese Art und Weise haben wir einen Gegenstand geformt, der allgemein *Möbiussches Band* genannt wird. Die Oberfläche dieses Gebildes hat sehr interessante Eigenschaften. (Am besten stellt man sich gleich ein Möbiussches Band her.)

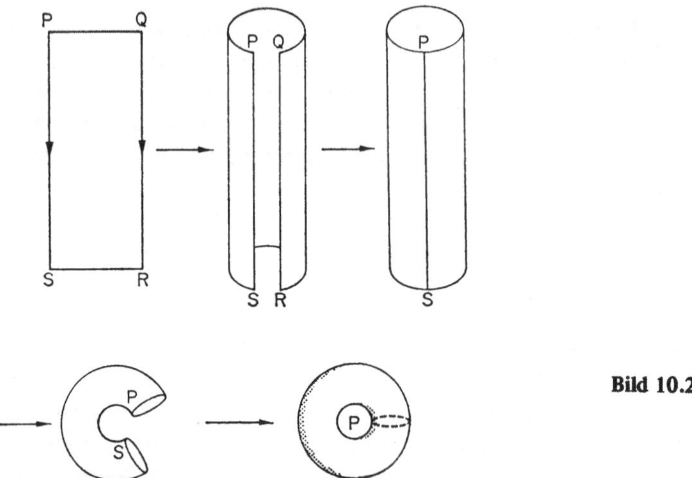

Bild 10.2

Zuerst erkennt man, daß das Möbiussche Band nur eine Seite hat. Markieren wir zwei beliebige Punkte A und B auf dem Band, so kann unsere Ameise stets von A nach B krabbeln, ohne die Ränder zu überqueren (Bild 10.3). Schneidet man das Band jetzt längs seiner Mittellinie auf, so zerfällt es nicht in zwei Teile. Man hat vielmehr ein doppelt so langes und halb so breites Band erhalten, das in sich viermal um 180° gedreht ist.

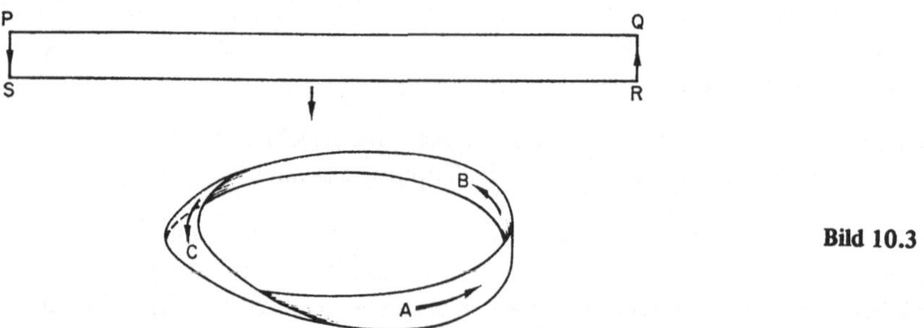

Bild 10.3

Gibt man einem Treibriemen die Form eines Möbiusschen Bandes, so wird, da die Einseitigkeit eine Eigenschaft des Bandes ist, der rechteckige Streifen, aus dem der Treibriemen hergestellt worden ist, auf seinen beiden Seiten gleichmäßig abgenutzt. Und in der Tat ist dieser Gedanke patentiert worden und wird in der Industrie angewendet.

Dehnt man das Möbiussche Band in der Umgebung des Punktes C (Bild 10.3) ungeheuer stark aus und läßt den anderen Teil des Bandes ungedehnt, so kann man eine Tragetasche herstellen, die einzig in ihrer Art ist, da sie entweder nur eine Innenseite oder nur eine Außenseite besitzt. Auch einer Schlinge, in der man seinen Arm tragen muß, wenn man sein Schlüsselbein gebrochen hat, gibt man sinnvollerweise die Form eines Möbiusschen Bandes.

Ein anderer Typ des Möbiusschen Bandes tritt im Straßenbau auf. Zwei Straßen, von
denen eine die andere auf einer Brücke überquert, können durch einen einfachen An-
schluß in Form einer Acht miteinander verbunden werden (Bild 10.4).

Bild 10.4

Die gleiche Form besitzt ein Treibriemen, wie ihn das Bild 10.5 zeigt. Das hier ver-
wendete Band hat in sich zwei Drehungen um 180°. Schneidet man dieses Band entlang
seiner Mittellinie auf, so zerfällt es in zwei Bänder derselben Art, die aber nur halb so
breit sind.

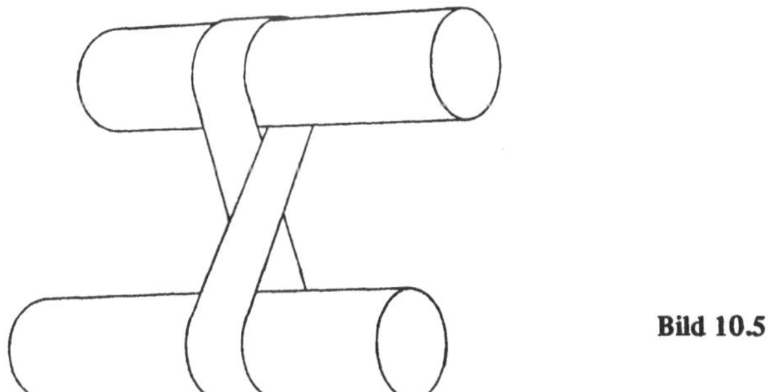

Bild 10.5

Sicherlich haben die Betrachtungen gezeigt, daß diese seltsamen Eigenschaften es wert
sind, näher untersucht zu werden. Die nächsten Übungen geben die Möglichkeit, dies
zu tun.

Übungen

1. Nehmen Sie einen rechteckigen Streifen Papier und zeichnen Sie auf seine beiden
   Seiten mehrere Kreise mit Orientierung, wie es das Bild 10.6 veranschaulicht.
   Legen Sie den Streifen so zusammen, daß a) ein Zylinder, b) ein Möbiussches
   Band entsteht. Gibt es auf den Oberflächen der beiden Gegenstände eine Stelle,
   an der zwei benachbarte Kreise entgegengesetzten Orientierungssinn haben? Auf
   dem Möbiusschen Band werden Sie eine solche Stelle finden, auf dem Zylinder
   aber nicht. Mann nennt daher die Oberfläche des Möbiusschen Bandes *nicht-
   orientierbar* und die des Zylinders *orientierbar*.

Bild 10.6

2. Fertigen Sie aus einem rechteckigen Streifen, dessen beide Seiten mit orientierten
   Kreisen versehen sind, ein Möbiussches Band an, das in sich um zwei Halbdrehungen verdreht ist.

   a) Hat das Band eine oder zwei Seiten?

   b) Ist die Oberfläche orientierbar?

   c) Schneiden Sie das Band entlang seiner Mittellinie auf und beschreiben Sie in
      allen Einzelheiten das Ergebnis Ihrer Arbeit.

   Bei c) müssen Sie zwei geschlossene Bänder erhalten, die beide gleichermaßen in
   sich verdreht sind. Wieviele Halbdrehungen sind es?

   d) Schneiden Sie nun diese beiden Bänder nochmals entlang ihrer Mittellinien
      auf. Was erhalten Sie? Können Sie das Ergebnis begründen?

3. Bilden Sie ein Möbiussches Band mit drei Halbdrehungen.

   a) Ist seine Oberfläche einseitig oder zweiseitig?

   b) Ist seine Oberfläche orientierbar?

   c) Schneiden Sie das Band entlang seiner Mittellinie auf. Beschreiben Sie das
      Ergebnis genau.

4. Stellen Sie sich ein Möbiussches Band mit vier Halbdrehungen her.

   a) Wieviele Seiten hat seine Oberfläche?

   b) Ist die Oberfläche orientierbar?

   c) Schneiden Sie auch dieses Band entlang seiner Mittellinie auf. Beschreiben Sie
      wieder genau, was Sie erhalten.

5. Beantworten Sie die folgenden Fragen, ohne vorher Modelle anzufertigen. Welche
   Eigenschaften erwarten Sie bei der Oberfläche eines Möbiusschen Bandes, das
   a) eine ungerade Anzahl,
   b) eine gerade Anzahl von Halbdrehungen aufweist?

6. Das Bild 10.7 veranschaulicht eine kleeblattartige Verbindung dreier Straßen, die
   in verschiedenen Ebenen verlaufen. Fertigen Sie sich hiervon ein Papiermodell an.
   Ist es im wesentlichen ein Möbiussches Band? Wieviele Halbdrehungen enthält es?
   Ist die Oberfläche orientierbar? Konnten Sie die Antwort der letzten Frage schon
   vorhersehen? Kann man eine entsprechende Verbindung für vier Straßen, die in
   verschiedenen Ebenen verlaufen, herstellen? Wieviele Halbdrehungen treten bei
   dieser Verbindung auf?

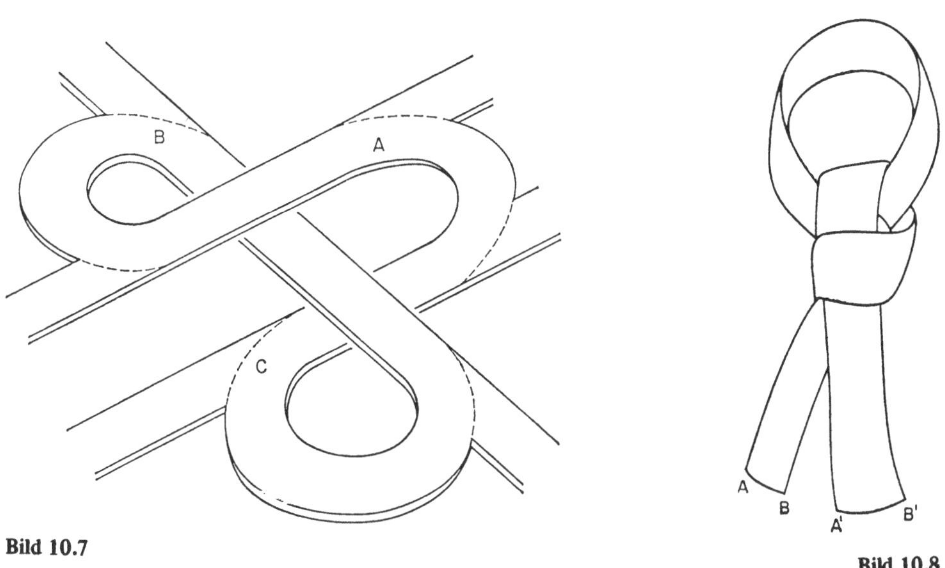

Bild 10.7

Bild 10.8

7. Nehmen Sie einen etwa 50 cm langen, schmalen Stoffstreifen. Binden Sie sich
   aus diesem Streifen einen Schlips nach den Anweisungen des Bildes 10.8. Fügen
   Sie die beiden Enden so zusammen, daß A′ über A und B′ über B liegt. Sie erhalten ein endloses Band mit einem Knoten. Jetzt entknoten Sie den „Schlips"
   vorsichtig, ohne dabei eine der beiden Kanten AB bzw. A′B′ zu drehen. Legen
   Sie nun wieder die beiden Enden so zusammen, daß A′ auf A und B′ auf B fällt,
   so haben Sie ein Band ohne Knoten. Wieviele Halbdrehungen enthält dieses Band?
   (Sie werden feststellen, daß nur eine Halbdrehung vorhanden ist. Man kann also
   sagen, der in der vorgeschriebenen Art und Weise gebundene Schlips, stellt ein
   verknotetes Möbiussches Band dar.)

10.3. Flächen, Kanten und Ecken

Der große Schweizer Mathematiker *Leonhard Euler* entdeckte einen Zusammenhang
zwischen der Anzahl der Flächen, der Kanten und der Ecken eines Polyeders. Versuchen
Sie diesen „Eulerschen Polyedersatz" selbst zu finden, wenn Sie die folgenden Aufgaben
lösen.

Übungen

1. Vervollständigen Sie die Tabelle 10.1

Polyeder	Anzahl der Flächen: f	Anzahl der Ecken: e	Anzahl der Kanten: k
a) Würfel 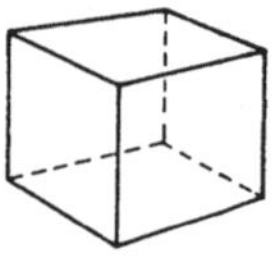			
b) dreiseitiges Prisma 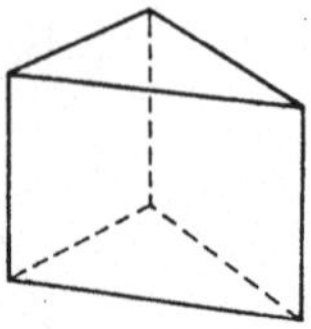			
c) fünfseitiges Prisma 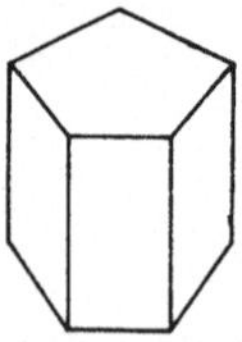			
d) sechsseitiges Prisma 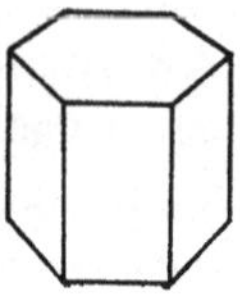			

Fortsetzung von Tabelle 10.1

Polyeder	Anzahl der Flächen: f	Anzahl der Ecken: e	Anzahl der Kanten: k
e) Tetraeder 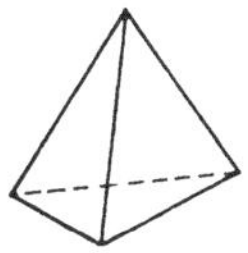			
f) quadratische Pyramide 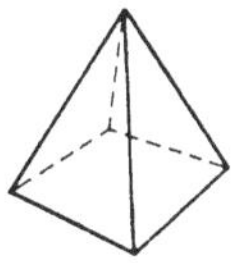			
g) fünfeckige Pyramide 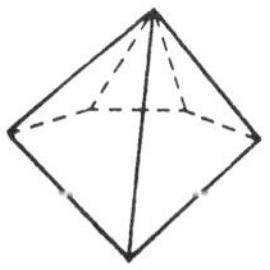			
h) dreiseitiges Prisma mit zwei aufgesetzten dreieckigen Pyramiden 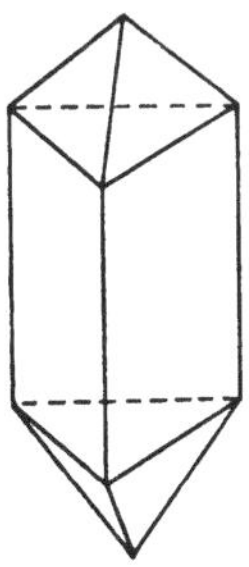	9	8	15

2. Zerlegen Sie die Oberfläche einer Kugel (oder irgendeine einfach zusammenhängende Oberfläche) durch e Punkte und k Bögen in f Teilflächen, wobei sich in jedem Punkt mindestens zwei Bögen treffen und jede eingezeichnete Verbindungslinie zweier Punkte als Bogen gezählt wird. Das Bild 10.9 zeigt drei Möglichkeiten. Bestimmen Sie für diese drei Fälle die Zahl f + e − k. Überlegen Sie sich weitere Möglichkeiten und berechnen Sie für ebenfalls f + e − k.

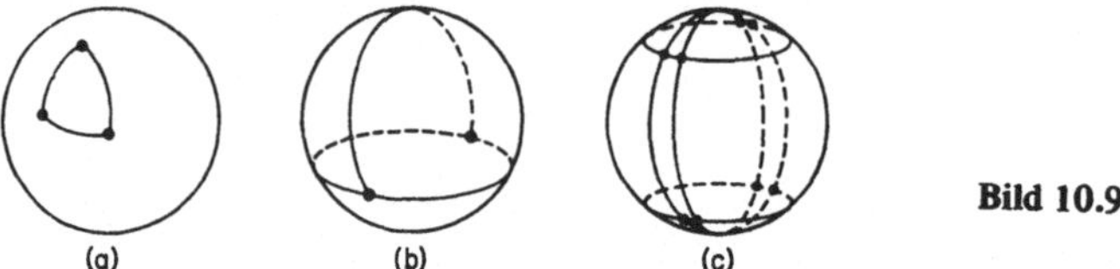

Bild 10.9

3. Das Bild 10.10 zeigt einen Gegenstand, der entsteht, wenn man den in Tabelle 10.1 unter h) gezeichneten Polyeder mit einer Durchbohrung in Form eines dreiseitigen Prismas versieht. Bestimmen Sie hier die Zahl f + e − k. Zu welchem Körper ist das Gebilde 10.10 topologisch äquivalent?

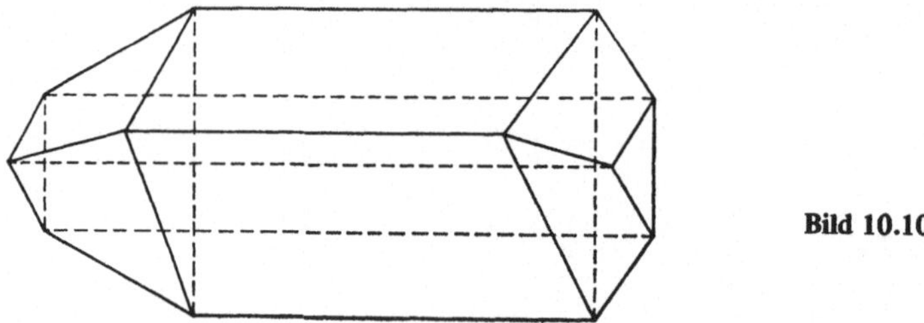

Bild 10.10

4. Wir wollen einen Tetraeder so aufblasen, daß seine vier Ecken auf einer Kugel liegen und das Ausgangsdreieck BCD zu einer Teilfläche der Kugel geworden ist, die größer ist als die halbe Kugeloberfläche. Bildet man diese Figur durch eine Parallelprojektion in das Innere eines Kreises ab, so kann man erreichen, daß das Projektionsbild aus einem Netz von vier Ecken und sechs Kanten besteht. Man hat auch wieder vier Flächen, denn der ursprünglichen Dreiecksfläche BCD entspricht nun das Äußere des neuen Dreiecks BCD bis zum Rand des Kreises (Bild 10.11). Für die neue Figur gilt natürlich weiterhin f + e − k = 2.

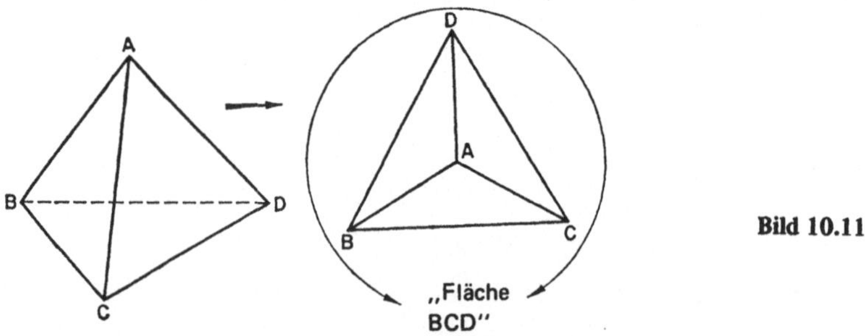

Bild 10.11

Entfernen Sie nun die Kante BC und berechnen Sie jetzt f + e − k. Anschließend
entfernen Sie nacheinander AC und DC und berechnen jedes Mal f + e − k. Gehen
Sie von dem rechten Bild der Figur 11 aus und nehmen Sie einen beliebigen fünften
Punkt hinzu, den Sie so mit den vorhandenen Punkten verbinden, daß eine oder
mehrere neue Teilflächen entstehen. Berechnen Sie für jeden Fall f + e − k. Formulieren Sie einen Satz über Flächen, Ecken und Kanten, der etwa so beginnt wie
die Aufgabe 2. Haben Sie eine Idee, wie man diesen Satz beweisen kann?

Bei den Aufgaben dieses Abschnittes haben Sie festgestellt, daß für alle betrachteten
Polyeder gilt f + e − k = 2. Die Oberflächen dieser Körper sind alle topologisch
äquivalent zur Kugeloberfläche. Man kann sie zu einem Netzwerk auf der Kugel
deformieren. Für jedes Netzwerk auf der Kugel, das aus f Flächen besteht, die
durch k Bögen eingeschlossen werden, welche durch e Punkte bestimmt sind
(mindestens zwei Bögen treffen sich in einem Punkt), ist die Zahl f + e − k gleich,
sie ist also unabhängig vom Netzwerk.

Bilden wir entsprechende Netzwerke mit einfach zusammenhängenden Flächen
auf einem Torus, so gilt f + e − k = 0. Für den zweifachen Torus findet man
f + e − k = − 2, für den n-fachen Torus f + e − k = 2 − 2n.

10.4. Netzwerke

Drei Häuser A, B, C so mit dem Gaswerk, dem E-Werk und dem Wasser-Werk (G, E, W)
zu verbinden, daß sich keine Leitungen überkreuzen, ist ein altbekanntes Problem. Man
kann sich etwas an diesem Problem versuchen, sollte aber nicht verzagen, denn es ist
unlösbar. Mindestens eine Überschneidung der Leitungen ist erforderlich, wobei es
unwichtig ist, wie die sechs Gebäude zueinander liegen. Einen Versuch zeigt das Bild
10.12. Natürlich ist es möglich die Leitungen so zu legen, daß mehr als eine Überschneidung auftritt.

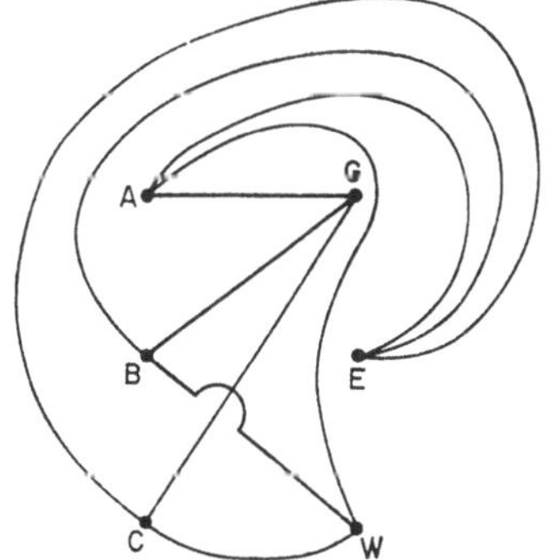

Bild 10.12

Bei der Konstruktion von gedruckten Schaltungen, der Planung von Verkehrswegen
und dem Entwerfen von Fahrplänen tritt ein Problem auf, das man mit der Forderung
nach einem Minimum an Überschneidungen bei einem Netzwerk beschreiben kann.

Beim Straßenbau können Straßenkreuzungen häufig nur dadurch vermieden werden, daß man in die dritte Dimension ausweicht und Überführungen baut. Es treten dabei aber ebenfalls topologische Oberflächen- und Knotenprobleme auf, die erst im vierdimensionalen Raum und nicht mehr im dreidimensionalen zu lösen sind.

Übungen

1. Zeigen Sie, daß die Versorgungsleitungen von zwei Werken zu drei Häusern sich nicht zu überschneiden brauchen. Ist dies auch bei drei Werken und zwei Häusern der Fall?

2. Von drei Werken aus sollen die Versorgungsleitungen zu vier Häusern gelegt werden. Zeigen Sie, daß man mit zwei Überschneidungen auskommt.

3. Vier Häuser sollen von vier Werken Versorgungsleitungen erhalten. Zeigen Sie, daß nur vier Überschneidungen erforderlich sind.

4. Ist folgende Aussage wahr? „Vermehrt man beim Problem der Versorgungsleitungen entweder die Anzahl der Werke um eins oder die der Häuser um eins, so erhöht sich die minimale Anzahl der Überschneidungen um zwei".

5. Zeigen Sie, daß auf einem Torus jedes der drei Häuser A, B, C mit jedem der drei Werke G, E, W verbunden werden kann, ohne daß eine Überschneidung der Leitungen erforderlich wird. Am besten nehmen Sie sich einen aufgeblasenen Fahrradschlauch oder einen Wurfring und zeichnen die Leitungen mit farbiger Kreide auf die Oberfläche.

10.5. Die Brücken in Königsberg

Es verwundert bestimmt nicht, daß sich *Euler* mit dem Problem der Netzwerke befaßt hat. Er fand als erster eine Lösung für das schon aus alter Zeit überlieferte Problem der Brücken über den Pregel in Königsberg.

In Bild 10.13 wird die Lage der sieben Brücken wiedergegeben. Die Frage lautet: „Ist es möglich, auf einem Spaziergang jede der Brücken genau einmal zu überqueren"? Versuchen Sie zuerst einmal, selbst diese Frage zu beantworten.

Übungen

1. Gibt es einen Spaziergang, auf dem man sechs der Brücken (Bild 10.13) genau einmal überquert und die siebte nicht begeht? Muß man eine bestimmte Brücke auslassen, damit ein solcher Gang möglich wird?

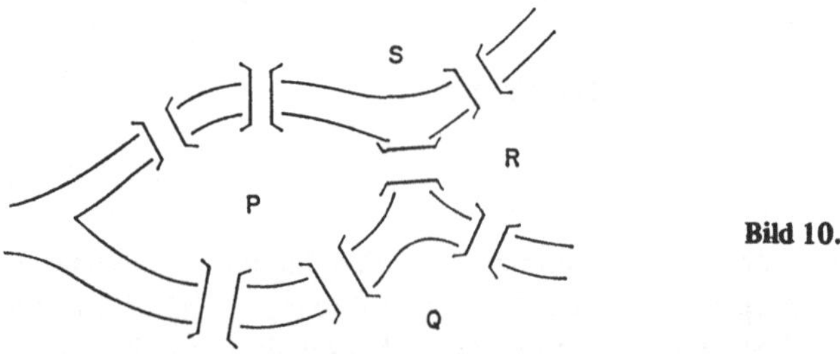

Bild 10.13

2.   Kann man den in Aufgabe 1 verlangten Rundgang so anlegen, daß ein beliebiger
     Anfangspunkt A vorgegeben und dieser auch Endpunkt des Spazierganges wird?
     Ist die Forderung zu erfüllen, wenn man mehr als eine Brücke bei dem Spazier-
     gang ausläßt?

3.   Kann man das Brückenproblem lösen, wenn man Brücken hinzufügt? Ist das der
     Fall, so geben Sie an, wie viele Brücken und wo sie erforderlich sind.

4.   Kann man durch das Hinzufügen von Brücken erreichen, daß es möglich wird
     den Rundgang an einem beliebigen Punkte zu beginnen, jede Brücke genau ein-
     mal zu überqueren und am Anfangspunkt zu enden? Ist das der Fall, so geben
     Sie an, wo und wie viele neue Brücken gelegt werden müssen.

5.   Überzeugen Sie sich, daß man das Bild 10.13 durch das Netzwerk des Bildes
     10.14 ersetzen kann, da es auf die Gestalt der Ufer nicht ankommt. Das Brücken-
     problem ist also gleichbedeutend mit der Forderung, das Bild 10.14 in einem
     Zuge zu zeichnen, ohne dabei eine Linie doppelt zu ziehen.

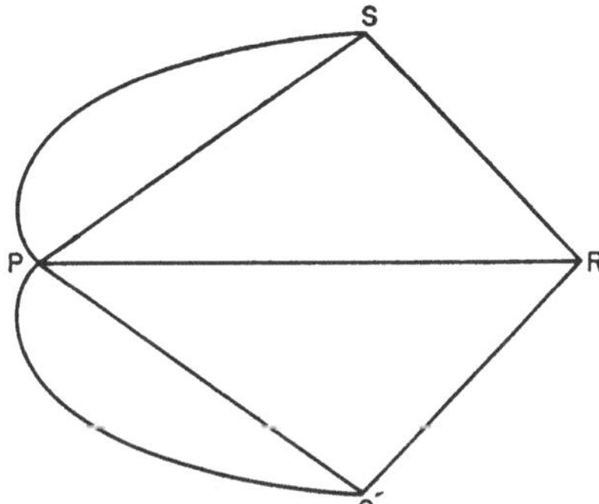

Bild 10.14

Wie sehen die Netzwerke zu den Lösungen der Aufgaben 2 und 3 aus? Zeichnen
Sie diese Netzwerke in einem Zug, ohne eine Linie zweimal zu ziehen. Vermuten
Sie auf Grund der Beispiele, welche Bedingungen ein Netzwerk erfüllen muß,
damit man es ohne Wiederholung einer Linie in einem Zuge zeichnen kann?

Euler hat nachgewiesen, daß ein einfach zusammenhängendes Netzwerk dann und
und nur dann in einem Zuge ohne Wiederholung durchlaufen werden kann, wenn
es keine oder genau zwei Ecken besitzt, in denen sich eine ungerade Anzahl von
Linien treffen. Das Bild 10.15 zeigt zwei Beispiele.

Das linke Netzwerk besitzt genau zwei Ecken, in denen sich eine ungerade Anzahl
von Linien treffen, während beim rechten Netzwerk kein solcher Punkt vorhanden
ist. Zeichnen Sie das linke Netzwerk in einem Zuge. Beginnt man beim rechten
Netzwerk im Punkt F und durchläuft dann A, B, F, G, B, C, G, E, C, D, E bis F,
so hat man das Netzwerk in einem Zuge gezeichnet, ohne eine Linie zu wiederholen.

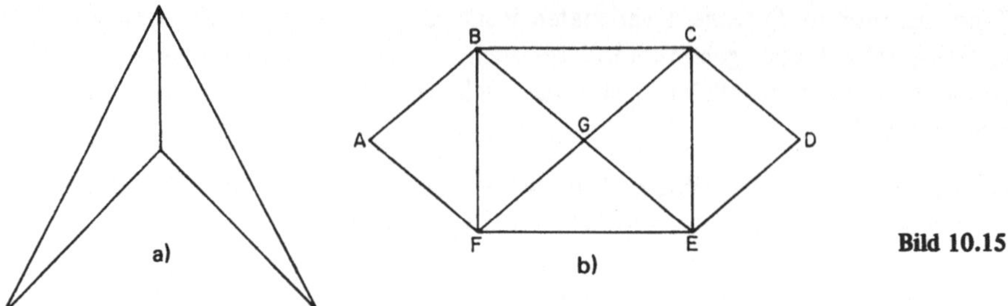

Bild 10.15

6. Zeichnen Sie das rechte Netzwerk des Bildes 10.15 in einem Zuge ohne Wiederholung einer Linie und wählen Sie a) A, b) G als Anfang und Ende.

10.6. Farbige Würfel und Flickenteppiche

Jede Seitenfläche eines Würfels soll mit einer Farbe bemalt werden, wobei zwei Flächen, die eine gemeinsame Kante besitzen, nicht die gleiche Farbe erhalten dürfen. Wie viele Farben sind zur Lösung der Aufgabe mindestens erforderlich? Gibt es mehrere Möglichkeiten diese Minimalanzahl von Farben auf dem Würfel zu verteilen? Bevor man den nächsten Absatz liest, sollte man erst einmal selbst über dieses Problem nachdenken.

Man wird sehr leicht feststellen, daß mindestens drei verschiedene Farben erforderlich sind, z. B. Rot, Blau und Gelb, und daß es nur eine Möglichkeit gibt, die Farben auf dem Würfel anzuordnen.

Wir verformen den Würfel nun zu einer Kugel (siehe Aufgabe 4, Abschnitt 10.3) und bilden das auf der Kugel entstandene Netzwerk durch eine geeignete Paralleloprojektion in das Innere eines Kreises ab (Bild 10.16).

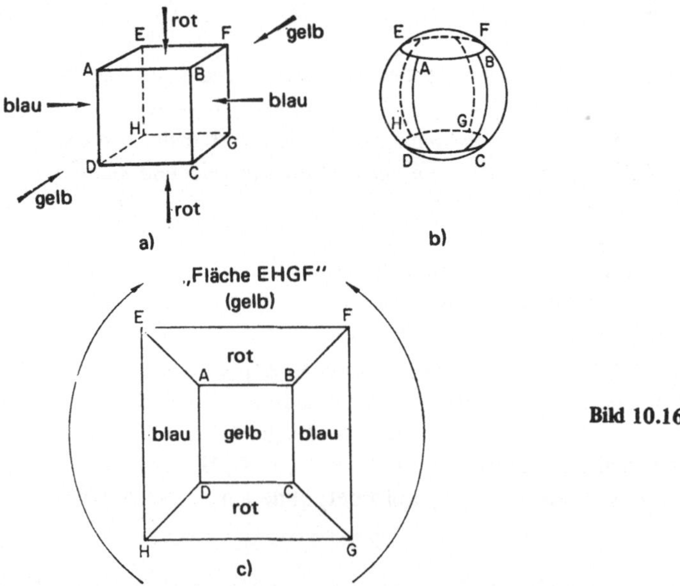

Bild 10.16

Wir haben hiermit ein Beispiel für das älteste Problem der Topologie gefunden: „Wie viele Farben sind zum Druck einer Landkarte erforderlich, wenn keine zwei Länder mit gemeinsamer Grenzlinie dieselbe Farbe erhalten dürfen?"

Sieht man eine Landkarte als Netzwerk an, so zeigt Bild 10.16 ein Beispiel, bei dem man mit drei Farben auskommt. Ein Blick auf das Netzwerk des Bildes 10.11 erweist, daß man dort vier Farben benötigt, was recht eigenartig ist, da weniger Flächen als beim Würfel vorhanden sind.

Die Landkarte, die dem Netzwerk des Bildes 10.17 entspricht, ist nun wirklich nicht kompliziert und dennoch benötigt man vier Farben.

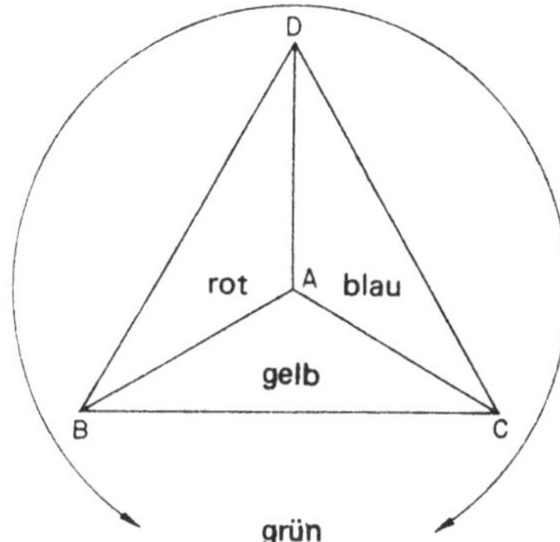

Bild 10.17

Der deutsche Mathematiker *Möbius* stellte seinen Studenten die Aufgabe, eine beliebige ebene Fläche so in fünf Teilflächen zu unterteilen, daß je zwei dieser Teilflächen eine gemeinsame Grenze haben. Mit etwas Nachdenken wird man erkennen, daß hier ein Problem vorliegt, das gleichbedeutend ist mit der Frage nach einer Landkarte, die zur Unterscheidung der Länder mindestens fünf Farben erfordert. Seltsamerweise hat man eine solche Karte bisher nicht gefunden, aber auch nicht nachweisen können, daß eine solche Karte nicht existieren kann. Es liegt hier ein ungelöstes Problem der Mathematik vor. Bewiesen worden ist jedoch, daß eine Karte mit nicht mehr als 38 Ländern immer mit vier Farben so bemalt werden kann, daß keine zwei Länder mit gemeinsamer Grenzlinie dieselbe Farbe erhalten. Will man eine Karte finden, die fünf Farben erfordert, so muß sie somit recht kompliziert sein! Mehr als fünf Farben wird man aber keinesegs benötigen, wie ebenfalls bewiesen worden ist. Mit anderen Worten kann man sagen, es ist sicher, daß es keine „Sechs-Farben-Landkarte" gibt, aber man hat auch noch keine „Fünf-Farben-Landkarte" gefunden. Die bisherigen Betrachtungen über Netzwerke oder Landkarten bezogen sich stets auf ebene oder sphärische Flächen, d.h. auf Flächen, für die gilt $f + e - k = 2$.

Zeichnet man Netzwerke auf einen Torus oder auf ein Möbiussches Band mit einer Halbdrehung, so stellt man fest, daß hier für das Färben der Teilflächen andere Aussagen zu machen sind. Obwohl diese Oberflächen komplizierter sind als die einer Kugel, hat man für sie das Problem das uns das Färben von Landkarten stellt, vollständig gelöst.

Für die Netzwerke auf einem Torus kommt man mit sieben Farben aus und es gibt
auch ein Netzwerk, das sieben Farben erfordert. Das Bild 10.18 zeigt ein solches Netzwerk, wie es erscheint, wenn man die Oberfläche des Torus wieder in ein Rechteck
verwandelt hat, aus dem der Torus geformt worden ist (siehe Bild 10.2).

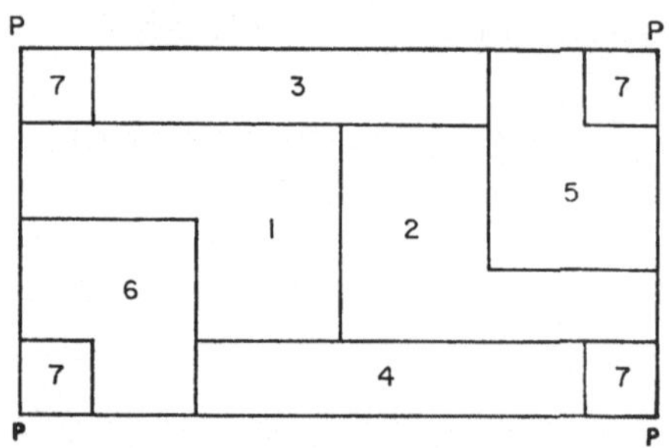

Bild 10.18

Mit Hilfe eines aufgeblasenen Fahrradschlauches überzeugt man sich, daß wirklich
sieben Farben erforderlich sind.

Für Netzwerke auf einem Möbiusschen Band kommt man mit sechs Farben aus, und
auch hier gibt es ein einfaches Netzwerk, das tatsächlich sechs Farben erfordert (siehe
Aufgabe 7 der folgenden Übungen). Die Zahl $f + e - k$ ist für topologisch äquivalente
Oberflächen eine Invariante und die Mindestfarbenzahl beim Einfärben von Netzwerken
ist ebenfalls invariant gegenüber topologisch äquivalenten Verformungen einer Oberfläche.

Übungen

1. Ein Flickenteppich wird aus kleinen kongruenten quadratischen Stoffresten
    angefertigt (Bild 10.19). Zwei Quadrate, mit einer gemeinsamen Seite dürfen
    nicht dieselbe Farbe haben. Wie viele Farben sind mindestens erforderlich?

2. Ein Flickenteppich wird aus kleinen Stoffresten, die die Form von kongruenten
    gleichseitigen Dreiecken haben, hergestellt. Wie viele Farben sind erforderlich,
    damit je zwei Flicken mit gemeinsamer Kante verschiedene Farben besitzen?
    (Bild 10.20)

Bild 10.19   **Bild 10.20**

3. Eine Mosaikplatte soll aus Steinen in Bienenwabenform hergestellt werden; die
    Platte ist also zusammengesetzt aus kleinen Steinen von der Gestalt kongruenter
    regelmäßiger Sechsecke. Wie viele Farben sind erforderlich, damit keine zwei
    Steine mit gemeinsamer Kante dieselbe Farbe haben?

4. Die Oberfläche eines Tetraeders soll so gefärbt werden, daß keine zwei Seiten-
    flächen mit gemeinsamer Kante dieselbe Farbe erhalten. Wie viele Farben sind
    erforderlich? Gibt es mehrere Möglichkeiten die erforderlichen Farben auf der
    Oberfläche anzuordnen?

5. Beantworten Sie die Fragen der Aufgabe 4 für die Oberfläche eines Oktaeders.

6. Bestimmen Sie die minimale Anzahl von Farben, die erforderlich sind um a) einen
    Ikosaeder, b) einen Dodekaeder so zu färben, daß je zwei Seitenflächen mit ge-
    meinsamer Kante verschiedene Farben haben.

7. Zeichnen Sie auf beide Seiten eines rechteckigen Papierbogens das Muster des
    Bildes 10.21. Stellen Sie aus diesem Bogen ein Möbiussches Band mit einer
    Halbdrehung her. Die Punkte A und A′ bzw. B und B′ sollen dabei zusammen-
    fallen. Wie viele Farben sind erforderlich, um das Band einzufärben, wenn keine
    zwei Rechtecke mit gemeinsamer Kante gleichfarbig sein dürfen (der Papierbogen,
    von dem Sie ausgehen, muß auf beiden Seiten gleichfarbig, d. h. durchgefärbt
    sein). Markieren Sie die Lage der einzelnen Farben auf einer Kopie des Bildes
    10.21.

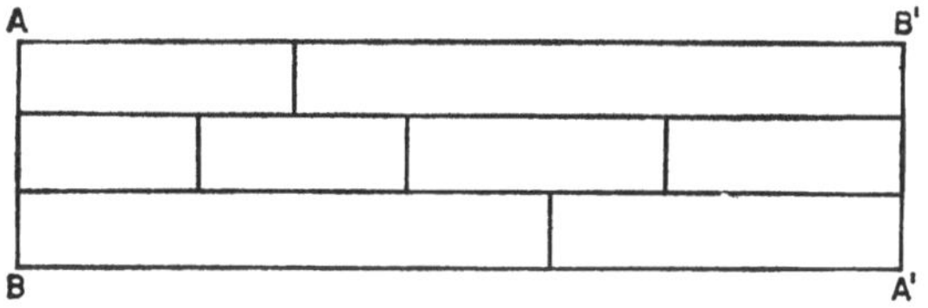

Bild 10.21

Lösungen

1.1.

 1.   { Sonnabend, Sonntag }

 3.   { Januar, Juni, Juli }

 4.   { April, Juni, September, November }

 5.   { Berlin, Hamburg, Bremen }

 6.   { 1, 2, 3, 4, 5, 6 }

 7.   { Merkur, Venus }

 8.   { (0/0), (0/1), (0/2), (0/3), (0/4), (1/1), (1/2), (1/3), (2/2) }

 9.   { 6, 7, 8, 9 }

10.   { a, e, i }

11.   { 12, 14, 16, 18 }

12.   { 12, 15, 18 }

13.   { 12, 18 }

14.   { 12, 14, 15, 16, 18 }

15.   { 14, 16 }

16.   U

17.   Westen

18.   Chaussee oder Autobahn

19.   1968 oder ein anderes Schaltjahr

20.   Johannes

21.   Villa, Landhaus, Reihenhaus etc.

22.   Läufer, Linksaußen etc.

23.   Brüssel, Kopenhagen etc.

24.   Terrier, Dogge etc.

25.   irgendeine andere ungerade natürliche Zahl

26.   irgendeine andere Primzahl

27.   25, 36, 49 oder eine andere Quadratzahl

28.   64, 128, 256 oder eine andere Potenz von 2

29. $\dfrac{4}{7}, \dfrac{5}{6}, \dfrac{6}{5}, \dfrac{7}{4}, \dfrac{8}{3}, \dfrac{9}{2}, \dfrac{10}{1}$

30.   1,41421 oder einen anderen Nährungswert von $\sqrt{2}$

31.   ja   32.   ja (aber schwierig)   33.   ja (aber sehr schwierig)

34.   nein   35.   ja   36.   nein

37.   ja, denn es gibt keine. Man nennt diese Menge „leere Menge".

38.   ja   39.   nein   40.   nein

1.2.

1. richtig (r)   2. falsch (f)   3. r
4. r   5. f   6. r
7. f   8. r   9. r
10. r   11. f   12. r
13. r   14. f
15. f, denn $\{2\}$ ist eine Menge und vom Element 2 zu unterscheiden.

1.3.

1. $\{\frac{1}{5}, \frac{2}{5}, \frac{3}{5}, \frac{4}{5}\}$
2. nicht aufzählbar
3. ϕ
4. nicht aufzählbar
5. ϕ
6. $\{105, 112, 119, 126, 133, 140, 147\}$
7. nicht aufzählbar
8., 9., 10.   jeweils ϕ

1.4.

1. G   2. E   3. J   4. I   5. H
6. B   7. K   8. D   9. $F = \phi$ 10. L

1.5.

1. $\in$ 2. $=$ 3. $\subset$ 4. $\notin$ 5. $\subset$
6. $\subset$ 7. $\subset$ 8. $\subset$ 9. $\subset$ 10. $\in$
11. a) $\{2, 4, 6, 8\}$ b) $\{6, 7, 8, 9\}$ c) $\{1, 2, 3\}$ d) ϕ e) M
12. a) $\{A, M, B\}$; $\{A, M, S\}$; $\{A, B, S\}$; $\{M, B, S\}$
    b) $\{A, M\}$; $\{A, B\}$; $\{A, S\}$; $\{M, B\}$; $\{M, S\}$; $\{B, S\}$
    c) $\{A, M, B\}$; $\{A, M, S\}$; $\{A, B, S\}$
    d) $\{S, A\}$; $\{S, M\}$; $\{S, B\}$
13. a) $\{London, Berlin\}$
    b) $\{Cuxhaven, Westerland\}$
    c) $\{Cuxhaven, Braunschweig\}$
14. a) $16 = 2^4$ b) $32 = 2^5$ c) 2^n

1.6.

1. a) $\{b, c, d\}$ b) $\{b, c, d\}$ c) $\{a, c\}$
   d) $\{c, f\}$ e) $\{c\}$ f) $\{c\}$
2. A = $\{Januar, Juni, Juli\}$
   B = $\{Mai, Juni, Juli\}$
   C = $\{April, Juni, September, November\}$
   a) $\{Juni, Juli\}$ b) $\{Juni\}$ c) $\{Juni\}$ d) A
   e) B   f) C   g) $\{Juni\}$ h) $\{Juni\}$

3. $X = \{2, 3, 4, 5\}$ $Y = \{3, 4, 5, 6\}$ $Z = \{3, 5, 6, 7\}$
    a) $\{3, 4, 5\}$ b) $\{3, 5\}$ c) $\{3, 5, 6\}$ d) X
    e) Y   f) Z   g) $\{3, 5\}$ h) $\{3, 5\}$

1.7.

1. a) $\{a, b, c, d, e, f\}$ b) $\{a, b, c, d, e, f\}$ c) $\{a, b, c, d, f\}$
    d) $\{a, b, c, d, e, f\}$ e) $\{a, b, c, d, e, f\}$ f) $\{a, b, c, d, e, f\}$

2. a) $\{$Januar, Mai, Juni, Juli$\}$
    b) $\{$Januar, April, Juni, Juli, September, November$\}$
    c) $\{$April, Mai, Juni, Juli, September, November$\}$
    d) M   e) M   f) M
    g) und h) $\{$Januar, April, Mai, Juni, Juli, September, November$\}$

3. a) $\{2, 3, 4, 5, 6\}$ b) $\{2, 3, 4, 5, 6, 7\}$ c) $\{3, 4, 5, 6, 7\}$
    d) X   e) Y   f) Z
    g) $\{2, 3, 4, 5, 6, 7\}$ h) $\{2, 3, 4, 5, 6, 7\}$

4. a) $\{1, 2, 3, 4, 5\}$ b) $\{1, 2, 3, 4, 6\}$ c) $\{2, 3, 4, 5, 6\}$
    d) M   e) M   f) $\{3, 4\}$
    g) $\{2, 4\}$ h) $\{4\}$ i) $\{4\}$
    j) $\{4\}$ k) $\{2, 3, 4\}$ l) $\{2, 3, 4, 6\}$
    m) $\{1, 2, 3, 4\}$ n) $\{2, 4\}$ o) $\{2, 3, 4\}$
    p) $\{1, 2, 3, 4\}$ q) A   r) B
    s) C   t) M   u) M
    v) M   w) A   x) B
    y) ϕ z) A
    Die Mengen unter k) und o) bzw. unter m) und p) sind gleich.

5. a) $\{2\}$ b) $\{4\}$
    c) $\{7, 8, 9\}$ d) $\{1, 2, 3, 4\}$
    e) ϕ f) ϕ
    g) $\{2, 3, 4, 5, 6, 7, 8, 9\}$ h) $\{2, 3, 5, 7\}$
    i) $\{1, 4, 9\}$
       $\{2, 3, 4\}$; ϕ; $\{2, 4\}$

6. $M = \{A, B, C, D, E, F, G, H, J, K\}$
    a) $\{D\}$ b) $\{B, C, D, J\}$ c) $\{A, D, E, H, K\}$
    d) $\{D\}$ e) M   f) $\{A, D, E, H, K\}$
    g) $\{A, D, E, H, K\}$ h) $\{A, B, C, D, E, H, K, J\}$
    i) $\{A, B, C, D, E, H, K, J\}$

    Die Mengen unter f) und g) bzw. h) und i) sind gleich. Diese Gleichheit ist auch
    dann erfüllt, wenn für F, V und R andere Mengen gewählt werden.

1.8.

1. a) $\{p, r\}$ b) $\{m, n, p, r\}$ c) ϕ
    d) G e) $\{r\}$ f) $\{l, p, r\}$

2. a) $\{p\}$ b) $\{m, r\}$ c) $\{p, m, r\}$ d) ϕ
    e) G f) $\{l, n\}$ g) ϕ h) $\{p, m, r\}$
    i) G j) ϕ k) G l) ϕ

    Die Mengen unter c) und h) bzw. d) und g) sind gleich. Diese Gleichheit ist auch
    dann erfüllt, wenn für G, P und Q andere Mengen gewählt werden.

3. J = {Januar, Juni, Juli}; S = {April, Juni, September, November}

    a) {Feburar, März, April, Mai, August, Oktober, November, Dezember}
    b) {Januar, Februar, März, Mai, Juli, August, Oktober, Dezember}
    c) {Februar, März, Mai, August, Oktober, Dezember}
    d) {Januar, Februar, März, April, Mai, Juli, August, September, Oktober,
       November, Dezember}
    e) {Februar, März, Mai, August, Oktober, Dezember}
    f) {Januar, Februar, März, April, Mai, Juli, August, September, Oktober,
       November, Dezember}

    Die Mengen unter c) und e) bzw. d) und f) sind gleich.

4. Die Mengen unter a) und b), c) und d), g) und h), i) und j) sind gleich.
    k) M l) M m) M n) M o) M p) P

1.9.

1. a) A b) A c) ϕ d) G e) A f) A g) A h) A
2. Die Mengen unter a) und b), c) und d), e) und f), g) und h) sind gleich.

3. 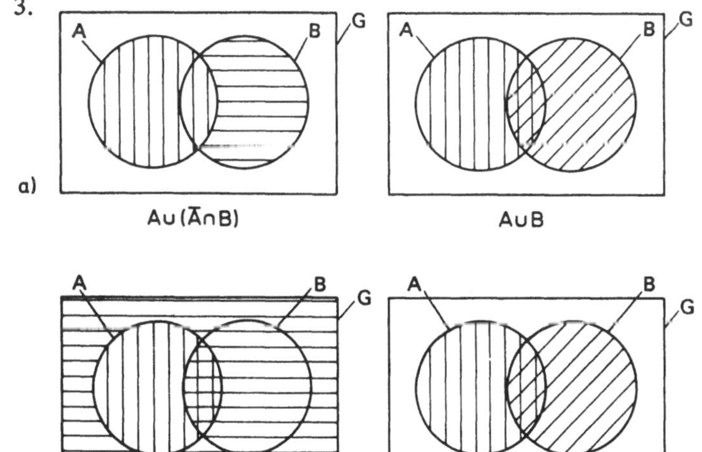

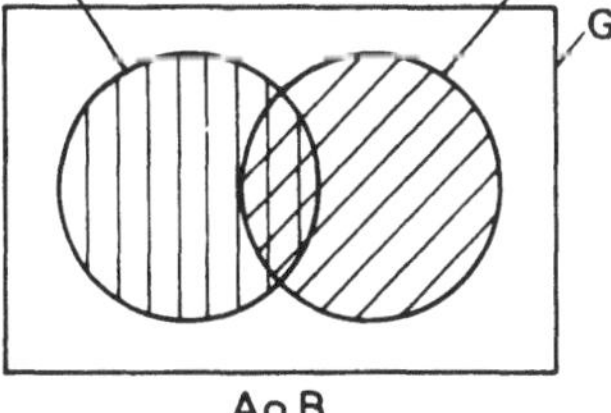

a)

A∪(Ā∩B)   A∪B

b)

A∩(Ā∪B)   A∩B

Bild L 1

3. c) $B \cup A$ d) $B \cap A$

4. a) und b) ergeben sich nach Aufg. 2.h) und g) und nach 2.f) und e).

c) $(A \cup \bar{B}) \cap (A \cup B)$
   $= [(A \cup \bar{B}) \cap A] \cup [(A \cup \bar{B}) \cap B]$ nach Aufg. 2.a), b)
   $= [(A \cap A) \cup (\bar{B} \cap A)] \cup [(A \cap B) \cup (\bar{B} \cap B)]$ nach Aufg. 2.a), b)
   $= [A \cup (\bar{B} \cap A)] \cup (A \cap B)$
   $= A \cup (A \cap B)$ nach Aufg. 1.h)
   $= A$ nach Aufg. 1.h)

d) folgt aus Aufg. 4.c)

e) $(\bar{A} \cup \bar{B}) \cap (\bar{A} \cup B) \cap (A \cup B)$
   $= \bar{A} \cap (A \cup B)$ nach Aufg. 4.d)
   $= (\bar{A} \cap A) \cup (\bar{A} \cap B)$
   $= \bar{A} \cap B$

f) $(A \cup \bar{B} \cup \bar{C}) \cap [A \cup (B \cap C)]$
   $= [A \cup (\overline{B \cap C})] \cap [A \cup (B \cap C)]$ nach Aufg. 2.h), g)
   $= A$ nach Aufg. 4.c)

1.11.

1. 7   2. 2 bzw. 3   3. 5 bzw. 4
4. 2   5. 48 bzw. 10   6. a) 123   b) 135   c) 405
7. 6

2.1

1. a) $\{5, 6, 7 \dots\}$ b) $\{4, 5, 6 \dots\}$ c) $\{1, 2, 3, 4, 5, 6, 7\}$
    d) $\{5, 6, 7\}$ e) Grundmenge   f) ϕ
    g) Grundmenge   h) $\{6, 7, 8 \dots\}$

2. a) $\{2\}$ b) ϕ c) G   d) ϕ
    e) $\{2, 3, 4 \dots\}$ f) G   g) ϕ

3. a) $\{2, 4, 6, 8\}$ b) $\{6, 7, 8, 9\}$ c) $\{1, 2, 3, 4\}$
    d) $\{3\}$ e) ϕ

4. a) $\{2\}$ b) $\{4, 5, 6 \dots\}$ c) G
    d) $\{10\}$ e) ϕ

2.2.

1. a) $\{(1,1); (2,2); (3,3); (4,4)\}$ b) $\{(1,2); (2,3); (3,4)\}$
    c) $\{(1,1); (2,2); (3,3); (4,4); (1,2); (1,3); (1,4); (2,3); (2,4); (3,4)\}$
    d) $\{(2,1); (3,1); (3,2); (4,1); (4,2); (4,3)\}$
    e) $\{(2,4); (3,3); (4,2)\}$ f) $\{(2,1); (2,2); (2,3); (2,4)\}$
    g) $\{(1,4); (2,4); (3,4); (4,4)\}$ h) ϕ
    i) $\{(2,4)\}$ k) die Produktmenge

2. a) $\{(0,0); (1,2); (2,4)\}$ b) $\{(0,1); (1,2); (2,3); (3,4)\}$

    c) $\{(0,2); (1,3); (2,4)\}$ d) $\{(0,4); (2,3); (4,2)\}$

    e) $\{(0,4); (0,3); (0,2); (0,1); (0,0); (1,3); (1,2); (1,1); (1,0); (2,2); (2,1); (2,0);$
       $(3,1); (3,0); (4,0)\}$

    f) $\{(0,2); (0,3); (0,4); (1,1); (1,2); (1,3); (1,4); (2,0); (2,1); (2,2); (2,3); (2,4);$
       $(3,0); (3,1); (3,2); (3,3); (3,4); (4,0); (4,1); (4,2); (4,3); (4,4)\}$

    g) $\{(1,2)\}$ h) $\{(2,4)\}$ i) $\{(2,3)\}$

    k) $\{(0,2); (0,3); (0,4); (1,1); (1,2); (1,3); (2,0); (2,1); (2,2); (3,0); (3,1); (4,0)\}$

3. a) $\{2\}$ b) $\{3\}$ c) $\{2,3\}$

    d) ϕ e) $\{0,4\}$

    f) $\{(2,0); (2,1); (2,2); (2,3); (2,4); (0,3); (1,3); (3,3); (4,3)\}$

    g) $\{(2,3)\}$ h) $\{(2,2)\}$

    i) $\{(0,0); (0,1); (1,0); (1,1)\}$

    k) $\{(0,0); (0,1); (1,0); (3,4); (4,3); (4,4)\}$

4.

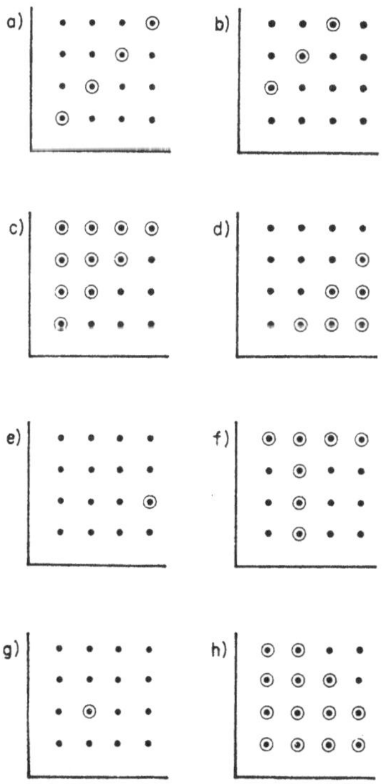

Bild L 2

2.3.

2. a) 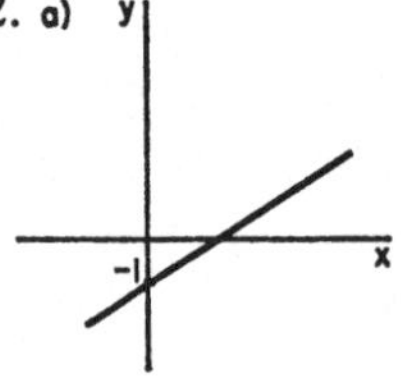   b) 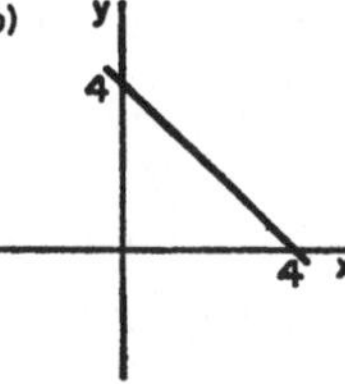

3. und 4.

a) 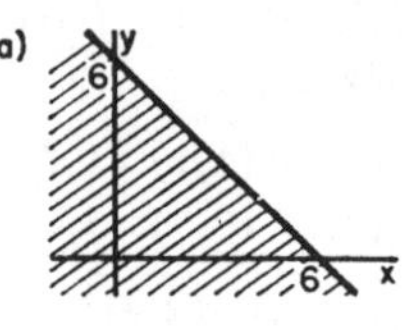   b) 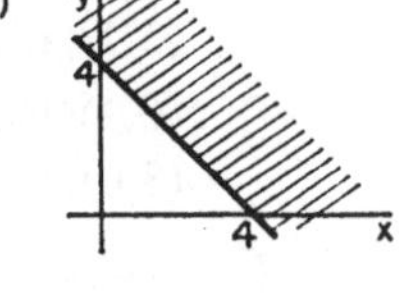

c)    d) 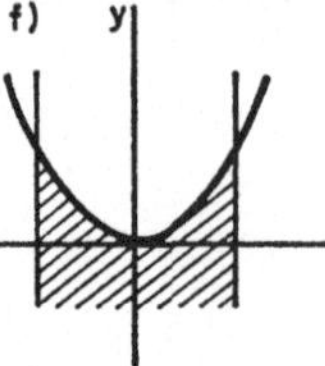

c) 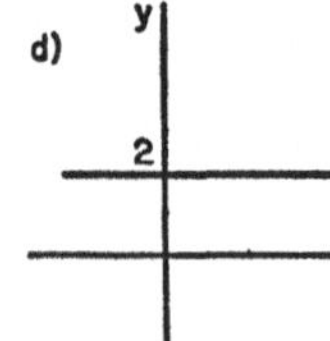   d) 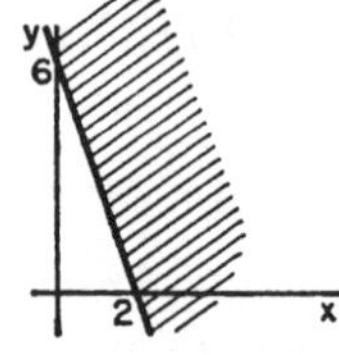

e)    f) 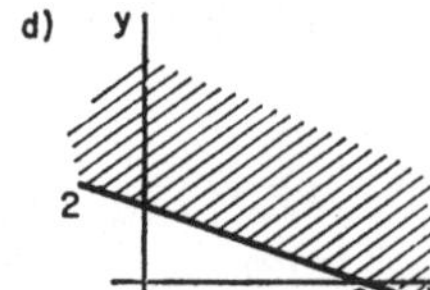

5. 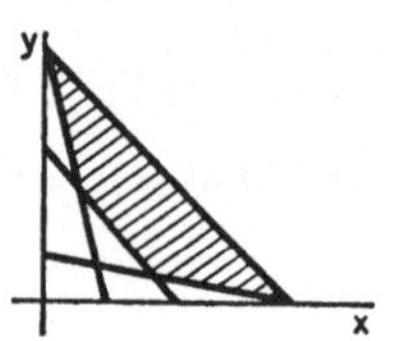

Bild L 4

g) 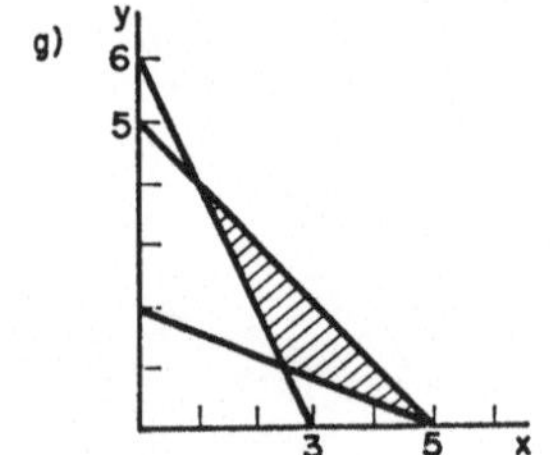

Bild L 3

6.   a) $(0,6)$ b) $(6,0)$ c) $(1,3)$ d) $(3,1)$

7.   a) $\{(0,6)\}$ b) $\{(1\frac{1}{2}, 1\frac{1}{2})\}$ c) $\{(6,0)\}$
      d) $\{(1,3)\}$ e) $\{(3,1)\}$

8. 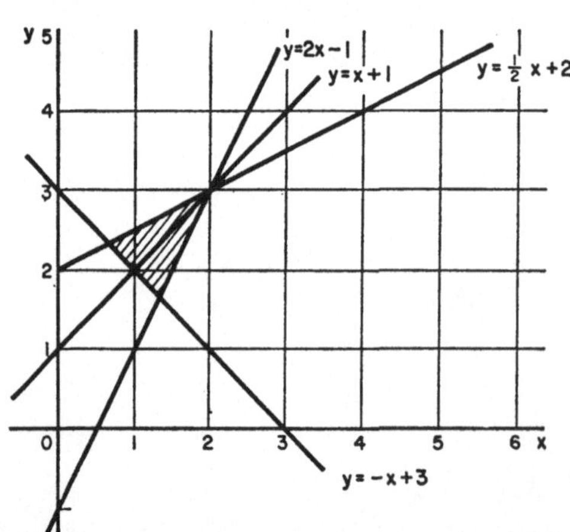

Bild L 5

9. a) (2,3)   b) (2,3)   c) (1,2)

10. Das gesuchte Gebiet ist in der Zeichnung zu 8. schraffiert

$$\{(x,y)\,|\,y>-x+3\}\cap\{(x,y)\,|\,y>2x-1\}\cap\{(x,y)\,|\,y<\tfrac{1}{2}x+2\}.$$

2.5.

1. a) Funktion   b) Funktion   c) keine Funktion
    d) keine Funktion   e) Funktion

2. a) Funktion   b) Funktion   c) keine Funktion

3. Funktion   4. keine Funktion   5. Funktion

6. keine Funktion   7. Funktion   8. Funktion

9. keine Funktion   10. keine Funktion   11. Funktion

12. keine Funktion   13. keine Funktion   14. keine Funktion

15. keine Funktion   16. Funktion   17. keine Funktion

18. keine Funktion   19. Funktion   20. keine Funktion

21. Funktion   22. Funktion   23. keine Funktion

24. Funktion   25. keine Funktion

2.8

Bei den folgenden Antworten ist $\mathbb{R}$ die Menge der reellen Zahlen und $\mathbb{R}'$ die Menge
der nicht-negativen reellen Zahlen und $\mathbb{R}^*$ die Menge der reellen Zahlen ohne die Null.
Der Definitionsbereich wird vor der Bildmenge genannt.

1. eineindeutig; $\mathbb{R}$, $\mathbb{R}$.

2. nicht eineindeutig; $\mathbb{R}$, $\{4\}$.

3. eineindeutig; $\mathbb{R}$, $\mathbb{R}$.

4. nicht eineindeutig; $\mathbb{R}$, $\mathbb{R}'$.

5. eineindeutig; $\mathbb{R}^*$, $\mathbb{R}^*$.

6. nicht eineindeutig; Menge der ganzen Zahlen, $\{0,1\}$.

7. nicht eineindeutig; $\mathbb{R}$, $\mathbb{R}'$.

8. nicht eineindeutig; $\mathbb{R}$, $\{x\,|\,x\geqslant 1\text{ und }x\in\mathbb{R}\}$.

9. nicht eineindeutig; $\{x\,|-2\leqslant x\leqslant 2\text{ und }x\in\mathbb{R}\}$,
    $\{y\,|\,0\leqslant y\leqslant 2\text{ und }y\in\mathbb{R}\}$.

10. nicht eineindeutig; $\mathbb{R}$, $\{y\,|\,0\leqslant y<1\text{ und }y\in\mathbb{R}\}$.

11. nicht eineindeutig.

12. a) c   b) c   c) b   d) a

13. a) a   b) b   c) a

14. a) a   b) a   c) b   d) a   e) b

15. a) c   b) c   c) c

16. Die Funktion f ist eineindeutig

17.   a) b   b) d   c) a   d) e   e) c
18.   a) d   b) d   c) b   d) e   e) b
19.   a) e   b) e   c) d   d) c   e) d
20.   a) d   b) e   c) d   d) b   e) b
21.   a) f und g sind gleich   b) f = g   c) f = g   d) f $\neq$ g
22.   f: $x \rightarrow x$, $[f(x) = x]$
23. $\{2, 3, 4, 5\}$; $\{\frac{1}{2}, \frac{1}{3}, \frac{1}{4}, \frac{1}{5}\}$
24.   a) $\frac{1}{4}, \frac{1}{3}, -1$ b) $-3, -2,\ 2$

Es ist f: $x \rightarrow \dfrac{1}{1-x}$; g: $x \rightarrow \dfrac{x-1}{x}$

$$f \circ g: x \rightarrow \frac{1}{1 - \dfrac{x-1}{x}} = f \circ g\ (x)$$

$$f \circ g\ (x) = \frac{1}{\dfrac{x-(x-1)}{x}} = \frac{x}{x-(x-1)} = x$$

$$g \circ f: x \rightarrow \frac{\dfrac{1}{1-x} - 1}{\dfrac{1}{1-x}} = g \circ f\ (x)$$

$$g \circ f\ (x) = \frac{1-(1-x)}{1-x} \cdot \frac{1-x}{1} = x$$

25. $f \circ g: x \rightarrow (x+3)^2$
      $g \circ f: x \rightarrow x^2 + 3$

26.   a) f_4 b) f_3 c) f_1 d) f_4 e) f_1 f) f_1

27.   a) f_2 b) f_2 c) f_1 d) f_1 e) f_5 f) f_6 g) f_1 h) f_1

3.

1.   (3,3), (4,2), (4,3), (4,4), (5,3), (5,4), (5,5), (6,3), (6,4).
2.   8 Kühe, 12 Schafe.
3.   Von D_1 nach C_1 20 t, von D_2 nach C_2 15 t, von D_1 nach C_3 10 t.
4.   Von D_1 nach C_1 100 t, von D_1 nach C_2 10 t, von D_2 nach C_2 40 t.
5.   6 kg von Legierung A, 2 kg von Legierung B.
6.   20 einfache Modelle, 10 Luxusmodelle.
7.   Zugelassen sind (5,2), (6,2), (6,3) und (7,2); der höchste Gewinn ergibt sich bei (6,3).
8.   a) (4,2) b) (2,4).
9.   20,50 DM

10. Die Gerade, die minimale Unkosten bestimmt, hat die Gleichung $2x + 5y = 20$. Alle Punkte dieser Geraden zwischen $(5,2)$ und $(7\frac{1}{2}, 1)$ geben Lösungen an; dürfen aber nur volle Schichten gefahren werden, so ist die einzige Lösung $(5,2)$.

11. Von D_1 30 nach C_1 und 30 nach C_2; von D_2 20 nach C_2.

4.1.

1. F   2. W   3. W

4. a) Der Schluß ist falsch, b) die Konkusion ist richtig, c) R, d) R, e) Menge aller gleichschenkligen Trapeze, das sind die Trapeze mit einer Symmetrieachse.

5. a) Der Schluß ist falsch, b) die Konklusion ist richtig, c) Menge aller Rauten, d) und e) Menge aller Quadrate.

6. F   7. F   8. W   9. F   10. F   11. F

12. W   13. W   14. F   15. F   16. F   17. F

18. F   19. F   20. W   21. F, der Schluß wäre mit der Konklusion $y < 0$ richtig.

22. W

23. Einige rothaarige Menschen sind nicht schlecht gelaunt.

24. Einige Altertümer sind schön.

25. In unserem Dorfe tragen weiße Kühe keine Glocken.

26. Einige Menschen sind weder vernünftig noch gesund.

27. Einige komplexe Zahlen sind ganze Zahlen.

4.2.

1. a) Ich spiele gern Tennis und bin ein guter Fußballspieler.

   b) Ich spiele gern Tennis oder ich bin ein guter Fußballspieler.

   c) Ich spiele gern Tennis und bin kein guter Fußballspieler.

   d) Ich spiele nicht gern Tennis oder ich bin ein guter Fußballer.

   e) Ich spiele nicht gern Tennis und ich bin kein guter Fußballer.

   f) Wenn ich gern Tennis spiele, dann bin ich ein guter Fußballer.

2. a) Der Patriotismus verdirbt die Geschichte und Religion ist Opium fürs Volk.

   b) Der Patriotismus verdirbt die Geschichte oder Religion ist Opium fürs Volk.

   c) Der Patriotismus verdirbt nicht die Geschichte und Religion ist Opium fürs Volk.

   d) Der Patriotismus verdirbt die Geschichte oder Religion ist kein Opium fürs Volk.

   e) Der Patriotismus verdirbt nicht die Geschichte oder Religion ist Opium fürs Volk.

   f) Der Patriotismus verdirbt die Geschichte und Religion ist kein Opium fürs Volk.

   g) Der Patriotismus verdirbt nicht die Geschichte und Religion ist kein Opium fürs Volk.

   h) Der Patriotismus verdirbt nicht die Geschichte oder Religion ist kein Opium fürs Volk.

   i) Wenn der Patriotismus die Geschichte verdirbt, dann ist Religion Opium fürs Volk und umgekehrt. Eine andere Formulierung: Der Patriotismus verdirbt die Geschichte dann und nur dann, wenn Religion Opium fürs Volk ist.

3. a) Ich trage keinen grünen Hut.

   b) Ich trage einen grünen Hut oder ich trage keinen grünen Hut. Diese Aussage ist stets
      wahr, also eine Tautologie.

   c) Ich trage schwarze Schuhe und ich trage keine schwarzen Schuhe.   Diese Aussage ist
      stets falsch, also ein Widerspruch.

   d) Ich trage einen grünen Hut oder ich trage keine schwarzen Schuhe.

   e) Ich trage einen grünen Hut und trage keine schwarzen Schuhe.

   f) Wenn ich einen grünen Hut trage, dann trage ich schwarze Schuhe.

   g) Ich trage keinen grünen Hut und trage schwarze Schuhe.

   h) Ich trage einen grünen Hut und keine schwarzen Schuhe oder ich trage keinen grünen
      Hut aber schwarze Schuhe.

4. a) Die zwei Dreiecke sind kongruent und gleichschenklig.

   b) Die zwei Dreiecke sind gleichschenklig und rechtwinklig.   Andere Formulierung:
      Die beiden Dreiecke sind gleichschenklig-rechtwinklig.

   c) Die beiden Dreiecke sind kongruent, gleichschenklig und rechtwinklig. Andere For-
      mulierung: Es sind zwei kongruente gleichschenklig-rechtwinklige Dreiecke.

   d) Die beiden Dreiecke sind gleichschenklig oder sie sind beide (zueinander) ähnlich.

   e) Die beiden Dreiecke sind rechtwinklig oder sie sind (zueinander) ähnlich.

   f) Die beiden Dreiecke sind (zueinander) kongruent oder sie sind (zueinander) ähnlich.

   g) Wenn die beiden Dreiecke kongruent sind, dann sind sie ähnlich.

   h) Wenn die beiden Dreiecke rechtwinklig sind, dann sind sie ähnlich. Diese Aussage ist
      sicherlich nicht richtig.

   i) Wenn die beiden Dreiecke gleichschenklig-rechtwinklig sind, dann sind sie ähnlich.

5. a) Wenn ein Viereck eine Raute ist, dann ist es ein Parallelogramm. Andere Formulie-
      rung: Jede Raute ist ein Parallelogramm. (W)

   b) Jedes Rechteck ist ein Sehnenviereck. (W)

   c) Ein Viereck ist genau dann ein Rechteck, wenn es ein Sehnenviereck ist. (F)

   d) Wenn in einem Parallelogramm zwei benachbarte Seiten gleiche Länge haben, ist
      es eine Raute und umgekehrt. (W)

   e) Wenn in einem Parallelogramm die Diagonalen gleich lang sind, ist es ein Rechteck und
      umgekehrt. (W)

   f) Jedes Viereck mit gleich langen Diagonalen ist ein Rechteck. (F)

   g) Ist ein Viereck eine Raute oder ein Rechteck, dann ist es ein Parallelogramm. (W)

   h) Ist ein Viereck zugleich Raute und Rechteck, dann hat ein Paar benachbarter Seiten
      gleiche Länge und die Diagonalen sind gleich lang. (W) – Diese Vierecke sind Quadrate.

   i) Hat ein Parallelogramm kein Paar benachbarter Seiten gleicher Länge, dann ist es
      keine Raute. (W)

   k) Ist ein Viereck ein Sehnenviereck, dann ist es kein Parallelogramm. (F)

   l) Ein Viereck ist dann und nur dann zugleich Raute und Rechteck, wenn es ein Quadrat
      ist. (W)

m) Ein Viereck ist dann und nur dann ein Parallelogramm mit einem Paar benachbarter Seiten gleicher Länge und gleich langen Diagonalen, wenn es ein Quadrat ist. (W)

n) Jedes Quadrat ist ein Sehnenviereck. (W)

o) Ist ein Viereck kein Quadrat, dann ist es keine Raute. (F)

p) Ein Viereck ist genau dann kein Rechteck, wenn es kein Quadrat ist. (F)

6. a) W   b) F   c) F   d) W
   e) F   f) F   g) F   h) W

4.3.

1.

q	$\neg$ q
W	F
F	W

2.

p	q	$\neg$ q	p$\wedge\neg$ q
W	W	F	F
W	F	W	W
F	W	F	F
F	F	W	F

3.

p	q	$\neg$ p	$\neg$ p$\wedge$ q
W	W	F	F
W	F	F	F
F	W	W	W
F	F	W	F

4.

p	q	$\neg$ p	$\neg$ q	$\neg$ p$\wedge\neg$ q
W	W	F	F	F
W	F	F	W	F
F	W	W	F	F
F	F	W	W	W

Bei den folgenden Aufgaben sind die Wahrheitstafeln wie bei den vorstehenden Beispielen aufzustellen; angegeben werden hier nur die Wahrheitswerte der letzten Spalte.

5. WW   6. WWFW   7. WFWW
8. WFFW   9. FWWW   10. WFFW

11. Für beide ergeben sich die Wahrheitswerte WFWW.

12. Für beide ergeben sich die Wahrheitswerte WFWW.

13. Für beide ergeben sich die Wahrheitswerte WFWW.

14. p $\rightarrow$ q

16. Die einfachste Aussage ist p $\wedge\neg$ p.

17. Für beide ergeben sich die Wahrheitswerte FWFF.

4.4.

1.	a	2.	a	3.	a + b
4.	1	5.	a + b	6.	a + b
7.	a	8.	a	9.	1
10.	a · b	11.	a	12.	$\bar{a}$ · b
13.	0	14.	1	15.	a + b
16.	a + b	17.	a	18.	a

4.5.

1. In unserem Dorfe tragen weiße Kühe keine Glocken. (Da der Landwirt Jensen auch schwarze Kühe besitzen kann, wäre es falsch zu sagen: Landwirt Jensens Kühe tragen keine Glocken.)

2. Setzt man h für „Jungen dürfen ein weißes Hemd tragen," und s für „Jungen dürfen einen Schlips tragen," so ergibt die Anweisung, die aus drei Teilen besteht, folgender Gleichung:

$$1 = (s + h)\ (\bar{s} + \bar{h})\ (h + \bar{s})$$
$$= (s + h)\ (\bar{s} + \bar{h}\,h) \qquad \text{nach Gesetz 5b}$$
$$= (s + h)\ \bar{s} \qquad \text{nach 8a und 1b}$$
$$= s\bar{s} + h\bar{s} \qquad \text{nach 5a}$$
$$= h\bar{s} \qquad \text{nach 8a und 1b}$$

Die Anweisung lautet demnach: Weißes Hemd ohne Schlips ist zu tragen.

3. Wir setzen g für, „der Mann war groß"; d für, „der Mann war dunkel"; a „für der Mann sah gut aus". Die Zeugenaussagen sind durch das logische „oder" zu verknüpfen.

$$1 = gda + gd\bar{a} + g\bar{d}a + \bar{g}d + \bar{g}\bar{d}a$$
$$= gd\ (a + \bar{a}) + \bar{d}a\ (g + \bar{g}) + \bar{g}d \qquad \text{nach 5a}$$
$$= gd + \bar{d}a + \bar{g}d \qquad \text{nach 8b und 1a}$$
$$= d\ (g + \bar{g}) + \bar{d}a \qquad \text{nach 5a}$$
$$= d + \bar{d}a \qquad \text{nach 8b und 1a}$$

Der Gesuchte ist dunkel oder er sieht gut aus und ist zugleich nicht dunkel.

4.6.

1.	x · x	oder	x
2.	x + x	oder	x
3.	x + xy	oder	x
4.	(x + x) (x + y) (x + z)	oder	x
5.	$(\bar{x} + \bar{y})\ (\bar{x} + y)\ (x + y)$	oder	$\bar{x}y$
6.	$(\bar{x} + \bar{y})\ (x + \bar{y})\ (x + y)$	oder	$x\bar{y}$
7.	(x + yz) + (x + yz) (x + yz)	oder	x + yz
8.	(x + y) (x + z) (x + y) (x + z)	oder (x + y) (x + z)	oder x + yz

9. $(a + b + c + xy)(a + b + c + \overline{x} + \overline{y})$ oder $a + b + c$

10. $(a + b)(a + c)(a + \overline{b} + \overline{c})$ oder a

11. $(a + bc)(a + \overline{b} + \overline{c})(a + b + c)(a + b + \overline{c})$ oder a

12. $abc + ab\overline{c} + \overline{a}bc + a\overline{b}c$ oder $ab + ac + bc$

a	b	c	$abc + ab\overline{c} + \overline{a}bc + a\overline{b}c$
1	1	1	1
1	1	0	1
1	0	1	1
0	1	1	1
1	0	0	0
0	1	0	0
0	0	1	0
0	0	0	0

Der Kreis kann verwendet werden, falls eine Lampe aufleuchten soll, wenn mindestens zwei von drei Mitgliedern eines Komitees ihre Zustimmung erteilen.

13. $abc + \overline{a}bc + \overline{a}b\overline{c} + a\overline{b}\overline{c}$

a	b	c	$abc + \overline{a}bc + \overline{a}b\overline{c} + a\overline{b}\overline{c}$
1	1	1	1
1	1	0	0
1	0	1	0
0	1	1	0
1	0	0	1
0	1	0	1
0	0	1	1
0	0	0	0

Mit dieser Schaltung kann man eine Lichtquelle von jedem der Schalter a, b oder c aus kontrollieren.

14. $(p + q + r + pqr)(p + q + r + \overline{p} + \overline{q} + \overline{r})(p + q + \overline{r})(p + \overline{q})$ oder p

15. $\{[(p + q)r + pq]r + pr\}s + prs$ oder $rs(p + q)$

16. $[(x + y)z + xz]x + yz$ oder $z(x + y)$

17. $pq(a + b + \overline{p} + \overline{q}) + (a + b)rs$ oder $(a + b)(pq + rs)$

18. $(x + y + z) + pq + \overline{x}\overline{y} + (p + q + z)$ oder 1,

     mit anderen Worten, der Strom fließt immer, unabhängig von der Stellung der Schalter.

19. Siehe Aufgabe 13

13 Majoram

20.   Siehe Aufgabe 12

21. $p(r + q)$

22. $bcde + \bar{b}cde + b\bar{c}de + bc\bar{d}e + bcd\bar{e} + a\bar{b}\bar{c}de + a\bar{b}c\bar{d}e + a\bar{b}cd\bar{e} + ab\bar{c}\bar{d}e + ab\bar{c}d\bar{e} + abc\bar{d}\bar{e}$

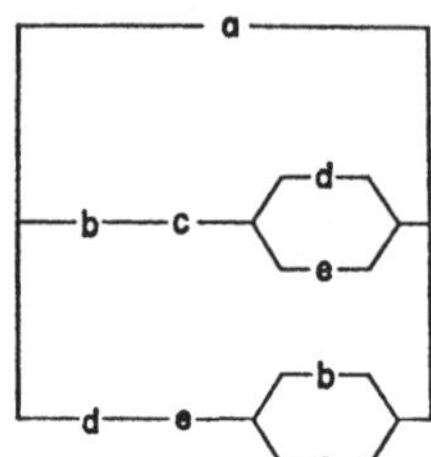

Bild L 6

23. $ac(b + d + e)$

24. $abcd + abc + abd + acd + bcd + ab + ad + bc + cd$ oder vereinfacht $(a + c)(b + d)$

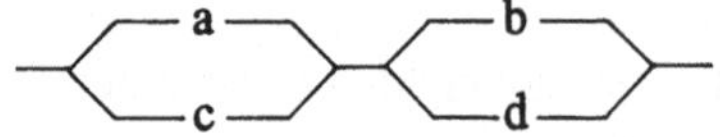

Bild L 7

5.2.

1.
   a) 2   b) 3   c) 5   d) 13

   e) 10   f) 26   g) 21   h) 30

   i) 61   k) 43   l) 77   m) 405

   n) 427   o) 63   p) 65   q) 458

   r) 3634   s) 5461

2.
   a) 11   b) 111   c) 1011   d) 11101

   e) 100111   f) 111000   g) 111111   h) 1111110

   i) 10000100   k) 1101111   l) 11111111   m) 1000000001

   n) 1001100000   o) 1100000000   p) 1100001001   q) 10000000000

   r) 10011100010000   s) 11110100001001000000

5.3.

1.   1000; 5 + 3 = 8

2.   1100; 7 + 5 = 12

3.   10110; 13 + 9 = 22

4.   11001; 10 + 15 = 25

5.   11111; 21 + 10 = 31

6.   110010; 27 + 23 = 50

7.   1100001010; 429 + 349 = 778

8.   11011110100010; 7531 + 6711 = 14242

9.   100110; 13 + 11 + 14 = 38

10.   100000; 9 + 13 + 10 = 32

11. 110000; 11 + 13 + 15 + 9 = 48
12. 1100000; 29 + 23 + 17 + 27 = 96
13. 110010100; 111 + 99 + 79 + 115 = 404
14. 1111000; 63 + 31 + 15 + 7 + 3 + 1 = 120
15. 11110; 15 + 15 = 30
16. 111100; 15 + 15 + 15 + 15 = 60
17. 10; 5 − 3 = 2
18. 100; 9 − 5 = 4
19. 111; 16 − 9 = 7
20. 1011; 21 − 10 = 11
21. 1001; 16 − 7 = 9
22. 110000; 89 − 41 = 48
23. 100111; 102 − 63 = 39
24. 11001101100; 11061 − 9417 = 1644
25. 0; 30 − 15 − 15 = 0
26. 0; 15 − 5 − 5 − 5 = 0
27. 0; 33 − 11 − 11 − 11 = 0
28. 100000001; 512 − 255 = 257

5.4.

1. 1100; 6 · 2 = 12
2. 100100; 9 · 4 = 36
3. 1111000; 15 · 8 = 120
4. 10101; 7 · 3 = 21
5. 1101110; 11 · 10 = 110
6. 110110010; 31 · 14 = 434
7. 11110100001; 63 · 31 = 1953
8. 10000001011; 45 · 23 = 1035
9. 110111110010; 85 · 42 = 3570
10. 100010011100001; 229 · 77 = 17633
11. 11; 6 : 2 = 3
12. 10; 8 : 4 = 2
13. 11; 24 : 8 = 3
14. 101; 15 : 3 = 5
15. 111; 63 : 9 = 7
16. 1011; 121 : 11 = 11
17. 110; 132 : 22 = 6
18. 100; 140 : 35 = 4
19. 10001; 289 : 17 = 17
20. **1010; 1000 : 100 = 10**

5.5

1.1. a) $1\frac{1}{2}$ b) $3\frac{1}{4}$ c) $5\frac{5}{8}$ d) $\frac{5}{16}$

   e) $2\frac{13}{16}$ f) $6\frac{11}{16}$ g) $10\frac{27}{32}$ h) $1\frac{3}{32}$

   i) $23\frac{7}{32}$ k) $7\frac{7}{8}$ l) $1\frac{31}{32}$ m) $26\frac{27}{64}$

1.2. a) 1,5   b) 3,25   c) 5,625
   d) 0,3125   e) 2,8125   f) 6,6875
   g) 10,84375   h) 1,09375   i) 23,21875
   k) 7,875   l) 1,96875   m) 26,421875

2. a) 1,1   b) 10,01   c) 11,001   d) 101,011
   e) 111,001   f) 1011,1011   g) 1110,11111   h) 10001,000011
   i) 1111111,1111111

3. a) 1,01   b) 11,11   c) 0,1   d) 110,111
   e) 111,101   f) 11,0001   g) 111,1001   h) 0,00101
   i) 0,010001

4. a) 0,00011   b) 0,00110   c) 0,01001   d) 0,1
   e) 0,11100   f) 0,00100   g) 10,11100   h) 11,00100
   i) 1010,00000

5. a) 0,11   b) 11,011   c) 10,0111   d) 1,10111
   e) 0,10101   f) 11,1100001   g) 111,00001   h) 10010,1010001
   i) 11   k) 10110   l) 101,1   m) 1010,1
   n) 1001,1   o) 10000   p) 1101   q) 1100,11

5.8.

1. a) 100   b) 110   c) 122   d) 1220   e) 11010
2. a) 110   b) 444   c) 10224   d) 10300   e) 13000
3. a) 30   b) 104   c) 240   d) 1054   e) 10010
4. a) 70   b) 77   c) 115   d) 144   e) 1101
5. a) 122   b) t 8   c) 561   d) 133   e) 615
   f) 552   g) 132   h) 1423   i) 101
6. a) 1000   b) 41   c) 3533
8. +Ə; IƇ X; 189; 164; +I Ə
9. 388; 44; 442; 3

6.1.

1. B, C, D, E, H, I, K, O, X
2. A, H, I, M, O, T, U, V, W, X, Y
3. H, I, N, O, S, X, Z
4. H, I, O, X

5. a) ɿ b) ʅ c) ſ d) J
e) J f) J g) J h) ſ
i) ſ j) ʅ k) ʅ l) ɿ
m) ɿ n) ɿ o) ʅ p) ſ
q) ɿ r) ʅ s) ſ t) J

○	I	p	q	r
I	I	p	q	r
p	p	I	r	q
q	q	r	I	p
r	r	q	p	I

6.2.

1.

○	I	ω	ω^2
I	I	ω	ω^2
ω	ω	ω^2	I
ω^2	ω^2	I	ω

2.

	○	I	ω	ω^2	p	q	r	erste Bewegung
	I	I	ω	ω^2	p	q	r	
	ω	ω	ω^2	I	r	p	q	
zweite	ω^2	ω^2	I	ω	q	r	p	
Bewegung	p	p	q	r	I	ω	ω^2	
	q	q	r	p	ω^2	I	ω	
	r	r	p	q	ω	ω^2	I	

3.

	○	I	ω	ω^2	ω^3	p	q	r	s	erste Bewegung
	I	I	ω	ω^2	ω^3	p	q	r	s	
	ω	ω	ω^2	ω^3	I	r	s	q	p	
	ω^2	ω^2	ω^3	I	ω	q	p	s	r	
zweite	ω^3	ω^3	I	ω	ω^2	s	r	p	q	
Bewegung	p	p	s	q	r	I	ω^2	ω^3	ω	
	q	q	r	p	s	ω^2	I	ω	ω^3	
	r	r	p	s	q	ω	ω^3	I	ω^2	
	s	s	q	r	p	ω^3	ω	ω^2	I	

6.3.

1. Gruppe
2. Gruppe
3. Gruppe
4. keine Gruppe
5. keine Gruppe
6. Gruppe
7. keine Gruppe
8. keine Gruppe
9. Gruppe
10. keine Gruppe
11. keine Gruppe
12. Gruppe
13. keine Gruppe
14. Gruppe
15. Gruppe
16. keine Gruppe
17. Gruppe

6.4.

$\circ$	f_1	f_2	f_3	f_4
f_1	f_1	f_2	f_3	f_4
f_2	f_2	f_1	f_4	f_3
f_3	f_3	f_4	f_1	f_2
f_4	f_4	f_3	f_2	f_1

f_1 ist das neutrale Element

6.5.

1. $\{f_1, f_2\}$, $\{f_1, f_3\}$, $\{f_1, f_4\}$

2. $\{I, \omega^2, p, q\}$ ist die Bewegungsgruppe des Rechtecks. Die weiteren Untergruppen sind $\{I, \omega^2, r, s\}$, $\{I, \omega, \omega^2, \omega^3\}$, $\{I, p\}$, $\{I, q\}$, $\{I, r\}$, $\{I, s\}$, $\{I, \omega^2\}$.

3. $\{I, p\}$, $\{I, q\}$, $\{I, r\}$.

4. Einige Untergruppen sind: Die Menge der rationalen Zahlen, die Menge der ganzen Zahlen, die Menge der geraden ganzen Zahlen, die Menge der ganzzahligen Vielfachen von drei.

5. Einige Untergruppen sind: Die Menge der rationalen Zahlen (ohne 0), die Menge der positiven rationalen Zahlen, $\{x \mid x = 3^z \text{ und } z \epsilon \mathbb{Z}\}$ (wobei $\mathbb{Z}$ die Menge der ganzen Zahlen bedeutet, $\{x \mid x = 4^z \text{ und } z \epsilon \mathbb{Z}\}$.

6. Die Menge $\{1, -1\}$ bildet eine multiplikative Gruppe der Ordnung 2.

7.

$+$	$\bar{0}$	$\bar{1}$	$\bar{2}$	$\bar{3}$	$\bar{4}$	$\bar{5}$
$\bar{0}$	$\bar{0}$	$\bar{1}$	$\bar{2}$	$\bar{3}$	$\bar{4}$	$\bar{5}$
$\bar{1}$	$\bar{1}$	$\bar{2}$	$\bar{3}$	$\bar{4}$	$\bar{5}$	$\bar{0}$
$\bar{2}$	$\bar{2}$	$\bar{3}$	$\bar{4}$	$\bar{5}$	$\bar{0}$	$\bar{1}$
$\bar{3}$	$\bar{3}$	$\bar{4}$	$\bar{5}$	$\bar{0}$	$\bar{1}$	$\bar{2}$
$\bar{4}$	$\bar{4}$	$\bar{5}$	$\bar{0}$	$\bar{1}$	$\bar{2}$	$\bar{3}$
$\bar{5}$	$\bar{5}$	$\bar{0}$	$\bar{1}$	$\bar{2}$	$\bar{3}$	$\bar{4}$

mod 6

$\{\bar{0}, \bar{2}, \bar{4}\}$ und $\{\bar{0}, \bar{3}\}$ sind die Untergruppen

8.

	$\bar{1}$	$\bar{3}$	$\bar{5}$	$\bar{7}$
$\bar{1}$	$\bar{1}$	$\bar{3}$	$\bar{5}$	$\bar{7}$
$\bar{3}$	$\bar{3}$	$\bar{1}$	$\bar{7}$	$\bar{5}$
$\bar{5}$	$\bar{5}$	$\bar{7}$	$\bar{1}$	$\bar{3}$
$\bar{7}$	$\bar{7}$	$\bar{5}$	$\bar{3}$	$\bar{1}$

mod 8

$\{\bar{1}, \bar{3}\}$, $\{\bar{1}, \bar{5}\}$ und $\{\bar{1}, \bar{7}\}$ sind die Untergruppen

6.6.

4. Die Drehgruppe (Rotationsgruppe) $\{I, \omega, \omega^2, \ldots, \omega^{n-1}\}$, wobei ω eine Drehung von $\frac{360^\circ}{n}$ ($n \epsilon \mathbb{N}$) um einen festen Punkt der Ebene ist, ist isomorph zur additiven Restklassengruppe mod n.

5. Die Untergruppe der Ordnung 4 ist $\{\bar{0}, \bar{2}, \bar{4}, \bar{6} \text{ mod } 8\}$, die der Ordnung 2 $\{\bar{0}, \bar{4} \text{ mod } 8\}$.

6. Bei den beiden isomorphen Gruppen sind unter anderem folgende eineindeutige Abbildungen möglich: a) $\bar{1} \leftrightarrow f_1$, $\bar{3} \leftrightarrow f_2$, $\bar{5} \leftrightarrow f_3$, $\bar{7} \leftrightarrow f_4$, b) $\bar{1} \leftrightarrow f_1$, $\bar{3} \leftrightarrow f_3$, $\bar{5} \leftrightarrow f_2$, $\bar{7} \leftrightarrow f_4$. Jede Gruppe der Ordnung 2 ist zu jeder Gruppe der Ordnung 2 isomorph.

7. Der Kreis A ist invariant gegenüber jeder Drehung um seinen Mittelpunkt und gegenüber jeder Halbdrehung um einen Durchmesser. Die Bewegungsgruppe ist von unendlicher Ordnung.

   Das gleichseitige Dreieck B ist gegenüber sechs Bewegungen invariant (siehe Abschnitt 6.2. Aufgabe 2).

   Das Quadrat C ist gegenüber acht Bewegungen invariant (siehe Abschnitt 6.2. Aufgabe 3).

   Ein regelmäßiges Sechseck D hat eine Bewegungsgruppe von 12 Elementen. Es ist invariant gegenüber sechs Drehungen um den Mittelpunkt und gegenüber jeder Halbdrehung um sechs Symmetrieachsen.

   Das regelmäßige Fünfeck E hat eine Bewegungsgruppe von 10 Elementen, fünf Drehungen um den Mittelpunkt und fünf Halbdrehungen um seine Symmetrieachsen.

   Ein gleichschenkliges Dreieck F (nicht gleichseitig) besitzt genau eine Symmetrieachse, also eine Bewegungsgruppe von zwei Elementen.

   Keine zwei der genannten Gruppen sind zueinander isomorph. Jede der genannten Gruppen ist isomorph zu einer Untergruppe der Bewegungsgruppe des Kreises.

   Die Gruppe des gleichseitigen Dreiecks ist isomorph zu einer Untergruppe der Bewegungsgruppe des regelmäßigen Sechsecks.

   Die Bewegungsgruppe des gleichschenkligen aber nicht gleichseitigen Dreiecks ist zu jeder Gruppe der Ordnung 2 isomorph.

7.1.

1. $\begin{pmatrix} -1 & 0 \\ 0 & 1 \end{pmatrix}$ 2. $\begin{pmatrix} -1 & 0 \\ 0 & -1 \end{pmatrix}$ 3. $\begin{pmatrix} 1 & 0 \\ 0 & -1 \end{pmatrix}$

4. $\begin{pmatrix} -1 & 0 \\ 0 & 1 \end{pmatrix}$ 5. $\begin{pmatrix} 1 & 0 \\ 0 & 1 \end{pmatrix}$

7.2.

1. $\begin{pmatrix} 10 & 7 \\ 12 & 9 \end{pmatrix}$, $\begin{pmatrix} 2 & 7 \\ 4 & 17 \end{pmatrix}$

2. $\begin{pmatrix} 4 & 3 \\ 7 & 4 \end{pmatrix}$, $\begin{pmatrix} 8 & 1 \\ 5 & 0 \end{pmatrix}$

3. $\begin{pmatrix} 7 & -6 \\ -19 & 12 \end{pmatrix}$, $\begin{pmatrix} 5 & -10 \\ -10 & 14 \end{pmatrix}$

4. $P^2 = \begin{pmatrix} 1 & 0 \\ 0 & 1 \end{pmatrix}$ Die zu P gehörige Abbildung ist die Spiegelung an der x-Achse. Wendet man diese Abbildung zweimal hintereinander an, so erhält man die identische Abbildung.

$$P^{10} = \begin{pmatrix} 1 & 0 \\ 0 & 1 \end{pmatrix}, \qquad P^{11} = \begin{pmatrix} 1 & 0 \\ 0 & -1 \end{pmatrix}$$

5.   a) $\begin{pmatrix} 1 & 0 \\ 0 & 1 \end{pmatrix}$ b) $\begin{pmatrix} 1 & 0 \\ 0 & -1 \end{pmatrix}$ c) $\begin{pmatrix} -1 & 0 \\ 0 & 1 \end{pmatrix}$

    d) $\begin{pmatrix} -1 & 0 \\ 0 & -1 \end{pmatrix}$ e) $\begin{pmatrix} a & b \\ c & d \end{pmatrix}$ f) $\begin{pmatrix} 0 & 0 \\ 0 & 0 \end{pmatrix}$

6. $\begin{pmatrix} 0 & 0 \\ 0 & 0 \end{pmatrix}$, $\begin{pmatrix} -1 & -1 \\ 1 & 1 \end{pmatrix}$, $AB \neq BA$

AB ist die Nullmatrix, obwohl weder A noch B eine Nullmatrix sind.

7.   a) $B = \begin{pmatrix} -1 & 0 \\ 0 & -1 \end{pmatrix}$ b) $C = \begin{pmatrix} 0 & 1 \\ -1 & 0 \end{pmatrix}$ c) $E = \begin{pmatrix} 1 & 0 \\ 0 & 1 \end{pmatrix}$

8.   a) Die beiden Punkte bleiben unverändert.

    b) $(1/-1)$, $(2/-2)$; die Punkte werden an der x-Achse gespiegelt.

    c) $(-1/1)$, $(-2/2)$; die Punkte werden an der y-Achse gespiegelt.

    d) $(0/\sqrt{2})$, $(0/2\sqrt{2})$; die Strecke PQ wird um den Punkt O im Gegenuhrzeigersinn um 45° in der Papierebene gedreht.

    e) $(0/2)$, $(0/4)$; zu der Abbildung unter d) kommt noch eine Vergrößerung der Länge um den Faktor $\sqrt{2}$.

    f) $(2/2)$, $(4/4)$; die Bilder der Strecken OP, OQ und PQ haben die doppelte Länge, sie liegen auf derselben Geraden wie die Ausgangsstrecken.

    g) $(3/3)$, $(6/6)$; die Punkte P und Q und ihre Bilder liegen auf derselben Geraden, die Bilder der Strecken OP, OQ und PQ haben dreifache Länge.

9. $\begin{pmatrix} x_3 \\ y_3 \end{pmatrix} = \begin{pmatrix} 7 & -1 \\ 1 & 7 \end{pmatrix} \begin{pmatrix} x_0 \\ y_0 \end{pmatrix}$, $\begin{aligned} x_3 &= 7x_0 - y_0 \\ y_3 &= x_0 + 7y_0 \end{aligned}$

10.   a) $\begin{pmatrix} 2 & 0 \\ 0 & 2 \end{pmatrix}$ b) $\begin{pmatrix} 3 & 0 \\ 0 & 3 \end{pmatrix}$ c) $\begin{pmatrix} 1 & 0 \\ 0 & -1 \end{pmatrix}$

    d) $\begin{pmatrix} -1 & 0 \\ 0 & 1 \end{pmatrix}$ e) $\begin{pmatrix} -1 & 0 \\ 0 & -1 \end{pmatrix}$ f) $\begin{pmatrix} 0 & -1 \\ 1 & 0 \end{pmatrix}$

    g) $\begin{pmatrix} \dfrac{\sqrt{2}}{2} & -\dfrac{\sqrt{2}}{2} \\[2mm] \dfrac{\sqrt{2}}{2} & \dfrac{\sqrt{2}}{2} \end{pmatrix}$ h) $\begin{pmatrix} 0 & -2 \\ 2 & 0 \end{pmatrix}$

11. Das Bild des Quadrates ist ein Rhombus mit den Eckpunkten $(0/0)$, $(1/0,5)$, $(1,5/1,5)$, $(0,5/1)$.

12. Die Punkte $(0/0)$, $(1/1)$, $(2/2)$, $(1/1)$ sind die Bilder der Eckpunkte des Quadrates, das in eine Strecke transformiert wird.

7.3.

1. $(5 \quad 6) \begin{pmatrix} 3 & 7 \\ 2 & 9 \end{pmatrix} = (27 \quad 89)$,

d.h. 27 Einheiten vom Vitamin A und 89 Einheiten vom Vitamin B.

$(5 \quad 6) \begin{pmatrix} 3 \\ 3,5 \end{pmatrix} = (36)$,

die Lebensmittelmenge kostet somit 36,00 DM.

2. a) $\begin{pmatrix} 200 & 300 \\ 400 & 100 \end{pmatrix} \begin{pmatrix} 5 \\ 7 \end{pmatrix} = \begin{pmatrix} 3100 \\ 2700 \end{pmatrix}$,

die wöchentliche Produktion beträgt 3 100 PKW und 2 700 LKW.

b) $(5000 \quad 4000) \begin{pmatrix} 200 & 300 \\ 400 & 100 \end{pmatrix} \begin{pmatrix} 5 \\ 7 \end{pmatrix}$

$= (5000 \quad 4000) \begin{pmatrix} 3100 \\ 2700 \end{pmatrix} = (26\ 300\ 000)$,

der wöchentliche Verkaufswert beträgt 26 300 000 DM.

3. a) $(9 \quad 6) \begin{pmatrix} 1600 & 2000 \\ 1500 & 1800 \end{pmatrix} = (23\ 400 \quad 28\ 800)$,

d.h. 23 400 Materialeinheiten und 28 800 Arbeitsstunden.

b) $\begin{pmatrix} 1600 & 2000 \\ 1500 & 1800 \end{pmatrix} \begin{pmatrix} 50 \\ 15 \end{pmatrix} = \begin{pmatrix} 110\ 000 \\ 102\ 000 \end{pmatrix}$,

die Kosten für ein zweistöckiges Haus betragen 110 000 DM, für einen Bungalow 102 000 DM.

c) $(9 \quad 6) \begin{pmatrix} 1600 & 2000 \\ 1500 & 1800 \end{pmatrix} \begin{pmatrix} 50 \\ 15 \end{pmatrix} = (9 \quad 6) \begin{pmatrix} 110\ 000 \\ 102\ 000 \end{pmatrix}$,

die Gesamtkosten des Projektes betragen 1 602 000 DM.

4. a) $\begin{pmatrix} 1 & 3 \\ 2 & 1,5 \end{pmatrix} \begin{pmatrix} 500 \\ 2000 \end{pmatrix} = \begin{pmatrix} 6\ 500 \\ 4\ 000 \end{pmatrix}$,

die täglichen Sendekosten belaufen sich auf 6 500 DM bzw. 4 000 DM bei den Stationen TV1, TV2.

b)
$$(2 \quad 3) \begin{pmatrix} 1 & 3 \\ 2 & 1,5 \end{pmatrix} = (8 \quad 10,5),$$

d.h. 8 Stunden Informations- und 10,5 Stunden Unterhaltungsprogramme.

c)
$$(2 \quad 3) \begin{pmatrix} 1 & 3 \\ 2 & 1,5 \end{pmatrix} \begin{pmatrix} 500 \\ 2000 \end{pmatrix} \begin{pmatrix} 6\,500 \\ 4\,000 \end{pmatrix} = (25\,000),$$

tägliche Gesamtkosten: 25 000 DM.

5. $$(3\,000 \quad 2\,000 \quad 1\,000) \begin{pmatrix} 40 & 100 & 50 \\ 80 & 150 & 80 \\ 100 & 250 & 100 \end{pmatrix} \begin{pmatrix} 20 \\ 5 \\ 10 \end{pmatrix} = (15\,950\,000)$$

7.4.

1. $2x^2 - 5xy + 2y^2 = 0$, einfacher $x = \frac{1}{2} y$ oder $x = 2y$; der Graph besteht aus zwei Geraden.

2. $a^2 - 4a + 3 = 0$ mit der Lösungsmenge $\{1, 3\}$.

3. a) $x^2 + 4y^2 = 4$ (Ellipse)   b) $x^2 - y^2 = 1$ (Hyperbel).

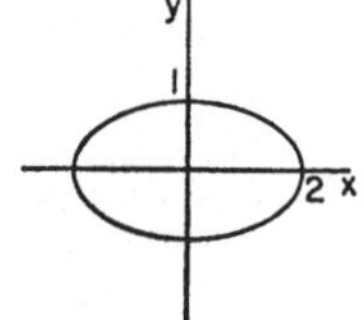

Bild L 8

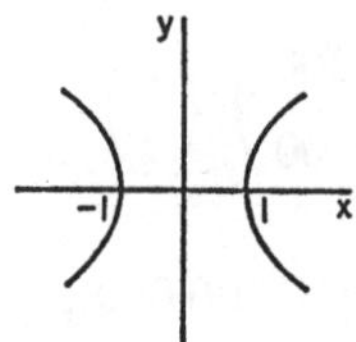

Bild L 9

4. a) $x^2 + y^2 \leqslant 1$ b) $4x^2 + 9y \leqslant 36$

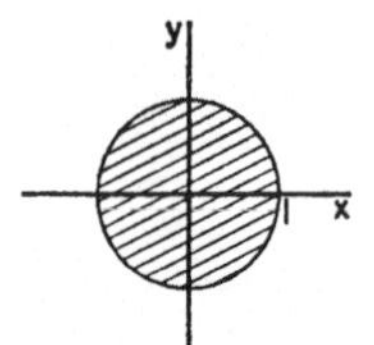

Bild L 10

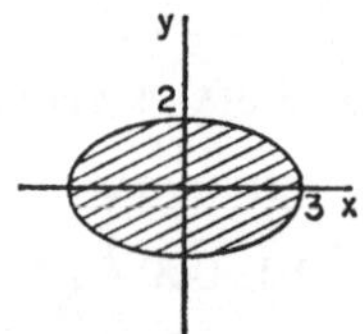

Bild L 11

5. $u^2 + \dfrac{y^2}{k^2} = 1$ a) $k = \frac{1}{2}$ b) $k = \dfrac{\sqrt{3}}{2}$

7.5.

1. $x = 5$, $y = 1$, $z = 3$.

2. $x = 2$, $y = 1$, $a = 4$, $b = 3$.

3. $x = 1$, $y = 2$, $z = 3$, $w = 4$.

4. $x = 4$, $y = -3$.

5. $x \epsilon \{4, -1\}$, $y \epsilon \{2, -1\}$, $z = 2$, $w \epsilon \{1, 0\}$.

7.6.

1. a) $\begin{pmatrix} 5 & 1 \\ 4 & 7 \end{pmatrix}$
   b) $\begin{pmatrix} 4 & 2 \\ 5 & 5 \end{pmatrix}$
   c) $\begin{pmatrix} 7 & -3 \\ 1 & 8 \end{pmatrix}$

   d) $\begin{pmatrix} 2 & 6 \\ 8 & 4 \end{pmatrix}$
   e) $\begin{pmatrix} 12 & -6 \\ 0 & 15 \end{pmatrix}$
   f) $\begin{pmatrix} 12 & -4 \\ 4 & 12 \end{pmatrix}$

   g) $\begin{pmatrix} -3 & 5 \\ 4 & -3 \end{pmatrix}$
   h) $\begin{pmatrix} -2 & 0 \\ -2 & -1 \end{pmatrix}$
   i) $\begin{pmatrix} 2 & 4 \\ 4 & 7 \end{pmatrix}$

2. a) $\begin{pmatrix} 5 & -2 \\ -3 & -4 \end{pmatrix}$
   b) $\begin{pmatrix} 2 & 3 \\ 4 & 4 \end{pmatrix}$
   c) $\begin{pmatrix} 3 & 2 & -1 \\ -2 & -1 & -2 \\ 1 & -1 & 5 \end{pmatrix}$

   d) $\begin{pmatrix} 2 \\ 8 \\ -1 \end{pmatrix}$
   e) $(3,1 \; -13)$

3. a) $\begin{pmatrix} 4 \\ 4 \end{pmatrix}$
   b) $\begin{pmatrix} -2 \\ 2 \end{pmatrix}$
   c) $\begin{pmatrix} 2 \\ 2 \end{pmatrix}$

   d) $\begin{pmatrix} 5 \\ 7 \end{pmatrix}$
   e) $\begin{pmatrix} 1\frac{2}{3} \\ 2\frac{1}{3} \end{pmatrix}$
   f) $\begin{pmatrix} 2\frac{1}{3} \\ 1\frac{2}{3} \end{pmatrix}$

   g) $\begin{pmatrix} 0 \\ 8 \end{pmatrix}$
   h) $\begin{pmatrix} -8 \\ 0 \end{pmatrix}$
   i) $\begin{pmatrix} 2\frac{1}{5} \\ 1\frac{4}{5} \end{pmatrix}$

Ist X der Punkt (1/3) und Y der Punkt (3/1) so gilt:

c) Mittelpunkt der Strecke XY,

e) der Punkt teilt die Strecke XY im Verhältnis 1 : 2,

f) der Punkt teilt die Strecke XY im Verhältnis 2 : 1,

i) der Punkt teilt die Strecke XY im Verhältnis 3 : 2.

5. d) Die Verallgemeinerung wird im Abschnitt 8.4. Beispiel (2) behandelt.

7.7.

1. a) $\begin{pmatrix} 2 & -3 \\ -1 & 2 \end{pmatrix}$
   b) $\begin{pmatrix} 1 & -1 \\ -2 & 3 \end{pmatrix}$
   c) $\begin{pmatrix} -1 & 0 \\ 0 & 1 \end{pmatrix}$

   d) $\begin{pmatrix} 1 & 0 \\ 0 & -1 \end{pmatrix}$
   e) $\begin{pmatrix} -1 & 0 \\ 0 & 1 \end{pmatrix}$
   f) $\begin{pmatrix} 1 & 0 \\ 0 & 1 \end{pmatrix}$

   g) $-\frac{1}{14} \begin{pmatrix} -1 & -3 \\ -4 & 2 \end{pmatrix}$
   h) $\frac{1}{10} \begin{pmatrix} 1 & 2 \\ -3 & 4 \end{pmatrix}$

Die Matrizen unter c), d), e) und f) sind ihre eigenen Inversen. Vergleichen Sie mit der Bewegungsgruppe des Rechtecks aus Abschnitt 6.2.

2. Zu den drei Matrizen existieren keine inversen Matrizen. Man nennt solche Matrizen *singulär*.

Ist $\begin{pmatrix} a & b \\ c & d \end{pmatrix}$ eine singuläre Matrix, so gilt $(ad - bc) = 0$ und umgekehrt.

Wird ein Punkt (x/y) der Ebene durch eine singuläre Matrix transformiert, so gilt für den Bildpunkt (u/v):

$$\begin{pmatrix} u \\ v \end{pmatrix} = \begin{pmatrix} a & b \\ c & d \end{pmatrix} \begin{pmatrix} x \\ y \end{pmatrix} \quad \text{oder} \quad \begin{matrix} u = ax + by \\ v = cx + dy \end{matrix} \quad \text{mit } ad - bc = 0.$$

Setzt man $a \neq 0$ und $c \neq 0$ voraus, so erhält man $cu - av = (bc - ad)y$. Da $ad - bc = 0$ angenommen wird, hat man $v = \frac{c}{a} u$, die singuläre Matrix transformiert also alle Punkte der Ebene auf eine Gerade.

3. a) $x = 1, y = 2$ b) $x = 2, y = 3$ c) $x = -1, y = 3$

    d) $x = 1, y = 2$ e) $x = 1, y = -1$ f) $x = 2, y = -1$

    g) $x = 3, y = 1$ h) $x = p + q, y = p - q$

4. $\frac{1}{10} \begin{pmatrix} 1 & 2 \\ -3 & 4 \end{pmatrix}$ a) $x = \frac{1}{10}(p + 2q), \; y = \frac{1}{10}(-3p + 4q)$

    b) $x = 4, y = 2$ c) $x = 1, y = 2$ d) $x = 1, y = -\frac{1}{2}$,

5. a) $\begin{pmatrix} 2 & -3 \\ -3 & 5 \end{pmatrix}$ b) $\begin{pmatrix} 1 & -1 \\ -1 & 2 \end{pmatrix}$ c) $\begin{pmatrix} 13 & 8 \\ 8 & 5 \end{pmatrix}$

    d) $\begin{pmatrix} 13 & 8 \\ 8 & 5 \end{pmatrix}$ e) $\begin{pmatrix} 5 & -8 \\ -8 & 13 \end{pmatrix}$ f) $\begin{pmatrix} 5 & -8 \\ -8 & 13 \end{pmatrix}$

    g) $\begin{pmatrix} 5 & -8 \\ -8 & 13 \end{pmatrix}$ h) $\begin{pmatrix} 1 & 0 \\ 0 & 1 \end{pmatrix}$

In diesem Falle gilt für die beiden Matrizen $AB = BA$, was aber allgemein nicht zutrifft.

6. a) $\begin{pmatrix} 2 & -3 \\ -1 & 2 \end{pmatrix}$ b) $\begin{pmatrix} 2 & -1 \\ -1 & 1 \end{pmatrix}$ c) $\begin{pmatrix} 5 & 8 \\ 3 & 5 \end{pmatrix}$

    d) $\begin{pmatrix} 3 & 5 \\ 4 & 7 \end{pmatrix}$ e) $\begin{pmatrix} 5 & -8 \\ -3 & 5 \end{pmatrix}$ f) $\begin{pmatrix} 5 & -8 \\ -3 & 5 \end{pmatrix}$

    g) $\begin{pmatrix} 7 & -5 \\ -4 & 3 \end{pmatrix}$ h) $\begin{pmatrix} 7 & -5 \\ -4 & 3 \end{pmatrix}$

In diesem Falle gilt für die beiden Matrizen AB ≠ BA.

Die Aussagen $(AB)^{-1} = B^{-1}A^{-1}$ und $(BA)^{-1} = A^{-1}B^{-1}$ sind für beliebige nicht-singuläre Matrizen richtig; denn

$$(AB)(B^{-1}A^{-1}) = A(BB^{-1})A^{-1} = AEA^{-1} = AA^{-1} = E.$$

7. a) $\begin{pmatrix} 8 & 7 \\ 7 & 8 \end{pmatrix}$ b) $\frac{1}{3}\begin{pmatrix} 2 & -1 \\ -1 & 2 \end{pmatrix}$ c) $\frac{1}{5}\begin{pmatrix} 3 & -2 \\ -2 & 3 \end{pmatrix}$

d) $\frac{1}{15}\begin{pmatrix} 8 & -7 \\ -7 & 8 \end{pmatrix}$

Die magische Zahl von A ist 3, die der inversen Matrix A^{-1} ist $\frac{1}{3}$.

Die magischen Zahlen von B und B^{-1} sind 5 und $\frac{1}{5}$.

Bei AB und $(AB)^{-1}$ sind die magischen Zahlen 15 und $\frac{1}{15}$.

8. a) $\begin{pmatrix} 2 & 1 \\ 3 & 4 \end{pmatrix}$ b) $\begin{pmatrix} 1 & 2 \\ 4 & 3 \end{pmatrix}$ c) $\begin{pmatrix} 8 & 17 \\ 9 & 16 \end{pmatrix}$

d) $\begin{pmatrix} 8 & 9 \\ 17 & 16 \end{pmatrix}$ e) $\begin{pmatrix} 6 & 7 \\ 19 & 18 \end{pmatrix}$ f) $\begin{pmatrix} 8 & 9 \\ 17 & 16 \end{pmatrix}$

Die hier richtige Beziehung $(PQ)' = Q'P'$ und $(QP)' = P'Q'$ gilt stets.

9. $25u^2 - 10uv + 5v^2 = 1$

Die zweite Matrix transformiert die Gleichung $x^2 + y^2 = 1$ in $u^2 + v^2 = 1$, die Gleichung bleibt also unverändert; denn die Abbildung ist eine Drehung um den Punkt (0/0) im Gegenuhrzeigersinn um 45° in der Papierebene (vergleiche Abschnitt 7.1. Aufgabe 10 g). Allgemein wird eine Drehung um den Punkt (0/0) im Gegenuhrzeigersinn um den Winkel φ in der Papierebene beschrieben durch die Matrix

$$\begin{pmatrix} \cos\varphi & -\sin\varphi \\ \sin\varphi & \cos\varphi \end{pmatrix}.$$

10. Entschlüsselt man das Wort SLAV, so erhält man NEON.

   a) VYNL   b) CPDS   c) LMWX   d) BZUI

   e) BOMB   f) ATOM   g) JETS   h) BERG .

8.2.

1. a) $(3, 6\frac{1}{2})$ b) $(6, 7\frac{1}{2})$ c) $(9, 6)$ d) $(6, 1)$

   e) $(2, 3\frac{1}{2})$ f) $(5, 2)$ g) $(3, \frac{1}{2})$ h) $(-3, 4)$

   i) $(-5, \frac{1}{2})$ k) $(-1, -3)$ l) $(-3, -1)$ m) $(0, -6\frac{1}{2})$

   n) $(6, 3)$ o) $(9, 3)$ p) $(-1, -2)$

2. a) **DB**   b) **IF**   c) **EH**   d) **EB**

3. a) **AB, FG**   b) **CB**   c) **BG**   d) **EC, CD, ED**
    e) **HI, FC, EO** f) **OA, OC, AB, FG**   g) **HJ**

4. a) **OF**   b) **FH**   c) **CH**   d) **BJ**   e) **BF**
    f) **OB**   g) **OC**   h) **OC**   i) **BI**   k) **IB**
    l) Nullvektor   m) **GC**   n) **OB**   o) **OE**
    p), q), r) Nullvektor

5. a) $(2,\ 2)$ b) $(5, \tfrac{1}{2})$ c) $(-1, 2)$ d) $(2, 0)$
    e) $(2,\ 1\tfrac{1}{2})$ f) $(6, -1)$ g) $(\tfrac{8}{3}, \tfrac{8}{3})$ h) $(0, 0)$

6. a)
$$\mathbf{AC} \cdot \mathbf{OB} = (2 \quad -2)\begin{pmatrix} 4 \\ 4 \end{pmatrix} = 0$$

b)
$$\mathbf{OH} \cdot \mathbf{BD} = (9 \quad 6)\begin{pmatrix} 2 \\ -3 \end{pmatrix} = 0$$

c)
$$\mathbf{OE} \cdot \mathbf{EC} = (0 \quad 1)\begin{pmatrix} 3 \\ 0 \end{pmatrix} = 0$$

d)
$$\mathbf{CD} \cdot \mathbf{DG} = (3 \quad 0)\begin{pmatrix} 0 \\ 6\tfrac{1}{2} \end{pmatrix} = 0$$

8.4.

1. a) $\mathbf{a} + \mathbf{b}$ b) $\mathbf{b} + \mathbf{c}$ c) $\mathbf{a} + \mathbf{b} + \mathbf{c}$ d) $\mathbf{b} + \mathbf{c} + \mathbf{d}$
    e) $\mathbf{a} + \mathbf{b} + \mathbf{c} + \mathbf{d}$ f) $\mathbf{a} - \mathbf{b} - \mathbf{c} - \mathbf{d}$ g) $\mathbf{a} + \mathbf{b} - \mathbf{c} - \mathbf{d}$ h) $\mathbf{a} + \mathbf{b} + \mathbf{c} - \mathbf{d}$

2. a) $-\mathbf{a}$ b) $-\mathbf{b}$ c) $-\mathbf{c}$ d) $\mathbf{a}$ e) $\mathbf{b}$
    f) $\mathbf{c}$ g) $\mathbf{a} + \mathbf{b}$ h) $\mathbf{a} + \mathbf{b} + \mathbf{c}$ i) $\mathbf{b} + \mathbf{c}$

3. a) $2\mathbf{a}$ b) $2\mathbf{b}$ c) $2\mathbf{b}$ d) $2\mathbf{a}$ e) $2\mathbf{a} + 2\mathbf{b}$

Für die zwei Vektoren **AF** und **DF** muß gelten:

$$\mathbf{AF} = \lambda \cdot \mathbf{AM} = \lambda(2\mathbf{a} + \mathbf{b})$$
$$\mathbf{DF} = \mu \cdot \mathbf{DC} = \mu\, 2\mathbf{a}$$

und $\mathbf{AC} + \mathbf{DF} = \mathbf{AF}$,

also

$$2\mathbf{b} + 2\mu\,\mathbf{a} = 2\lambda\,\mathbf{a} + \lambda\,\mathbf{b}$$

somit $\lambda = 2$ und $\mu = \lambda$.

Daher gilt $\mathbf{AF} = 2\,\mathbf{AM}$ und $\mathbf{AM} = \mathbf{MF}$.

$$\mathbf{AC} = 2\,\mathbf{a} + 2\,\mathbf{b}$$
$$\mathbf{BF} = \mathbf{AF} - \mathbf{AB} = 2(2\,\mathbf{a} + \mathbf{b}) - 2\,\mathbf{a} = 2\,\mathbf{a} + 2\,\mathbf{b}.$$

4. $OR = \frac{1}{2}(a + b)$, $OS = \frac{1}{3}(a + 2b)$, $RS = \frac{1}{6}(b - a)$.

5. $OG = \frac{1}{2}(a + c)$, $OG = \frac{1}{2}(b + d)$;

   $DA = a - d$, $CB = b - c$, man beachte $DA = CB$.

14. Das neutrale Element ist der Nullvektor ($l = m = 0$).
   Zum Vektor $la + mb$ gehört der inverse Vektor $-la - mb$.

8.5.

1. Die Geschwindigkeit ist 12,65 Knoten in Richtung N 71° 34′ W.

2. Richtung S 63° 26′ O.

3. a) $\frac{1}{6}$ km, 5 Minuten, 6,325 km pro Stunde.

   b) Der Kurs bildet mit **AB** einen Winkel von 19 ° 28′.

      Er hat eine Geschwindigkeit von 5,65 km pro Stunde und benötigt 5,3 Minuten.

4. Die Beschleunigung ist 2,83 cm/s² unter einem Winkel von 45° zu **AO**.
   Die Geschwindigkeit beträgt 5 cm/s mit 36° 52′ zu **AO**.

5. Die Krähe fliegt 8,058 km in Richtung N 37° 15′ O.
   Der Urlauber benötigt 2 Stunden und 15 Minuten, die Krähe 40,3 Minuten, Unterschied also 94,7 Minuten.

6. 14° 2′, 25° 52′.

7. Zeitdauer bei Windstille 2 Stunden, bei Wind 2 Stunden 6 Minuten. Die Geschwindig-
   keiten entlang der Seiten betragen 232 und 161 km pro Stunde.

8.8.

1. a) $i + 3j$ b) $3i + j$ c) $4i + 4j$ d) $2i - 2j$ e) $9i + 6j$
   f) $2i - 3j$ g) j h) $3i$ i) $3i$ k) $6\frac{1}{2}j$

2. a) $(3\frac{1}{2}/2\frac{1}{2})$ b) $(3/3\frac{2}{3})$ c) $(8/3\frac{1}{12})$ d) $(5\frac{1}{7}/6)$ e) $(5\frac{1}{2}/5\frac{1}{4})$

3. a) $r = \lambda(i + 3j) + (1 - \lambda)(4i + 4j)$
   b) $r = \lambda(3i + 6\frac{1}{2}j) + (1 - \lambda)(4i + 4j)$
   c) $r = \lambda(6i + 7\frac{1}{2}j) + (1 - \lambda)(9i + 3\frac{1}{2}j)$
   d) $r = \lambda(9i + 6j) + (1 - \lambda)(9i + 3\frac{1}{2}j)$
   e) $r = \lambda(3i + j) + (1 - \lambda)(6i + j)$

4. a) 6   b) 1,25   c) -4

5. Das Skalarprodukt ist in jedem Falle Null.

6.

	a)	b)	c)	d)
cos	$\frac{3}{5}$	$\frac{5}{26}\sqrt{26}$	$-\frac{1}{2}\sqrt{2}$	$\frac{41}{130}\sqrt{10}$
Winkelgröße	53° 8′	11° 18′	135°	etwa 4°

7. a) $(\frac{8}{3}/\frac{8}{3})$ b) $(\frac{16}{3}/\frac{14}{3})$ c) $(7/4\frac{1}{6})$

8. a) 1   b) 1   c) 1   d) 0   e) 0   f) 0

9. Der Vektor ist $(3, 4, 12)$ und hat die Länge 13.

Winkel zur	x-Achse	y-Achse	z-Achse
Winkelgröße	76° 39′	72° 5′	22° 37′
cos	$\frac{3}{13}$	$\frac{4}{13}$	$\frac{12}{13}$

10. Winkelgröße $\varphi = 70° 32'$, $\cos\varphi = \frac{1}{3}$

9.2.

1. a) Winkelgrößen $120°, 90°, 150°$.
    b) Verhältnis der Säulenhöhen $4 : 3 : 5$.

2. a) Winkelgrößen $120°, 48°, 72°, 24°, 96°$.
    b) Verhältnis der Säulenhöhen $5 : 2 : 3 : 1 : 4$.

3. a) Winkelgrößen $162°, 126°, 54°, 18°$.
    b) Verhältnis der Säulenhöhen $9 : 7 : 3 : 1$.

4. a) Winkelgrößen ungefähr $114°, 133°, 38°, 19°, 57°$.
    b) Verhältnis der Säulenhöhen $6 : 7 : 2 : 1 : 3$.

5. a) Winkelgrößen $80°, 120°, 100°, 60°$.
    b) Verhältnis der Säulenhöhen $4 : 6 : 5 : 3$.

9.4.

1. Die Werte sind 3,5 kg, 3,5 kg, 3,625 kg.
2. Etwa 35 Jahre.
3. Der Mittelwert ist 3,96 Stunden.
5. Der Modalwert ist der Bereich 56,0 bis 69,9 kg,
    der Medianwert liegt im Bereich 56,0 bis 69,9 kg,
    der Mittelwert ist etwa 63 kg.
6. Der Mittelwert ist 4,2 (4,17).
7. Die Werte sind 13,29, 13,30, 13,30 (in Gramm).

8. Die Zahl 18,8 stammt offensichtlich von einer fehlerhaften Ablesung, da sie von den anderen Angaben zu stark abweicht.

Läßt man die fehlerhafte Messung unberücksichtigt, so erhält man 20,8 Sekunden als brauchbaren Mittelwert.

9. Die Werte sind 16,45, 16,50 (in cm^3).

10. Der Mittelwert sind 47 Punkte.

11. Der Mittelwert sind 54 Punkte, der Medianwert 56 Punkte.

12. Die Mittelwerte stimmen überein und sind 6 bzw. 21.

13.

	a)					b)				
Anzahl der Adler	0	1	2	3	4	0	1	2	3	4	5
Häufigkeit	1	4	6	4	1	1	5	10	10	5	1

9.5.

1. $\frac{1}{2}(4-3)\,kg = 0,5\ kg$

3. $\frac{1}{2}(4,3-4,0) = 0,15$

4. $\frac{1}{2}(21-20,6) = 0,2$

5. Die Spannweite ist 80 (7 bis 87), die halbe Quartilbreite ist $\frac{1}{2}(57,5-37,5) = 10$.

6. Die Spannweite ist 77 (12 bis 89), die halbe Quartilbreite ist $\frac{1}{2}(65-43,5) = 10,75$.

7. Die halben Quartilbreiten sind 2 und 5,5.

8. Die mittleren Abweichungen sind 2 und 5,25.

9. Mittlere Abweichung 0,23.

10. Mittlere Abweichung 0,03.

11. Mittlere Abweichung 0,14.

12. Die Standardabweichungen sind 3,54 und 6,42.

13. Standardabweichung 0,34.

14. Standardabweichung 0,045.

15. Standardabweichung 0,18.

9.7.

1. a) $\frac{1}{20}$ b) $\frac{8}{25}$ c) $\frac{248}{2475}$ d) $\frac{1}{1650}$

e) 0 (Der Fall ist unmöglich, da dem letzten Intervall nur 1 Junge angehört.)

f) $\frac{82}{495}$ g) $\frac{1}{1650} + \frac{203}{2475} + \frac{82}{495} + \frac{7}{165} + \frac{1}{495} + 0 = \frac{161}{550}$

2. a) $\frac{1}{5}$ b) $\frac{1}{15}$ c) $\frac{1}{29}$ d) $\frac{57}{145}$

3. a) $\frac{11}{64}$ b) $\frac{13}{32}$ c) $\frac{19}{64}$; $\frac{19}{224}$

4. $\frac{11}{336}$; $\frac{5}{372}$

5. a) $\frac{1}{8}$ b) $\frac{3}{8}$ c) $\frac{1}{2}$ d) $\frac{3}{8}$ e) $\frac{5}{8}$

6. a) $\frac{13}{204}$ b) $\frac{1}{17}$ c) $\frac{1}{5525}$ d) $\frac{1}{132600}$ e) $\frac{8}{16575}$ f) $\frac{8}{16575}$ g) $\frac{2}{5525}$

7. Die Wahrscheinlichkeit ist $\frac{3}{8}$, wenn er den kürzesten Weg wählt.

8. a) $\frac{5}{9}$ b) $\frac{2}{27}$

9. a) $\frac{3}{8}$ b) $\frac{1}{4}$

10. a) $\frac{2}{5}$ b) $\frac{2}{5}$

10.1.

1. A: Würfel, optische Linse, Bockwurst, Stricknadel, Brotlaib, Fausthandschuh, Finger-
    handschuh, Haselnuß, Glühbirne, Reagenzgläschen, Fußball, Gummistiefel.

    B: Dichtungsring, Blumentopf, Armreif, Kapillare, Sicherheitsschloßschlüssel,
    Stativring, Überlaufgefäß, U-Rohr.

    C: Brillenfassung, Kaffeekanne, Poncho, Holztür mit Schlüsselloch und Brief-
    schlitz, Turnhose, Nudel in Form des Buchstabens B.

    D: Kupfernetz, Maschendraht, Basketballnetz, Kaffeefilter, Leiter.

10.2.

2. a) Zwei Seiten   b) orientierbar
    c) Man erhält zwei ineinander verschlungene Bänder mit je zwei Halbdrehungen.
    d) Man erhält vier ineinander verschlungene Bänder mit je zwei Halbdrehungen.

3. a) einseitig   b) nicht orientierbar
    c) Man erhält ein zusammenhängendes Band mit einem Knoten.

4. a) zwei Seiten   b) orientierbar
    c) Man erhält zwei Bänder, die sich doppelt umschlingen.

5. a) eine Seite   b) zwei Seiten

6. Das Band besitzt vier Halbdrehungen und ist orientierbar, das zweite Band hat
    sechs Halbdrehungen und ist orientierbar.

10.3.

1.

	a)	b)	c)	d)	e)	f)	g)	h)
f	6	5	7	8	4	5	6	9
e	8	6	10	12	4	5	6	8
k	12	9	15	18	6	8	10	15

2. $f + e - k = 2$

3. $f + e - k = 12 + 12 - 24 = 0$. Topologisch äquivalent zum Torus.

10.4.

1. Selbstverständlich: ja.
2. Nein; denn bei drei Häusern und drei Werken ist mindestens eine Überschneidung erforderlich, bei vier Häusern und drei Werken kommt man mit zwei Überschneidungen aus.

10.5.

1. Ja. Es reicht aus, irgendeine Brücke auszulassen, doch die Anfangspunkte der Spaziergänge sind unterschiedlich.
2. Nein. Läßt man dagegen eine der vier linken Brücken und eine der zwei rechten Brücken aus, so kann man jeden beliebigen Punkt als Anfangs- und Endpunkt wählen.
3. Das Problem ist zu lösen, wenn man eine Brücke von P nach Q oder nach S hinzufügt.
4. Ja, wenn man zwei Brücken hinzufügt, eine bei den vier linken und eine bei den beiden rechten Brücken.
6. a) A, B, F, G, B, C, G, E, C, D, E, F bis A
   b) G, B, C, G, E, C, D, E, F, A, B, F bis G oder
      G, E, C, D, E, F, A, B, F, G, B, C bis G

10.6.

1. 2   2. 2   3. 3   4. Vier Farben, zwei Möglichkeiten.
5. Zwei Farben, nur eine Möglichkeit.
6. a) 3   b) 4
7. Sechs Farben sind erforderlich, sie werden wiefolgt angeordnet:

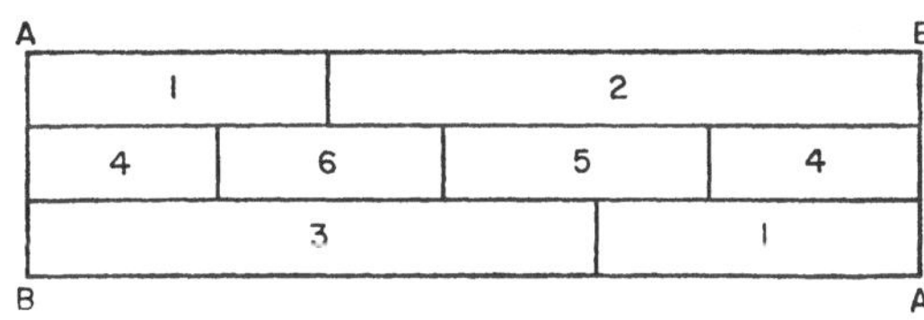

Bild L 12

» **Einführung
in die moderne
Mathematik**

Von **Albert Monjallon**

Aus dem Französischen übersetzt von F. Cap. Mit
83 Abbildungen. — Braunschweig: Vieweg 1971. VIII,
163 Seiten. DIN C 5. (Logik und Grundlagen der
Mathematik. Band 5.) Paperback.

ISBN 3 528 1 8280 6

*Inhalt: Mengen — Weiteres über Mengen — Operationen
auf Mengen — Relationen — Funktionen — Über die
mathematische Sprache — Ein wenig Axiomatik —
Die kommutative Gruppe.*

Es ist notwendig, sich mit den Strukturen in der Mathematik vertraut zu machen, um Verständnis für die
höhere Mathematik zu gewinnen. Dieses Buch gibt zunächst einen leicht faßlichen Überblick über Mengen
und eine erste Einführung in die Mengenalgebra. Dann
werden einige Begriffe der Logik und der Axiomatik
definiert. Nach einer kurzen Erläuterung der kommu-
tativen Gruppen wird gezeigt, wie durch Kenntnis der
Konstruktion einer Gruppe verschiedene mathematische
Systeme gebildet werden können. Das Buch ist leicht
faßlich geschrieben, damit es auch jeder Leser mit ge-
ringerem fachlichen Wissen erfolgreich durcharbeiten
kann.

» **vieweg**